新・数理/工学ライブラリ [応用数学＝4]

フーリエ解析の基礎と応用

倉田 和浩 著

数理工学社

編者のことば

21 世紀に入って基礎科学や科学技術の発展は続いています．数学や宇宙や物質に関する様々な基礎科学の研究から生活を支える様々な製品や機器や，エネルギー，バイオ，通信，情報理論に関する工学的研究まで様々な進展が見られます．微分積分学が創始された 17 世紀以降において数理的な諸科学では数式や数学理論が学問を基礎や側面からその発展を支えています．そしてこれからも続いていくことでしょう．近年，理工系分野では日本人の貢献は特筆すべきものがあり，それもベテランから若い人まで広い世代によってなされ，いくつかの仕事は世界的に広く認識されて非常に誇らしく感じています．日本の科学技術研究のこれらの流れは今後も続いていくことが期待されます．この「新・数理/工学ライブラリ［応用数学］」はこのような科学や技術の分野における人の育成に貢献していくことを目的に考えられました．大学の理工系学部では，基礎課程において数学の科目が多く課されています．微分積分学の理解が第一に大事な学力の基盤となりますが，それに続いて学ぶべき科目としては微分方程式入門，複素関数論，ベクトル解析，フーリエ解析，数値解析，確率統計などが重要な科目となります．これらはいずれも昔から理工系の専門基礎科目として伝統的なものですが科学が進んでも重要度が下がることはありません．何かの研究や技術において何か革新が起こる際には実はその課題の根本から見直されるからです．そしてまた，それを成すのは既存の枠から外に出て基礎から全体を自由に見直すことができる人で，数学力がその人を支えます．この応用数学ライブラリがそのような人々を育成することに大いに役立って行くことを望んでいます．

神保秀一

まえがき

本書は理工系の2年次の学生を念頭に置いて，フーリエ解析（フーリエ級数およびフーリエ変換を代表とするフーリエの考え方全般を表す）の基本的事項の習得と，基本的な偏微分方程式の解法などへの応用例を通して，フーリエ解析の広がりを味わってもらうことを目的としたものである．フーリエ解析は，19世紀初めにフーリエによって熱伝導現象を記述する熱方程式の数学解析において始まったものであるが，その考え方の有用性と深い数学的構造のため，その後，理工学分野の実用的応用を支える基本的道具として活用され続けているとともに，数学的理論の深く幅広い発展に大きく寄与しているといえよう．フーリエ解析は，まさに実用的応用という側面と理論的美しさという側面の2面性を備えているが，フーリエ解析そのものがもとの世界とフーリエ変換で移った世界とを行ったり来たりすることで理解を深めるという視点を与えるものでもある．

本書を読むにあたっての予備知識としては，大学1年次に学ぶであろう微分積分学（多変数解析学も含めて）や線形代数の基礎とともに，大学2年次の前期あたりで学ぶであろう常微分方程式の基礎知識があれば理解できるように配慮したつもりである．いくつかの箇所で，複素関数論の基礎知識があればより理解が深まるものもある．フーリエ解析を学び，基礎を習得し深く味わうにあたっては，実はいくつかの段階があるといえよう．まずは，様々な理工学の分野で活用できるよう，実用上で必要な基礎的な公式や定理を用いて，手を動かして種々の計算ができるようになり，具体的な事例に応用できるようになる力を身につけることが大事であろう．基礎的な公式や定理の中には，その証明等を理解するのに多少の苦労と努力が必要なものがあるので，辛抱強く学ぶことが肝要である．それは，それらの公式や定理が，歴史的にも正式な定式化や証明へのプロセスにおいて，多くの数学者達による苦悩と卓越したアイデアや技法などの試行錯誤によって確立されたものであるから当然でもあろう．読者は，そうした難しいと感じる部分に対しては，それぞれの適度なスタンスを持ちながら，徐々に味わってみるという態度で学ばれることをお勧めしたい．本書において，理論的証明においてはできるだけ厳密性を損なわないように心掛けたため，極限等の存在証明には，いわゆる ε-δ 論法を基盤とした説明を行っている．ただし，積分記号下の微分定理や重積分の積分順序交換可能定理（付章 C 参照）など，証明なしで活用した箇所がいくつかある．おそらく，そうした箇所の厳密性が気になる読者は，実はルベーグ積分を学ばれてから，もう一度フーリエ解析を味わい直す方がよいと思うからである．本書では，積分はリーマン積分の範囲で，しかも実用上十分であろうと考える区分的連続な関数に限って扱うこととしている．それでも，それぞれの基本的な定理において，定理を与えるためのぎりぎりの仮定を追及したりはしていない．場合によっては，少し余分な仮定を追加した上で，主張が述べられていることもある．ある一定以上に，議論を複雑にしないように努め，全体的な流れを優先したためでもある．

本書では，まず第 1 章で複素数に十分に親しんで使いこなせるように，また第 2 章で関数項級数の収束に関する事項の基礎を確認できるように配慮した．さらに関連した事項で少し進んだ話題（離散フーリエ変換や部分求和公式とその応用）について，それぞれ付章 A および B で説明を行っている．読者のもっている予備知識と興味に応じて活用していただきたい．また，本書では基本的な定理の証明にも重点を置いてあるが，多少技巧的と思われる定理や命題のいくつかについては，付章 D にそれらの証明をゆだねて，なるべく本文の基本的な考え方や議論の流れを優先するように配慮した．

本書の内容は，首都大学東京（現在 東京都立大学）理学部数理科学科での講義経験に基づいたものである．実際の 15 週の授業では，やや進んだ話題や幅広い応用例などの部分を除いた構成（目次において，* 印のついた章や節を除いた部分）で講義を行った．その部分は，フーリエ級数およびフーリエ変換の基礎と熱方程式および波動方程式への応用という内容でほぼ標準的なものであるが，少し理学系よりの説明になっているといえよう．また，ラプラス変換とその応用については，フーリエ解析とも関係が深いことと，工学系においても特に重要であるため本文に含めてあるが，別のカリキュラム（常微分方程式の解法）で教わることも多いと思われるので簡単に触れることにとどめている．内容自体は基礎的かつ標準的なものであるので * 印はつけていないが，上記の実際の授業では扱っていない．実際の授業では，毎回宿題（ほぼ，章末の演習問題に相当する問題）を出し，その回の授業内容の理解に役立てるように指導している．読者におかれても，ひとまずは付章や＊印以外の部分の理解に努め，時間と興味を考えながら時折り，ゆっくりと付章や＊印の部分にも目を通して，フーリエ解析の広がりと深さをかみしめていただくことをお勧めしたい．半期の授業で扱うには少し盛り込みすぎであることは承知の上ではあるが，ぜひフーリエ解析の広がりと魅力を味わってほしいという願いを込めて補足的な内容も盛り込んだことになっている．それでも，偏微分方程式入門という側面では，本書では，基本的に空間1次元の問題しか扱っていないなど限られた内容にしか言及できておらず，より興味を持たれた方は参考書籍を手がかりに，さらなるフーリエ解析の世界を探検していただきたいと願っている．本文中の問や章末の演習問題の解答例はページ数の都合により本書に含めることができなかったが，サイエンス社・数理工学社の web サポートページに詳細な解答例を挙げておいたので活用してしていただきたい．

本書中の図については，Mathematica でのフーリエ部分和の計算や C 言語での数値シミュレーション結果を gnuplot で表示したものを載せてある．C 言語での数値シミュレーションについては，2011 年に斎藤宣一氏（東京大学）に本学で集中講義をしていただいた際に手ほどきを受けた sample ファイルを活用させていただいたものであり，この場を借りて深く感謝の意を表したい．

最後に，本書の執筆を勧めていただき，本書の構成や内容，さらに細かい部分についても貴重なご意見をいただきました神保秀一氏（北海道大学）に深く感謝します．また，執筆が大変遅れてしまったのにもかかわらず，あたたかく見守っていただき，また原稿を丁寧に読んでいただきました数理工学社編集部の田島伸彦氏および鈴木綾子さんには，深く感謝いたします．

2020 年 4 月

著　者

サイエンス社・数理工学社のサポートページ
https://www.saiensu.co.jp

目　次

基礎的な用語，記号および事項

本書で用いられる用語や記号や前提とされる基礎事項について簡潔にまとめる．

◆数と数の集合

$\mathbb{N} = \{1, 2, 3, \ldots\}$：自然数全体，$\mathbb{Z} = \{0, \pm 1, \pm 2, \pm 3, \ldots\}$：整数全体
$\mathbb{R}$：実数全体，$\mathbb{C}$：複素数全体

◆区間　次のような $\mathbb{R}$ の部分集合を**区間**と呼ぶ．$a, b \in \mathbb{R}$ として，

$$(a, b) = \{x \in \mathbb{R} \mid a < x < b\}, \quad [a, b] = \{x \in \mathbb{R} \mid a \leq x \leq b\}$$
$$[a, b) = \{x \in \mathbb{R} \mid a \leq x < b\}, \quad (a, b] = \{x \in \mathbb{R} \mid a < x \leq b\}$$
$$(a, \infty) = \{x \in \mathbb{R} \mid a < x\}, \quad [a, \infty) = \{x \in \mathbb{R} \mid a \leq x\}$$

ただし，$a \leq b$ は $a \leqq b$ と同じ意味である．

◆定義記号　$X := P$ とは P によって数式や集合 X を定義する，という意味．$P =: X$ と書くこともある．

◆集合，包含関係　要素 x が集合 A に属することを $x \in A$ と表す．$x \in A$ が成立しないことを $x \notin A$ と書く．集合 A, B に対し $A \subset B$ は A のすべての要素が B に属することを意味で，A は B の**部分集合**であるという．

◆集合算　E, F を集合とするとき，集合 E と集合 F の**交わり** $E \cap F$，**和集合** $E \cup F$，**差集合** $E \setminus F$ は，それぞれ次で定義される．

$$E \cap F := \{x \in E \text{ かつ } x \in F\}$$
$$E \cup F := \{x \in E \text{ または } x \in F\}$$
$$E \setminus F := \{x \in E \mid x \notin F\}$$

◆二項定理

$$0! = 1, \quad n! = n \cdot (n-1) \cdot (n-2) \cdots 3 \cdot 2 \cdot 1 \quad (n \in \mathbb{N}) \quad (n \text{ の階乗})$$

$$(X+Y)^m = \sum_{k=0}^{m} {}_m\mathrm{C}_k X^{m-k} Y^k \quad \left(\text{ただし } {}_m\mathrm{C}_k = \frac{m!}{(m-k)!\,k!}\right) \quad (\text{二項定理})$$

◆**関数**　$\mathbb{R}$ の部分区間 I 上で定義される実数値関数 $f(x)$ を $f\colon I \to \mathbb{R}$ と表す．$j \in \mathbb{N}$ に対して，各 $x \in I$ で j 次微分可能であるとき，その j 次微分係数を $f^{(j)}(x)$ で表し，$f^{(j)}(x)$ を $\boldsymbol{j}$ **次導関数**という．

$$C(I) := \{f\colon I \to \mathbb{R} \mid \text{各 } x \in I \text{ で } f(x) \text{ は連続}\}$$

$$C^k(I) := \{f\colon I \to \mathbb{R} \mid \text{任意の } j = 0, 1, \dots, k \text{ に対して } f^{(j)} \in C(I)\}$$

$$C_0(\mathbb{R}) := \{x \in C(\mathbb{R}) \mid \text{ある } R > 0 \text{ が存在して } f(x) = 0 \ (|x| \geq R)\}$$

区間 I 上で区分的連続な関数，区分的 C^1 級関数の定義については，本書の第2章を参照されたい．

◆**一様連続**　有界閉区間 $[a, b]$ 上の連続関数 $f(x)$ は**一様連続性**をもつ．すなわち，任意の $\varepsilon > 0$ に対して，ある $\delta > 0$ が存在して，$|x - y| < \delta$, $x, y \in I$ ならば $|f(x) - f(y)| < \varepsilon$ が成り立つ．

◆**極限とマクローリン展開**

$$\lim_{x \to 0} \frac{\sin x}{x} = 1, \quad \lim_{n \to \infty} \left(1 + \frac{1}{n}\right)^n = e$$

$$\lim_{n \to \infty} n^m r^n = 0 \quad (m \in \mathbb{N},\ 0 < r < 1)$$

$$e^x = 1 + x + \frac{x^2}{2!} + \frac{x^3}{3!} + \cdots, \quad \sin x = x - \frac{x^3}{3!} + \frac{x^5}{5!} + \cdots$$

◆**級数と広義積分**

$$\sum_{n=1}^{\infty} \frac{1}{n} = \infty, \quad \sum_{n=1}^{\infty} \frac{1}{n^\alpha} < \infty \quad (\alpha > 1)$$

$$\int_a^\infty \frac{1}{x^\alpha}\,dx < \infty \quad (a > 0,\ \alpha > 1), \quad \int_{-\infty}^{\infty} e^{-x^2}\,dx = \sqrt{\pi}$$

◆**コーシー－シュワルツの不等式**

$$ab \leq \frac{1}{2}(a^2 + b^2) \quad (a, b \geq 0)$$

$$\sum_{n=1}^{N} a_n b_n \leq \left(\sum_{n=1}^{N} a_n^2\right)^{\frac{1}{2}} \left(\sum_{n=1}^{N} b_n^2\right)^{\frac{1}{2}} \quad (N \in \mathbb{N},\ a_n, b_n \geq 0)$$

以上は数学の基礎的な用語や事項や微分積分学に関する知識である．詳しくは文献リストにある参考書等（神保－本多 [13]，黒田 [18] など）を参照されたい．

第1章
複素数，オイラーの公式

この章では，まず複素数を用いる計算に慣れ親しむことを目標とし，特にオイラーの公式について学ぶ．複素数の世界で計算する方が，見通しが良く便利であることが多い．

またこの章の補足として，巻末の付章Aにおいて周期的な数列に対する離散フーリエ変換の定義を与え，反転公式とパーセバルの等式について解説してあるので，余力と興味のある読者は参考にしていただきたい．

1.1 複素数，オイラーの公式

複素数の基礎事項に関しては，既に学んでいるものとする．**複素数** $z = a + ib$ (a, b は実数) に対して，その**共役複素数**を $\overline{z} = a - ib$，絶対値を $|z| = \sqrt{z\overline{z}} = \sqrt{a^2 + b^2}$ と書く．ここで，$i = \sqrt{-1}$ は**虚数単位**である．$z = a + ib$ において，a および b を z の**実部**および**虚部**と，それぞれいい，$a = \mathrm{Re}\, z$, $b = \mathrm{Im}\, z$ とも書く．任意の複素数 z, w に対して，次の**三角不等式**が成り立つことも学んだことであろう．

$$|z + w| \leq |z| + |w|.$$

帰納法によって，任意の複素数の列 $z_1, z_2, \ldots, z_n$ に対して，次の三角不等式が成り立つことがわかる．

$$|z_1 + z_2 + \cdots + z_n| \leq |z_1| + |z_2| + \cdots + |z_n|.$$

このことからまた，複素数値連続関数 $f(x) = u(x) + iv(x)$ の定積分に関して次の不等式が成り立つこともわかる．

$$\left|\int_a^b f(x)\,dx\right| \leq \int_a^b |f(x)|\,dx.$$

なぜなら，区間 $[a,b]$ の等分割 Δ: $x_0 := a < x_1 < x_2 < \cdots < x_n := b$ において，$\Delta x_i := x_i - x_{i-1}$ $(i = 1, 2, \ldots, n)$ として，任意の $\xi_i \in [x_{i-1}, x_i]$ に対して

$$\int_a^b f(x)\,dx = \lim_{n\to\infty} \sum_{i=1}^n f(\xi_i)\Delta x_i$$

であるが，上記の三角不等式から $\left|\sum_{i=1}^n f(\xi_i)\Delta x_i\right| \leq \sum_{i=1}^n |f(\xi_i)|\Delta x_i$ なることから，極限をとって上記の不等式が導かれるからである．本書を通じて，これらの基本的な不等式は特に断りなく使っていくことにする．

次の等比級数の公式は簡単ではあるが，重要である．

命題 1.1 複素数 $w \in \mathbb{C}$ で $w \neq 1$ なるものと，任意の自然数 N に対して，次が成り立つ．

$$\sum_{j=0}^N w^j = 1 + w + w^2 + \cdots + w^N = \frac{1 - w^{N+1}}{1 - w}. \tag{1.1}$$

証明 次が成り立つことからわかる．

$$(1 - w)(1 + w + w^2 + \cdots + w^N) = 1 - w^{N+1}. \quad ■$$

$\theta \in \mathbb{R}$ に対して，

$$e^{i\theta} := \cos\theta + i\sin\theta \tag{1.2}$$

と定めることとする．これは，**オイラーの公式**と呼ばれるものである．複素数 z に対して，$r := |z|$ とし，その**偏角** $\arg z$ を $\theta := \arg z$ と書いて

$$z = re^{i\theta} = r(\cos\theta + i\sin\theta)$$

を複素数 z の**極表示**という．

問 **1.1** $\theta \in \mathbb{R}$ に対して，次を示せ．

$$\cos\theta = \frac{1}{2}(e^{i\theta} + e^{-i\theta}), \quad \sin\theta = \frac{1}{2i}(e^{i\theta} - e^{-i\theta}).$$

さらに，$z = a + ib$ $(a, b \in \mathbb{R})$ に対して

$$e^z := e^a e^{ib} = e^a(\cos b + i \sin b) \tag{1.3}$$

と定める．このとき，次の指数法則が成り立つ．

命題 1.2（指数法則） 任意の $w, z \in \mathbb{C}$ に対して，次が成り立つ．

$$e^{w+z} = e^w e^z.$$

証明 $w = a + ib$, $z = c + id$ $(a, b, c, d \in \mathbb{R})$ と書くとき，$w + z = (a + c) + i(b + d)$ であるので，定義より $e^{w+z} = e^{a+c}(\cos(b + d) + i \sin(b + d))$ となる．一方，三角関数の和の公式より

$$\begin{aligned} e^w e^z &= e^a(\cos b + i \sin b)e^c(\cos d + i \sin d) \\ &= e^{a+c}\left\{(\cos b \cos d - \sin b \sin d) + i(\sin b \cos d + \cos b \sin d)\right\} \\ &= e^{a+c}(\cos(b + d) + i \sin(b + d)) \end{aligned}$$

となるので，$e^{w+z} = e^w e^z$ を得る．■

特に，$n \in \mathbb{N}$ および $z \in \mathbb{C}$ に対して，$e^{nz} = (e^z)^n$ が成立することとなる．$z = i\theta$ $(\theta \in \mathbb{R})$ に適用することで，次の**ド・モアブルの公式**を得る．

$$\cos(n\theta) + i \sin(n\theta) = e^{in\theta} = (e^{i\theta})^n = (\cos \theta + i \sin \theta)^n. \tag{1.4}$$

また，$1 = e^0 = e^{z-z} = e^z e^{-z}$ より，$e^{-z} = (e^z)^{-1}$ が成り立つこととなる．

次の命題も今後の計算において活用していくものである．

命題 1.3 $\alpha \in \mathbb{C}$ および $x \in \mathbb{R}$ に対して，$\frac{d}{dx}(e^{\alpha x}) = \alpha e^{\alpha x}$ が成り立つ．

証明 $\alpha = a + ib$ $(a, b \in \mathbb{R})$ とおくとき，$e^{\alpha x} = e^{ax+ibx} = e^{ax}(\cos(bx) + i \sin(bx))$ なので

$$\begin{aligned} \frac{d}{dx}(e^{\alpha x}) &= ae^{ax}(\cos(bx) + i \sin(bx)) + e^{ax}(-b \sin(bx) + ib \cos(bx)) \\ &= (a + ib)e^{ax}(\cos(bx) + i \sin(bx)) = \alpha e^{\alpha x}. \quad ■ \end{aligned}$$

1.2 応用例：三角関数系の和と直交性

1.1 節の命題の応用として，いくつかの計算例を与えておこう．最初はよく知られた公式ではあるが，オイラーの公式の活用に慣れ親しんでほしい．

例題 1.1

任意の $\theta \in \mathbb{R}$ に対して，次が成り立つ．

$$\cos^3\theta = \frac{1}{4}\cos(3\theta) + \frac{3}{4}\cos\theta, \quad \sin^3\theta = -\frac{1}{4}\sin(3\theta) + \frac{3}{4}\sin\theta.$$

【解　答】 オイラーの公式，二項定理およびド・モアブルの公式より

$$\begin{aligned}\cos^3\theta &= \left(\frac{1}{2}(e^{i\theta} + e^{-i\theta})\right)^3 \\ &= \frac{1}{8}\left((e^{i\theta})^3 + 3(e^{i\theta})^2 e^{-i\theta} + 3e^{i\theta}(e^{-i\theta})^2 + (e^{-i\theta})^3\right) \\ &= \frac{1}{8}\left(e^{3i\theta} + e^{-3i\theta} + 3(e^{i\theta} + e^{-i\theta})\right) = \frac{1}{4}\cos(3\theta) + \frac{3}{4}\cos\theta.\end{aligned}$$

同様に

$$\begin{aligned}\sin^3\theta &= \left(\frac{1}{2i}(e^{i\theta} - e^{-i\theta})\right)^3 = \frac{1}{-8i}\left(e^{3i\theta} - e^{-3i\theta} - 3(e^{i\theta} - e^{-i\theta})\right) \\ &= \frac{1}{-8i}(2i\sin(3\theta) - 6i\sin\theta) = -\frac{1}{4}\sin(3\theta) + \frac{3}{4}\sin\theta. \quad \blacksquare\end{aligned}$$

次の公式は後で活用する重要なものである．

例題 1.2

$n \in \mathbb{N}$ と $0 < x < 2\pi$ に対して，次が成り立つことを示せ．

(1) $$\frac{1}{2} + \sum_{k=1}^{n}\cos(kx) = \frac{\sin\left((n+\frac{1}{2})x\right)}{2\sin\left(\frac{x}{2}\right)}.$$

(2) $$\sum_{k=1}^{n}\sin(kx) = \frac{\cos\left(\frac{x}{2}\right) - \cos\left((n+\frac{1}{2})x\right)}{2\sin\left(\frac{x}{2}\right)}.$$

【解　答】 $P_n(x) := \frac{1}{2} + \sum_{k=1}^{n} e^{ikx}$ とおく．$w := e^{ix}$ とするとき，$0 < x < 2\pi$ に対して $w \neq 1$ であるので，命題 1.1, 1.2 より

$$P_n(x) = \frac{1}{2} + \sum_{k=1}^{n} w^k = \frac{1}{2} + w \sum_{k=0}^{n-1} w^k$$
$$= \frac{1}{2} + w\frac{1-w^n}{1-w} = \frac{1}{2} + e^{ix}\frac{1-e^{inx}}{1-e^{ix}}$$

となる．さらに式変形して

$$P_n(x) = \frac{1}{2} + e^{\frac{ix}{2}}\frac{e^{inx}-1}{e^{\frac{ix}{2}} - e^{-\frac{ix}{2}}}$$
$$= \frac{1}{2} + \frac{e^{i\left(n+\frac{1}{2}\right)x} - e^{\frac{ix}{2}}}{2i\sin\left(\frac{x}{2}\right)}$$
$$= \frac{1}{2} + \frac{\sin\left(\left(n+\frac{1}{2}\right)x\right) - \sin\left(\frac{x}{2}\right)}{2\sin\left(\frac{x}{2}\right)} - i\frac{\cos\left(\left(n+\frac{1}{2}\right)x\right) - \cos\left(\frac{x}{2}\right)}{2\sin\left(\frac{x}{2}\right)}$$

を得る．ここで

$$\mathrm{Re}(P_n(x)) = \frac{1}{2} + \sum_{k=1}^{n}\cos(kx), \quad \mathrm{Im}(P_n(x)) = \sum_{k=1}^{n}\sin(kx)$$

なので上式の実部と虚部をそれぞれとることによって，結論を得る．■

線形代数において 2 つのベクトルの直交性が重要であったように，フーリエ解析においては 2 つの関数の**直交性**の概念が重要な役割を果たすことになる．一般に，区間 $I = [a, b]$ 上の 2 つの複素数値関数 $f(x)$ と $g(x)$ が

$$\int_a^b f(x)\overline{g(x)}\,dx = 0$$

を満たすとき，$f(x)$ と $g(x)$ は**直交**するという．ベクトルの直交性に関する幾何学的イメージと比べて，関数の直交性をなぜこう定義するのかは最初はイメージしにくいが，この場合も内積という概念を通して抽象的に幾何学的なイメージをもつことができることを第 4 章で学ぶことになろう．

次はフーリエ級数の理論において重要な役割を果たす三角関数系 $\{e^{ikx}\}_{k\in\mathbb{Z}}$ の直交関係を表すものである．

例題 1.3

$n, m \in \mathbb{Z}$ に対して，次が成り立つことを示せ．

$$\int_{-\pi}^{\pi} e^{inx}e^{-imx}\,dx = 2\pi\delta(n,m).$$

ここで $\delta(n,m)$ は**クロネッカーのデルタ**と呼ばれるもので，$n=m$ なら $\delta(n,m)=1$，$n\neq m$ なら $\delta(n,m)=0$ となるものである．

【解　答】 $n=m$ のときは，

$$\int_{-\pi}^{\pi} e^{inx}e^{-imx}\,dx = \int_{-\pi}^{\pi} 1\,dx = 2\pi.$$

$n\neq m$ のときは，命題 1.3 より

$$e^{inx}e^{-imx} = e^{i(n-m)x} = \frac{d}{dx}\left\{\frac{1}{i(n-m)}e^{i(n-m)x}\right\}$$

であることから

$$\int_{-\pi}^{\pi} e^{inx}e^{-imx}\,dx = \left[\frac{1}{i(n-m)}e^{i(n-m)x}\right]_{x=-\pi}^{x=\pi} = 0$$

を得る．■

特に，関数系 $\{\cos(mx)\}_{m=0}^{\infty}$ や $\{\sin(nx)\}_{n=1}^{\infty}$ に関する次の直交性が成り立つことがわかる．

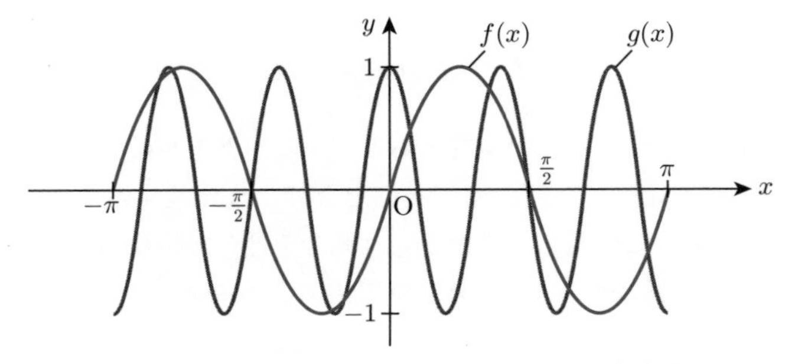

図 1.1　$f(x)=\sin(2x)$, $g(x)=\cos(5x)$ は直交する．

問 1.2　$m, n \in \{0\} \cup \mathbb{N}$ に対して，次の関係を示せ．

(1) $$\int_{-\pi}^{\pi} \cos(mx)\cos(nx)\,dx = \begin{cases} 2\pi & (m = n = 0) \\ \pi & (m = n \geq 1) \\ 0 & (m \neq n) \end{cases}$$

(2) $$\int_{-\pi}^{\pi} \sin(mx)\sin(nx)\,dx = \begin{cases} \pi & (m = n \geq 1) \\ 0 & (m \neq n) \end{cases}$$

(3) $$\int_{-\pi}^{\pi} \sin(mx)\cos(nx)\,dx = 0 \ (m \geq 0,\, n \geq 0).$$

例題 1.4

自然数 N と任意の複素数列 $\{a_n\}_{n=-N}^{N}$，$\{b_n\}_{n=-N}^{N}$ に対して次が成り立つことを示せ．

$$\int_{-\pi}^{\pi} \left(\sum_{n=-N}^{N} a_n e^{inx} \right) \overline{\left(\sum_{m=-N}^{N} b_m e^{imx} \right)} dx = 2\pi \sum_{n=-N}^{N} a_n \overline{b_n}.$$

【解　答】　例題 1.3 の直交関係より

$$\begin{aligned} &\int_{-\pi}^{\pi} \left(\sum_{n=-N}^{N} a_n e^{inx} \right) \overline{\left(\sum_{m=-N}^{N} b_m e^{imx} \right)} dx \\ &= \sum_{n=-N}^{N} \sum_{m=-N}^{N} a_n \overline{b_m} \int_{-\pi}^{\pi} e^{i(n-m)x}\,dx \\ &= 2\pi \sum_{n=-N}^{N} \sum_{m=-N}^{N} a_n \overline{b_m} \delta(n,m) = 2\pi \sum_{n=-N}^{N} a_n \overline{b_n} \end{aligned}$$

を得る．■

このような

$$\sum_{n=-N}^{N} a_n e^{inx}$$

なる形の関数を**三角多項式**と呼ぶこともある．

演習問題

1. (1) $z \neq 1$ なる複素数 $z \in \mathbb{C}$ に対して，次を示せ.

$$\mathrm{Re}\left(\frac{1+z}{1-z}\right) = \frac{1-|z|^2}{|1-z|^2}.$$

(2) $z = re^{i\theta} \neq 1$ として次を示せ.

$$\mathrm{Re}\left(\frac{1+re^{i\theta}}{1-re^{i\theta}}\right) = \frac{1-r^2}{1+r^2-2r\cos\theta}.$$

2. $l > 0$ とする．このとき，任意の $m, n \in \mathbb{Z}$ に対して次を示せ.

$$\int_{-l}^{l} e^{i\frac{m\pi}{l}x} e^{-i\frac{n\pi}{l}x}\,dx = 2l\delta(m,n).$$

3. $k \in \mathbb{N}$, $0 < x < \pi$ に対して，次を示せ.

$$\sin x + \sin(3x) + \cdots + \sin((2k-1)x) = \frac{\sin^2(kx)}{\sin x}.$$

Hint: 次のオイラーの公式を利用してみよ：

$$\begin{aligned}\sin((2j-1)x) &= \frac{1}{2i}(e^{i(2j-1)x} - e^{-i(2j-1)x}) \\ &= \frac{1}{2i}\Big(e^{-ix}(e^{2ix})^j - e^{ix}(e^{-2ix})^j\Big).\end{aligned}$$

4. $k \in \mathbb{N} \cup \{0\}$, $n \in \mathbb{Z}$, $n \neq 0$ に対して $J_{k,n} := c_n[x^k] = \frac{1}{2\pi}\int_{-\pi}^{\pi} x^k e^{-inx}\,dx$ とするとき，次を示せ.

$$J_{k,n} = \frac{1}{2\pi}\frac{\pi^k}{-in}(-1)^n(1-(-1)^k) + \frac{k}{in}J_{k-1,n}.$$

特に，$n \neq 0$ に対して次が成り立つ.

$$J_{1,n} = c_n[x] = \frac{(-1)^n}{-in}, \quad J_{2,n} = c_n[x^2] = (-1)^n\frac{2}{n^2}.$$

5. $l, m, n \in \mathbb{Z}$ に対して，次を示せ.

$$\begin{aligned}&\int_{-\pi}^{\pi} \cos(mx)\cos(nx)\cos(lx)\,dx \\ &= \frac{\pi}{2}\Big(\delta(l,-m-n) + \delta(l,m+n) + \delta(l,m-n) + \delta(l,n-m)\Big).\end{aligned}$$

特に，次を示せ.

$$\int_{-\pi}^{\pi} \cos x\cos(2x)\cos(3x)\,dx = \frac{\pi}{2}, \quad \int_{-\pi}^{\pi} \cos(2x)\cos(3x)\cos(4x)\,dx = 0.$$

第 2 章
関数項級数の収束，項別微分・項別積分可能定理

この章では，区間 I 上で定義された関数列 $\{f_n(x)\}_{n=1}^{\infty}$ の一様収束に関する事項に慣れ親しんだ後に，関数項級数 $\sum_{n=1}^{\infty} f_n(x)$ の各点収束，一様収束や項別微分可能定理および項別積分可能定理などの基本的事項を整理しておく．いずれも，本書で扱うフーリエ級数の理論の理解には不可欠である．

付章 B では，$\sum_{n=1}^{\infty} \frac{1}{n}\sin(nx)$ のような収束判定が少し難しい関数項級数の扱い方についてまとめてあるので，興味に応じて参照していただきたい．

2.1 関数のなめらかさについて

本書を通じて，扱う関数としては，以下に述べる区分的連続な関数のみを扱うものとする．また，いくつかの概念を主に実数値関数に対して説明することも多いが，複素数値関数 $f(x) = u(x) + iv(x)$ に対してもそれぞれ実部関数 $u(x)$ および虚部関数 $v(x)$ に対して適応すればよいので，同様に考えることができる．

定義 2.1 関数 $f(x)$ が有界閉区間 $I = [a, b]$ 上で**区分的連続**であるとは，高々有限個の不連続点 $\{c_i\}_{i=1}^{m} \subset I$ で，$a \leq c_1 < c_2 < \cdots < c_m \leq b$ なるものをもち，各開区間 (c_i, c_{i+1}) で連続であって，各 c_i で，$f(x)$ はそれぞれ有限な左極限

$$f(c_i - 0) := \lim_{x < c_i,\, x \to c_i} f(x)$$

および右極限

$$f(c_i+0) := \lim_{x>c_i,\, x\to c_i} f(x)$$

をもつことをいう．ただし，$c_1 = a$ の場合には右極限のみを考え，$c_m = b$ の場合には左極限のみを考えるものとする．また，有界開区間 (a, b) でだけ定義された関数 $f(x)$ の場合でも，右極限 $f(a+0)$ および左極限 $f(b-0)$ が存在するものとする．

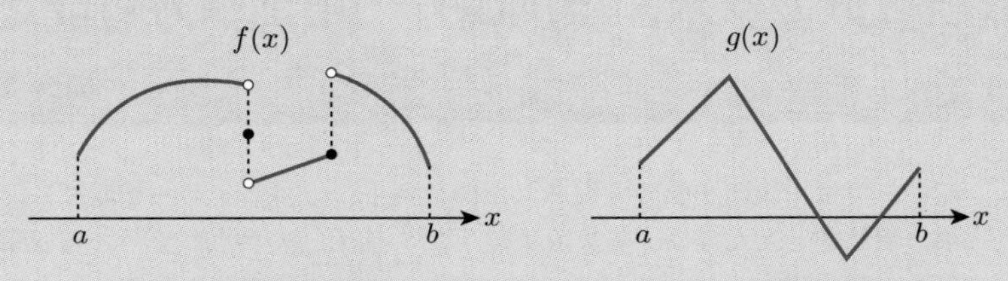

図 **2.1**　区分的連続関数 $f(x)$ と連続かつ区分的 C^1 級関数 $g(x)$

さらに，$I = \mathbb{R}$ や半無限区間 $I = [0, +\infty)$ などのような非有界区間の場合には，ある有界閉区間の列 $\{I_k\}_{k=1}^{\infty}$ で，

$$I_k \subset I_{k+1}\ (k \geq 1) \quad かつ \quad \bigcup_{k=1}^{\infty} I_k = I$$

となるものが存在して，$f(x)$ が各 I_k 上で区分的連続であるとき，関数 $f(x)$ は区間 I 上で区分的連続であるという．

例 2.1

$$f(x) = \pi - x \quad (-\pi \leq x < \pi)$$

を周期 2π の関数として $\mathbb{R}$ に拡張した関数を同じ $f(x)$ で表すとする．このとき，周期関数 $f(x)$ は連続ではなく区分的連続な関数であり，次が成り立つ．

$$f(\pi - 0) = 0, \quad f(\pi + 0) = 2\pi.$$

次に

$$g(x) = |x| \quad (-\pi \leq x \leq \pi)$$

を周期 2π の関数として $\mathbb{R}$ に拡張した関数を同じ $g(x)$ で表すとするとき，周期関数 $g(x)$ は連続な関数である．■

定義 2.2　さらに，$f(x)$ の導関数 $f'(x)$ が区間 I 上で区分的連続であるとき，$f(x)$ は I 上で**区分的 $\boldsymbol{C^1}$ 級**であるという．一般に，$k \in \mathbb{N}$ に対して，任意の $j = 1, 2, \ldots, k$ について j 階導関数 $f^{(j)}(x)$ が I 上で区分的連続であるとき，$f(x)$ は I 上で**区分的に $\boldsymbol{C^k}$ 級**であるという．特に，任意の $j = 1, 2, \ldots, k$ について j 階導関数 $f^{(j)}(x)$ が I 上で連続であるとき，$f(x)$ は **$\boldsymbol{I}$ 上で $\boldsymbol{C^k}$ 級**であるという．

例 2.2　例 2.1 の関数 $f(x)$ も $g(x)$ もともに $\mathbb{R}$ 上で区分的 C^1 級の関数である．例えば次が成り立つ．

$$f'(\pi - 0) = f'(\pi + 0) = -1,$$
$$g'(\pi - 0) = 1, \quad g'(\pi + 0) = -1.$$

区間 $[-\pi, \pi]$ で C^1 級の関数 $f(x)$ を周期 2π の関数として $\mathbb{R}$ 上に拡張した関数を $\widetilde{f}(x)$ と書くとき，$\widetilde{f}(x)$ は $\mathbb{R}$ 上では，区分的 C^1 級になるが，必ずしも連続関数になるとは限らないことに注意しよう．■

実用上現れる関数はほとんど区分的に C^1 級の関数であるので，そう思って読んでも差し支えない．最後に，次の命題に注意しておこう．

命題 2.1（部分積分の公式）　関数 $f(x)$ は有界閉区間 $I = [a, b]$ 上で連続であり，かつ区分的に C^1 級であるとする．このとき，$a \leq c < d \leq b$ なる任意の c および d に対して次の微分積分学の基本公式が成り立つ．

$$f(d) - f(c) = \int_c^d f'(t)\,dt.$$

従って，2 つの関数 $g(x)$, $h(x)$ が区間 I 上で連続で，区分的に C^1 級ならば次の部分積分の公式が成り立つ．

$$\int_c^d g(x)h'(x)\,dx = \Big[g(x)h(x)\Big]_{x=c}^{x=d} - \int_c^d g'(x)h(x)\,dx.$$

証明　簡単のため，$f'(x)$ が1点 $\alpha \in (a,b)$ でのみ不連続である場合で示す．このとき，仮定から $f'(\alpha-0)$ および $f'(\alpha+0)$ の存在より，$f(x)$ は区間 $[a,\alpha]$ および $[\alpha,b]$ のそれぞれの区間上では C^1 級であるとみなすことができる．以上より，$c<\alpha<d$ として，それぞれの区間で C^1 級関数に対する微分積分学の基本公式を適用すれば，$f(x)$ の連続性にも注意することで

$$\begin{aligned}\int_c^d f'(t)\,dt &= \int_c^\alpha f'(t)\,dt + \int_\alpha^d f'(t)\,dt \\ &= f(\alpha)-f(c)+f(d)-f(\alpha) \\ &= f(d)-f(c)\end{aligned}$$

となるからである．また，後半は

$$f(x) := g(x)h(x)$$

に対して前半の公式を適用すればよい．■

注意 **2.1**　$f(x)$ が単に $[a,b]$ 上で区分的に C^1 級というだけでは命題 2.1 は成り立たない．例えば，区間 $I=[-1,1]$ 上で連続でない関数

$$f(x) = \begin{cases} 0 & (-1 \le x < 0) \\ 1 & (0 \le x \le 1) \end{cases}$$

を考えてみればよい．

2.2　関数列および関数項級数の各点収束と一様収束

2.2.1　関数列の一様収束

区間 $I \subset \mathbb{R}$ 上で定義された関数列 $\{f_n(x)\}_{n=1}^{\infty}$ を考える．I 上で定義されたある関数 $f(x)$ が存在して，各点 $x \in I$ に対して

$$|f_n(x) - f(x)| \to 0 \quad (n \to \infty)$$

が成り立つとき，関数列 $\{f_n(x)\}_{n=1}^{\infty}$ は関数 $f(x)$ に I 上で**各点収束**するという．これに対してより強い収束である一様収束という概念が重要である．

定義 2.3　関数列 $\{f_n(x)\}_{n=1}^{\infty}$ が区間 I 上で関数 $f(x)$ に**一様収束**するとは，任意の $\varepsilon > 0$ に対して，$N = N(\varepsilon) \in \mathbb{N}$ が存在して，$n \geq N$ ならば

$$|f_n(x) - f(x)| < \varepsilon \quad (x \in I)$$

が成り立つことをいう．最後の式は，「任意の $x \in I$ に対して，$|f_n(x) - f(x)| < \varepsilon$ が成り立つ」ということを意味する簡略表現である．

以下の命題は，一様収束の概念の有用性を示している．

命題 2.2　区間 I 上の連続関数の列 $\{f_n(x)\}_{n=1}^{\infty}$ が，ある関数 $f(x)$ に I 上で一様収束するならば，$f(x)$ は I 上で連続関数となる．

証明　仮定より，任意の $\varepsilon > 0$ に対して，ある $n_0 \in \mathbb{N}$ があって，$n \geq n_0$ ならば $|f_n(x) - f(x)| < \varepsilon$ $(x \in I)$ が成り立つ．今勝手な $x_0 \in I$ を選んで，$f(x)$ が $x = x_0$ で連続となることを示す．そこで，任意の $\varepsilon > 0$ に対して，上記の n_0 をとり

$$\begin{aligned}|f(x) - f(x_0)| &\leq |f(x) - f_{n_0}(x)| + |f_{n_0}(x) - f_{n_0}(x_0)| + |f_{n_0}(x_0) - f(x_0)| \\ &< 2\varepsilon + |f_{n_0}(x) - f_{n_0}(x_0)| \quad (x \in I)\end{aligned}$$

とできる．ここで，$f_{n_0}(x)$ は連続関数なので，上記の $\varepsilon > 0$ に対して，ある $\delta > 0$ があって，$|x - x_0| < \delta, x \in I$ ならば，$|f_{n_0}(x) - f_{n_0}(x_0)| < \varepsilon$ が成り立つ．以上より，$|x - x_0| < \delta, x \in I$ に対して $|f(x) - f(x_0)| < 3\varepsilon$ が成り立つ．このことは，$f(x)$ が $x = x_0$ で連続であることを意味する．■

命題 2.3 有界閉区間 $I = [a, b]$ 上の連続関数列 $\{f_n(x)\}_{n=1}^{\infty}$ がある関数 $f(x)$ に I 上で一様収束するとき，次が成り立つ．

$$\lim_{n\to\infty} \int_a^b f_n(x)\,dx = \int_a^b f(x)\,dx.$$

証明 命題2.2より，$f(x)$ は I 上の連続関数となる．このとき，$\{f_n(x)\}_{n=1}^{\infty}$ が関数 $f(x)$ に I 上で一様収束することは，

$$\max_{x\in I}|f_n(x) - f(x)| \to 0 \quad (n \to \infty)$$

なることと同じであることに注意する．よって，次を得る．

$$\left|\int_a^b f_n(x)\,dx - \int_a^b f(x)\,dx\right| \le \int_a^b |f_n(x) - f(x)|\,dx$$
$$\le (b-a)\max_{x\in I}|f_n(x) - f(x)| \to 0 \quad (n \to \infty). \quad ■$$

一様収束の重要性を再確認するために，簡単だが以下の例に注意しておこう．

例 2.3 $n \ge 2$ として，区間 $[0, 1]$ 上の次の関数列 $\{f_n(x)\}_{n=2}^{\infty}$ を考える．

$$f_n(x) = \begin{cases} n^2 x & \left(0 \le x < \frac{1}{n}\right) \\ n(2 - nx) & \left(\frac{1}{n} \le x \le \frac{2}{n}\right) \\ 0 & \left(\frac{2}{n} < x \le 1\right) \end{cases}$$

このとき，各点 $x \in [0, 1]$ で $\displaystyle\lim_{n\to\infty} f_n(x) = 0 := f(x)$ となるが

$$\lim_{n\to\infty}\left(\int_0^1 f_n(x)\,dx\right) = 1 \ne \int_0^1 \left(\lim_{n\to\infty} f_n(x)\right) dx = 0.$$

また $\displaystyle\max_{0\le x\le 1}|f_n(x) - f(x)| = \max_{0\le x\le 1} f_n(x) = f_n\left(\frac{1}{n}\right) = n \to \infty \ (n \to \infty)$ であり，$\{f_n(x)\}$ は $f(x) = 0$ に区間 $[0, 1]$ 上で一様収束しない． ■

2.2.2 関数項級数の各点収束と一様収束

この項では，区間 $I \subset \mathbb{R}$ 上で定義された複素関数列 $\{f_n(x)\}_{n=1}^{\infty}$ に対して定義される関数項級数 $\sum_{n=1}^{\infty} f_n(x)$ の収束に関する基本的事項を整理しておこう．部分和からなる関数列 $\{S_N(x)\}_{N=1}^{\infty}$ を

$$S_N(x) := \sum_{n=1}^{N} f_n(x) \quad (x \in I)$$

で定め，各点 $x \in I$ に対して，複素数列 $\{S_N(x)\}_{N=1}^{\infty}$ が $N \to \infty$ で収束するとき

$$S(x) := \lim_{N \to \infty} S_N(x)$$

とおいて，関数列 $\{S_N(x)\}_{N=1}^{\infty}$ は関数 $S(x)$ に区間 I 上で**各点収束**するといい，

$$S(x) = \sum_{n=1}^{\infty} f_n(x)$$

と表す．$S(x)$ を極限関数という．また，このことを慣例で，関数項級数 $\sum_{n=1}^{\infty} f_n(x)$ は I 上で各点収束するという．

定義 2.4 関数項級数 $\sum_{n=1}^{\infty} f_n(x)$ が I 上で**一様収束**するとは，ある極限関数 $S(x)$ が存在して，任意の $\varepsilon > 0$ に対して，$N_0 = N_0(\varepsilon) > 0$ を選ぶことができて，$N \geq N_0$ ならば，任意の $x \in I$ に対して

$$\left| \sum_{n=1}^{N} f_n(x) - S(x) \right| < \varepsilon$$

が成り立つことをいう．

この定義から，関数項級数 $\sum_{n=1}^{\infty} f_n(x)$ が I 上で一様収束するならば，I 上で各点収束する．また，各 $f_n(x)$ が I 上の連続関数ならば，極限関数 $S(x) = \sum_{n=1}^{\infty} f_n(x)$ も I 上で連続関数となることがわかる．

関数項級数が区間 I 上で一様収束するための条件として，極限関数 $S(x)$ があらわにわかってなくてもよい，次のコーシーの条件が重要である．

命題 2.4（コーシーの条件） 任意の $\varepsilon > 0$ に対して，$N_0 = N_0(\varepsilon) \in \mathbb{N}$ を選ぶことができて，$N > M \geq N_0$ ならば，任意の $x \in I$ に対して

$$\left| \sum_{n=M+1}^{N} f_n(x) \right| = |f_{M+1}(x) + f_{M+2}(x) + \cdots + f_N(x)| < \varepsilon$$

が成り立つとする．このとき関数項級数 $\sum_{n=1}^{\infty} f_n(x)$ は I 上で一様収束する．

この証明は，本書では省略する．ここでは，コーシーの条件を活用して，次の便利な判定条件を学ぶ．

命題 2.5（ワイエルシュトラスの $\boldsymbol{M}$-判定法） ある実数列 $\{M_n\}_{n=1}^{\infty}$ があって，任意の $x \in I$ と任意の $n \geq 1$ に対して $|f_n(x)| \leq M_n$ が成り立ち，さらに級数 $\sum_{n=1}^{\infty} M_n$ が収束するとする．このとき，関数項級数 $\sum_{n=1}^{\infty} f_n(x)$ は I 上で一様収束する．

証明 仮定より，ある S があって $\sum_{n=1}^{N} M_n \to S$ $(N \to \infty)$ が成り立つ．よって，任意の $\varepsilon > 0$ に対して，ある自然数 N_0 が存在して $N \geq N_0$ ならば $\left|\sum_{n=1}^{N} M_n - S\right| < \frac{\varepsilon}{2}$ が成り立つ．従って特に，$N > M \geq N_0$ ならば

$$\sum_{n=M+1}^{N} M_n = \sum_{n=1}^{N} M_n - \sum_{n=1}^{M} M_n \leq \left|\sum_{n=1}^{N} M_n - S\right| + \left|S - \sum_{n=1}^{M} M_n\right| < \varepsilon$$

となる．これより，$N > M \geq N_0$ ならば，任意の $x \in I$ に対し

$$\left|\sum_{n=M+1}^{N} f_n(x)\right| \leq \sum_{n=M+1}^{N} |f_n(x)| \leq \sum_{n=M+1}^{N} M_n < \varepsilon$$

が成り立つ．以上と命題 2.4 より結論を得る． ■

例題 2.1

関数項級数 $\displaystyle\sum_{n=1}^{\infty} \frac{\cos(nx)}{2^n}$ および $\displaystyle\sum_{n=1}^{\infty} \frac{\sin(nx)}{n^2}$ は，いずれも区間 $I = \mathbb{R}$ 上で一様収束することを示せ．

【解 答】

$$\left|\frac{\cos(nx)}{2^n}\right| \leq \frac{1}{2^n} =: M_n, \quad \left|\frac{\sin(nx)}{n^2}\right| \leq \frac{1}{n^2} =: L_n$$

であって，$\sum_{n=1}^{\infty} M_n = \sum_{n=1}^{\infty} \frac{1}{2^n}$ も $\sum_{n=1}^{\infty} L_n = \sum_{n=1}^{\infty} \frac{1}{n^2}$ も収束することはよく知られている．よって，ワイエルシュトラスの M-判定法（命題 2.5）により結論を得る． ■

2.3 項別微分可能定理，項別積分可能定理

関数項級数 $\sum_{n=1}^{\infty} f_n(x)$ で表される関数がいつ微分可能であるかという問題に対して，次の命題は基本的である．

命題 2.6（項別微分可能定理） I 上 C^1 級の関数列 $\{f_n(x)\}_{n=1}^{\infty}$ を考える．関数項級数 $\sum_{n=1}^{\infty} f_n(x)$ が区間 I 上で各点収束し，さらに項別微分してできる $\sum_{n=1}^{\infty} f_n'(x)$ が区間 I 上で一様収束するとする．このとき，$\sum_{n=1}^{\infty} f_n(x)$ は I 上で C^1 級となり，次が成り立つ．

$$\frac{d}{dx}\left(\sum_{n=1}^{\infty} f_n(x)\right) = \sum_{n=1}^{\infty} f_n'(x) \quad (x \in I).$$

証明

$$S_N(x) = \sum_{n=1}^{N} f_n(x), \quad T_N(x) = \sum_{n=1}^{N} f_n'(x)$$

とおく．仮定から $\{S_N(x)\}_{N=1}^{\infty}$ は I 上 C^1 級の関数列であり，$a \in I$ を 1 つ固定するとき，任意の $x \in I$ に対して，微分積分学の基本定理より次が成り立つ．

$$S_N(x) - S_N(a) = \int_a^x S_N'(t)\,dt = \int_a^x T_N(t)\,dt.$$

$T(x) := \sum_{n=1}^{\infty} f_n'(x)$ とおくと，仮定より $\{T_N(x)\}_{N=1}^{\infty}$ は $T(x)$ に I 上で一様収束するので，命題 2.3 より

$$\int_a^x T_N(t)\,dt \to \int_a^x T(t)\,dt \quad (N \to \infty)$$

が成り立つ．また仮定より，$S(x) := \sum_{n=1}^{\infty} f_n(x)$ として

$$S_N(x) - S_N(a) \to S(x) - S(a) \quad (N \to \infty)$$

でもあるので

$$S(x) - S(a) = \int_a^x T(t)\,dt \quad (x \in I)$$

が成り立つことになる．これより $S(x)$ は I 上 C^1 級であって $S'(x) = T(x)$ $(x \in I)$ が成り立つ． ■

命題 2.7（**項別積分可能定理**） 有界閉区間 $I=[a,\,b]$ 上の連続関数列 $\{f_n(x)\}_{n=1}^{\infty}$ に対して，$\sum_{n=1}^{\infty} f_n(x)$ がある関数 $S(x)$ に I 上で一様収束するとき，次が成り立つ．

$$\sum_{n=1}^{\infty}\left(\int_a^b f_n(x)\,dx\right)=\int_a^b S(x)\,dx=\int_a^b\left(\sum_{n=1}^{\infty} f_n(x)\right)dx.$$

証明 仮定から，$S_N(x):=\sum_{n=1}^{N} f_n(x)$ とするとき $\{S_N(x)\}_{N=1}^{\infty}$ が $S(x)$ に区間 $I=[a,b]$ 上で一様収束するので

$$(\text{左辺})=\lim_{N\to\infty}\sum_{n=1}^{N}\int_a^b f_n(x)\,dx=\lim_{N\to\infty}\int_a^b S_N(x)\,dx=\int_a^b S(x)\,dx$$

が成り立つ．よって結論を得る．■

例題 2.2

(1) $f(x)=\sum_{n=1}^{\infty}\frac{\cos(nx)}{2^n}$ は $I=\mathbb{R}$ 上で C^1 級で

$$f'(x)=\sum_{n=1}^{\infty}\frac{-n}{2^n}\sin(nx)$$

が成り立つ．さらに $f(x)$ は $\mathbb{R}$ 上で何回でも微分可能となることを示せ．

(2) $g(x)=\sum_{n=1}^{\infty}\frac{\sin(nx)}{n^3}$ は $I=\mathbb{R}$ 上で C^1 級で

$$g'(x)=\sum_{n=1}^{\infty}\frac{\cos(nx)}{n^2}$$

が成り立つ．しかしながら，$g(x)$ は $I=\mathbb{R}$ 上で C^2 級ではないことを示せ．

【解 答】 (1) 項別微分してできる級数 $\sum_{n=1}^{\infty}\frac{-n}{2^n}\sin(nx)$ は，

$$\left|\frac{-n}{2^n}\sin(nx)\right|\le\frac{n}{2^n}\quad(n\ge 1,\ x\in\mathbb{R})$$

であって，$\sum_{n=1}^{\infty}\frac{n}{2^n}$ が収束することから，ワイエルシュトラスの M-判定法と命題 2.6 より $f(x)=\sum_{n=1}^{\infty}\frac{\cos(nx)}{2^n}$ は $I=\mathbb{R}$ 上で C^1 級で項別微分すること

ができる．任意の自然数 k に対して $\sum_{n=1}^{\infty} \frac{n^k}{2^n}$ が収束することに注意すれば，さらに $f(x) = \sum_{n=1}^{\infty} \frac{\cos(nx)}{2^n}$ は何回でも項別微分可能であることがわかる．

(2)　$g(x)$ を項別微分した関数項級数 $\sum_{n=1}^{\infty} \frac{\cos(nx)}{n^2}$ は，$\sum_{n=1}^{\infty} \frac{1}{n^2}$ が収束することから，(1) での議論と同様にして $g(x)$ は $\mathbb{R}$ 上で C^1 級で項別微分可能であることがわかる．しかしながら，$g'(x) = \sum_{n=1}^{\infty} \frac{\cos(nx)}{n^2}$ をさらに項別微分した級数 $-\sum_{n=1}^{\infty} \frac{\sin(nx)}{n}$ は $\sum_{n=1}^{\infty} \frac{1}{n}$ が発散するので上と同様の議論を行うことができない．実は，詳しい議論によってわかるように（のちの第 4 章の例題 4.2 および付章 B の例題 B.2 参照），$x \neq 2m\pi$ $(m \in \mathbb{Z})$ では $g(x)$ は 2 回微分可能で項別微分してよくて

$$g''(x) = -\sum_{n=1}^{\infty} \frac{1}{n} \sin(nx)$$

となるが，$x = 2m\pi$ ではこの $g''(x)$ は不連続となることがわかる（第 4 章の例題 4.2 参照）．よって $g(x)$ は $\mathbb{R}$ 上で C^2 級とはならないことがわかる．■

例題 2.3

次の積分を計算せよ．

$$I := \int_0^{\pi} \left(\sum_{n=1}^{\infty} \frac{\cos(nx)}{2^n} \right) dx, \quad J := \int_0^{\pi} \left(\sum_{n=1}^{\infty} \frac{\sin(nx)}{n^2} \right) dx.$$

【解　答】　例題 2.1 で見たように，ここに現れる関数項級数はいずれも区間 $I := [0, \pi]$ 上でも一様収束するので項別積分できて

$$I = \sum_{n=1}^{\infty} \frac{1}{2^n} \int_0^{\pi} \cos(nx)\, dx = \sum_{n=1}^{\infty} \frac{1}{2^n} \left[\frac{\sin(nx)}{n} \right]_0^{\pi} = 0$$

となる．同様に次を得る．

$$J = \sum_{n=1}^{\infty} \frac{1}{n^2} \int_0^{\pi} \sin(nx)\, dx = \sum_{n=1}^{\infty} \frac{1}{n^2} \left[-\frac{\cos(nx)}{n} \right]_0^{\pi}$$

$$= \sum_{n=1}^{\infty} \frac{1 - (-1)^n}{n^3}. \quad ■$$

演習問題

1. 区間 $[0,1]$ 上の関数列 $f_n(x) := nx^n(1-x)$ を考える．

(1) 各 $x \in [0,1]$ に対して，極限 $f(x) := \lim_{n\to\infty} f_n(x)$ を求めよ．

(2) 関数列 $\{f_n\}_{n=1}^{\infty}$ は関数 $f(x)$ に区間 $[0,1]$ 上で一様収束するかどうか調べよ．

2. (1) $0 < r < 2$ とする．区間 $[0,1]$ 上の関数列 $f_n(x) := r^n x^n (1-x)^n$ を考えるとき，$f(x) := 0$ $(x \in [0,1])$ として，$[0,1]$ 上で $\{f_n\}_{n=1}^{\infty}$ は関数 $f(x)$ に一様収束することを示せ．また，そのことを用いて次の極限を求めよ．

$$\lim_{n\to\infty} \int_0^1 r^n x^n (1-x)^n \, dx.$$

(2) $g_n(x) := 2^n x^n (1-x)^n$ なる関数列 $\{g_n\}_{n=1}^{\infty}$ を考えるとき，関数列 $\{g_n\}_{n=1}^{\infty}$ は区間 $[0,1]$ 上で一様収束しないことを示せ．

3. (1) $\alpha > 1$ とするとき，次の関数項級数は $\mathbb{R}$ 上で一様収束することを示せ．

$$\sum_{n=1}^{\infty} \frac{1}{n^{\alpha}} \cos(nx).$$

(2) 次の関数項級数は $\mathbb{R}$ 上で何回でも項別微分可能であることを説明せよ．

$$\sum_{n=1}^{\infty} e^{-n^2} \sin(nx).$$

4. $0 < r < 1$ とする．

(1) $\displaystyle\sum_{n=1}^{\infty} r^n \sin(nx) = \frac{r \sin x}{1 + r^2 - 2r\cos x}$ を示せ．

Hint: 次を用いて計算してみよ．

$$\begin{aligned}\sum_{n=1}^{N} r^n \sin(nx) &= \sum_{n=1}^{N} r^n \frac{1}{2i}(e^{inx} - e^{-inx}) \\ &= \frac{1}{2i} \sum_{n=1}^{N} \Big((re^{ix})^n - (re^{-ix})^n \Big)\end{aligned}$$

(2) 任意の t に対して，$\displaystyle\sum_{k=1}^{\infty} \frac{r^k}{k} \cos(kt) = -\frac{1}{2} \log(1 + r^2 - 2r\cos t)$ を示せ．

Hint: (1) の両辺を x に関して，0 から $t \in \mathbb{R}$ まで積分してみよ．

第3章
フーリエ級数の定義と例

この章では，一般の周期 T をもつ周期関数に対するフーリエ級数の定義を与え，いくつかの典型的な関数のフーリエ級数の計算例を学ぶ．フーリエ級数の複素形も学び，計算においても活用することとする．また与えられた周期関数 $f(x)$ に対して，そのフーリエ級数 $S[f](x)$ がいつ収束して，もとの関数 $f(x)$ に一致するかという基本的な問いに対する基本定理を 2 つ紹介する．これらの基本定理の証明は後に与えるが，いくつかの具体的な計算例と照らし合わせて状況を把握することが肝要である．

3.1　フーリエ級数の定義と複素形

3.1.1　フーリエ級数の定義

ある $T>0$ があって，関数 $f(x)$ がすべての $x\in\mathbb{R}$ に対して $f(x+T)=f(x)$ を満たすとき，$f(x)$ は周期 T の関数であるという．以後，改めて $l>0$ とし，周期 $2l$ の周期関数 $f(x)$ を考える．このとき，三角関数系 $\left\{\cos\left(\frac{n\pi x}{l}\right)\right\}_{n=0}^{\infty}$ および $\left\{\sin\left(\frac{n\pi x}{l}\right)\right\}_{n=1}^{\infty}$ はすべて周期 $2l$ の周期関数であるが，フーリエは上手に係数列 $\{a_n\}_{n=0}^{\infty}$ および $\{b_n\}_{n=1}^{\infty}$ を選べば

$$f(x)=\frac{a_0}{2}+\sum_{n=1}^{\infty}\left(a_n\cos\left(\frac{n\pi x}{l}\right)+b_n\sin\left(\frac{n\pi x}{l}\right)\right) \tag{3.1}$$

と書けると主張した．まず問題となるのは，どのようにその係数列を選ぶべきかである．まず発見的考察を行う．もし (3.1) が成り立つとし，しかも区間 $[-l,l]$ 上で一様収束するとしたら，任意の $m=0,1,2,\ldots$ に対して，(3.1) の

両辺に $\cos(\frac{m\pi x}{l})$ をかけて，区間 $[-l,l]$ 上で積分すると，項別積分を行うことで

$$\int_{-l}^{l} f(x)\cos\left(\frac{m\pi x}{l}\right)dx = \frac{a_0}{2}\int_{-l}^{l}\cos\left(\frac{m\pi x}{l}\right)dx + \sum_{n=1}^{\infty}\left(a_n\int_{-l}^{l}\cos\left(\frac{n\pi x}{l}\right)\cos\left(\frac{m\pi x}{l}\right)dx + b_n\int_{-l}^{l}\sin\left(\frac{n\pi x}{l}\right)\cos\left(\frac{m\pi x}{l}\right)dx\right)$$

となる．ここで，直交関係

$$\int_{-l}^{l}\cos\left(\frac{m\pi x}{l}\right)dx = 2l\delta(m,0),$$

$$\int_{-l}^{l}\cos\left(\frac{n\pi x}{l}\right)\cos\left(\frac{m\pi x}{l}\right)dx = l\delta(n,m)$$

および

$$\int_{-l}^{l}\sin\left(\frac{n\pi x}{l}\right)\cos\left(\frac{m\pi x}{l}\right)dx = 0$$

に注意する（第1章の問1.2参照）と，

$$\int_{-l}^{l} f(x)\cos\left(\frac{m\pi x}{l}\right)dx = la_m \quad (m=0,1,2,\ldots)$$

を得る．同様に，$m=1,2,\ldots$ に対して，$\sin(\frac{m\pi x}{l})$ を (3.1) にかけて積分して，直交関係

$$\int_{-l}^{l}\sin\left(\frac{n\pi x}{l}\right)\sin\left(\frac{m\pi x}{l}\right)dx = l\delta(n,m)$$

に注意することで

$$\int_{-l}^{l} f(x)\sin\left(\frac{m\pi x}{l}\right)dx = lb_m \quad (m=1,2,\ldots)$$

を得ることとなる．

定義 3.1　周期 $2l$ の周期関数 $f(x)$ に対して，

$$a_n = a_n[f] := \frac{1}{l}\int_{-l}^{l} f(x)\cos\left(\frac{n\pi x}{l}\right)dx \quad (n = 0, 1, 2, \ldots), \tag{3.2}$$

$$b_n = b_n[f] := \frac{1}{l}\int_{-l}^{l} f(x)\sin\left(\frac{n\pi x}{l}\right)dx \quad (n = 1, 2, \ldots) \tag{3.3}$$

を $f(x)$ の**フーリエ係数**といい，このフーリエ係数を用いて

$$S[f](x) := \frac{a_0[f]}{2} + \sum_{n=1}^{\infty}\left(a_n[f]\cos\left(\frac{n\pi x}{l}\right) + b_n[f]\sin\left(\frac{n\pi x}{l}\right)\right) \tag{3.4}$$

を $f(x)$ の**フーリエ級数**という．

(3.4) は無限関数項級数なので，本当に収束するのか，収束したとして各点 $x \in [-l, l]$ でもとの $f(x)$ に一致するのかという問題が起こる．実はこれらの問題は，$f(x)$ が周期 $2l$ の連続関数というだけでは一般には正しくないことがわかっており，微妙な問題なので注意しなければならない．

しかしながら，一方で，例えば $f(x)$ が区分的に C^1 級であり，かつ連続な周期 $2l$ の関数ならば，(3.4) のフーリエ級数はすべての $x \in [-l, l]$ で収束して $f(x)$ に等しいことが後の定理 3.1 で示されることになる．しかも，定理 3.2 より，このときは $f(x)$ のフーリエ級数 (3.4) は区間 $[-l, l]$ 上で $f(x)$ に一様収束することになる．

3.1.2　複素フーリエ級数

フーリエ級数の部分和は $N \in \mathbb{N}$ に対して

$$S_N[f](x) := \frac{a_0[f]}{2} + \sum_{n=1}^{N} \left(a_n[f] \cos\left(\frac{n\pi x}{l}\right) + b_n[f] \sin\left(\frac{n\pi x}{l}\right) \right)$$

となる．これをオイラーの公式から

$$\cos\left(\frac{n\pi x}{l}\right) = \frac{1}{2}\left(e^{i\frac{n\pi x}{l}} + e^{-i\frac{n\pi x}{l}}\right),$$
$$\sin\left(\frac{n\pi x}{l}\right) = \frac{1}{2i}\left(e^{i\frac{n\pi x}{l}} - e^{-i\frac{n\pi x}{l}}\right)$$

を用いて書き換えると

$$\begin{aligned} S_N[f](x) = \frac{a_0[f]}{2} + \sum_{n=1}^{N} \Bigg\{ & \left(\frac{1}{2}a_n[f] + \frac{1}{2i}b_n[f]\right) e^{i\frac{n\pi x}{l}} \\ & + \left(\frac{1}{2}a_n[f] - \frac{1}{2i}b_n[f]\right) e^{-i\frac{n\pi x}{l}} \Bigg\} \end{aligned}$$

となる．ここで

$$\begin{aligned} \frac{1}{2}a_n[f] + \frac{1}{2i}b_n[f] &= \frac{1}{2l}\int_{-l}^{l} f(x)\cos\left(\frac{n\pi x}{l}\right) dx \\ &\quad + \frac{1}{2li}\int_{-l}^{l} f(x)\sin\left(\frac{n\pi x}{l}\right) dx \\ &= \frac{1}{2l}\int_{-l}^{l} f(x) e^{-i\frac{n\pi x}{l}}\, dx \end{aligned}$$

となり，同様に

$$\frac{1}{2}a_n[f] - \frac{1}{2i}b_n[f] = \frac{1}{2l}\int_{-l}^{l} f(x) e^{i\frac{n\pi x}{l}}\, dx$$

と書けることに注意する．また

$$\frac{a_0[f]}{2} = \frac{1}{2l}\int_{-l}^{l} f(x)\, dx = \frac{1}{2l}\int_{-l}^{l} f(x) e^{i0x}\, dx$$

である．以上のことより，**複素フーリエ係数**を

$$c_n = c_n[f] := \frac{1}{2l}\int_{-l}^{l} f(x) e^{-i\frac{n\pi x}{l}}\, dx \quad (n \in \mathbb{Z}) \tag{3.5}$$

と定義すると，

$$S_N[f](x) = \sum_{n=-N}^{N} c_n[f]e^{i\frac{n\pi x}{l}}$$

と書くことができることに注意しよう．$S_N[f](x)$ を $f(x)$ のフーリエ級数の**第 N 部分和**という．以上により，$f(x)$ のフーリエ級数は

$$\begin{aligned} S[f](x) &:= \sum_{n=-\infty}^{\infty} c_n[f]e^{i\frac{n\pi x}{l}} \\ &= \lim_{N\to\infty}\left(\sum_{n=-N}^{N} c_n[f]e^{i\frac{n\pi x}{l}}\right) \end{aligned} \tag{3.6}$$

と書ける．これを $f(x)$ のフーリエ級数の複素形あるいは**複素フーリエ級数**という．フーリエ級数の計算においても，またフーリエ級数の収束問題の考察においても複素フーリエ係数や複素フーリエ級数を用いた方が便利な場合が多い．上記の関係によって，複素フーリエ係数および複素フーリエ級数およびその性質はもとのフーリエ係数やフーリエ級数の言葉で言い直すことができる．

問 **3.1**　フーリエ係数 $\{a_n[f]\}_{n=0}^{\infty}$ および $\{b_n[f]\}_{n=1}^{\infty}$ と複素フーリエ係数 $\{c_n[f]\}_{n=-\infty}^{\infty}$ との次の関係を確かめよ．

$$c_n[f] = \frac{1}{2}(a_n[f] - ib_n[f]) \quad (n = 0, 1, \ldots),$$
$$c_{-n}[f] = \frac{1}{2}(a_n[f] + ib_n[f]) \quad (n = 1, 2, \ldots)$$

ただし，$b_0[f] := 0$ とする．

本書を通じて，基本的には複素フーリエ係数や複素フーリエ級数を積極的に活用し，適宜，通常のフーリエ係数やフーリエ級数についての表現や結果として述べるという方針をとることとする．以後，混乱のない限り，フーリエ係数 $\{a_n[f]\}, \{b_n[f]\}, \{c_n[f]\}$ を，単に $\{a_n\}, \{b_n\}, \{c_n\}$ と書くことにする．

3.1.3　フーリエ正弦級数，フーリエ余弦級数

$2l$ 周期関数 $f(x)$ が奇関数ならば，$f(-x) = -f(x)$ を満たすので，複素フーリエ係数は

$$c_n = \frac{1}{2l}\left(\int_{-l}^{0} f(x)e^{-\frac{in\pi}{l}x}\,dx + \int_0^l f(x)e^{-\frac{in\pi}{l}x}\,dx\right)$$
$$= \frac{1}{2l}\int_0^l f(x)(e^{-\frac{in\pi}{l}x} - e^{\frac{in\pi}{l}x})\,dx$$
$$= -\frac{i}{l}\int_0^l f(y)\sin\left(\frac{n\pi y}{l}\right)dy$$

となる．$c_0 = 0$ にも注意して，フーリエ級数は

$$S[f](x) = \sum_{n=1}^{\infty}(c_n e^{\frac{in\pi}{l}x} + c_{-n}e^{-\frac{in\pi}{l}x})$$
$$= -\frac{i}{l}\sum_{n=1}^{\infty}\left(\int_0^l f(y)\sin\left(\frac{n\pi}{l}y\right)dy\right)(e^{\frac{in\pi}{l}x} - e^{-\frac{in\pi}{l}x})$$
$$= \frac{2}{l}\sum_{n=1}^{\infty}\left(\int_0^l f(y)\sin\left(\frac{n\pi}{l}y\right)dy\right)\sin\left(\frac{n\pi}{l}x\right)$$

となる．これを**フーリエ正弦級数**という．同様にして，$f(x)$ が $2l$ 周期で偶関数（すなわち，$f(-x) = f(x)$ を満たす）であるとき，

$$c_n = \frac{1}{l}\int_0^l f(y)\cos\left(\frac{n\pi}{l}y\right)dy$$

となり，

$$S[f](x) = \frac{1}{l}\int_0^l f(y)\,dy + \sum_{n=1}^{\infty}\frac{2}{l}\left(\int_0^l f(y)\cos\left(\frac{n\pi}{l}y\right)dy\right)\cos\left(\frac{n\pi}{l}x\right)$$

となることがわかる．これを $f(x)$ の**フーリエ余弦級数**という．

問 **3.2**　$f(x)$ が偶関数であるときの，上記のフーリエ余弦級数の計算を確かめよ．

注意 **3.1**　区間 $[0, l]$ 上で与えられた関数 $f(x)$ を区間 $[-l, l]$ 上に

$$\widetilde{f}(x) := \begin{cases} f(x) & (0 < x \le l) \\ 0 & (x = 0) \\ -f(-x) & (-l \le x < 0) \end{cases}$$

と拡張したものを $f(x)$ の**奇関数拡張**という．また，

$$\widetilde{f}(x) := \begin{cases} f(x) & (0 < x \leq l) \\ f(0) & (x = 0) \\ f(-x) & (-l \leq x < 0) \end{cases}$$

と拡張したものを $f(x)$ の**偶関数拡張**という．$[-l, l]$ に奇関数拡張あるいは偶関数拡張したものを $\mathbb{R}$ 上に周期 $2l$ 関数として拡張して考えることが多い．ただし，奇関数拡張した関数を周期 $2l$ 関数として拡張する際，端点 $x = \pm l$ での値は周期 $2l$ になるよう調節し直すことになるが，フーリエ係数の計算には影響がないのであまり気にしなくてもよい．

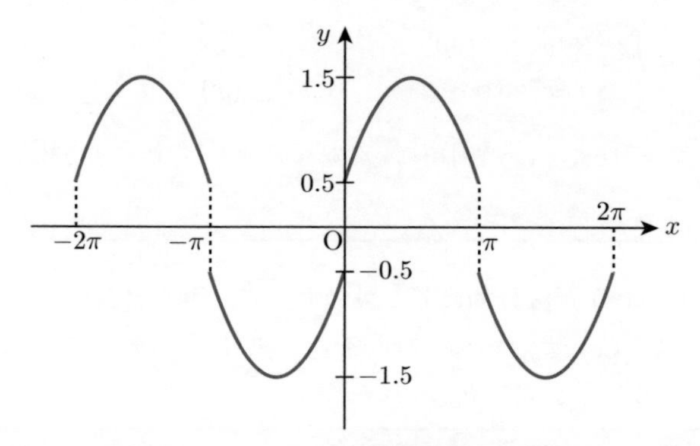

図 **3.1**　$f(x) = 0.5 + \sin x$ $(0 \leq x \leq \pi)$ を奇関数拡張し，さらに周期 2π で拡張した関数

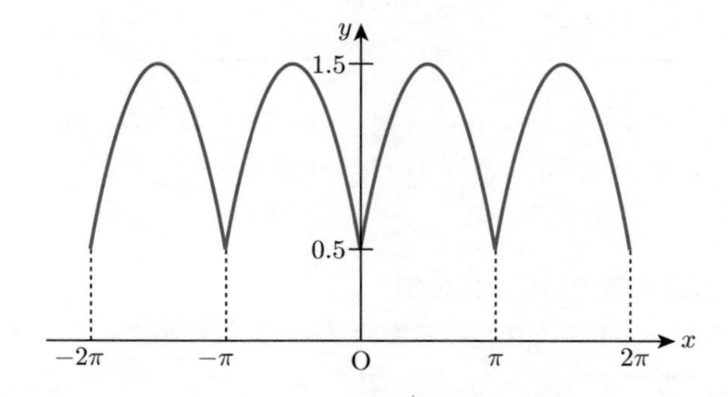

図 **3.2**　$f(x) = 0.5 + \sin x$ $(0 \leq x \leq \pi)$ を偶関数拡張し，さらに周期 2π で拡張した関数．

3.2　フーリエ級数の基本定理といくつかの例

ここでは，周期 $2l$ の周期関数 $f(x)$ に対して，フーリエ級数の収束に関する基本定理を2つ紹介した後，いくつかの例について学ぼう．

3.2.1　フーリエ級数の基本定理

まず，フーリエ級数の各点収束に関しての基本定理として次が成り立つ．

定理 3.1　$f(x)$ は区分的に C^1 級であるような周期 $2l$ の関数であるとき，$f(x)$ のフーリエ級数 $S[f](x)$ は各点 $x \in [-l, l]$ で収束し，次が成り立つ．

$$S[f](x) = \begin{cases} f(x) & (f(x) \text{ が } x \text{ で連続の場合}) \\ \frac{1}{2}(f(x+0) + f(x-0)) & (f(x) \text{ が } x \text{ で不連続の場合}) \end{cases}$$

ここで，$f(x+0)$ と $f(x-0)$ は，それぞれ x における右極限と左極限を表す．

よって，特に $f(x)$ が区分的に C^1 級であって，さらに連続ならば，$f(x)$ のフーリエ級数 $S[f](x)$ は，すべての点 $x \in [-l, l]$ で $f(x)$ に一致することになるが，さらに次のことが成り立つ．

定理 3.2　$f(x)$ は区分的に C^1 級で，連続な周期 $2l$ の関数であるとき，$f(x)$ のフーリエ級数 $S[f](x)$ は区間 $[-l, l]$ 上で $f(x)$ に一様収束して，$S[f](x) = f(x)$ $(x \in [-l, l])$ が成り立つ．

定理 3.1 の証明は第5章で学ぶ．また定理 3.2 の証明は，連続関数 $f(x)$ に対して $c_n[f] = 0$ $(n \in \mathbb{Z})$ ならば $f(x) = 0$ が成り立つか？という基本的問題の解決とともに，第6章で学ぶ．

3.2.2　フーリエ級数のいくつかの例

ここでは，もっともよく使われる周期 2π の関数に対するフーリエ級数の計算例を与えることにする．一般の周期 $2l$ の周期関数 $f(x)$ に対しては，$g(x) := f\left(\frac{l}{\pi}x\right)$ が周期 2π の周期関数となるので，以下の基本的結果は一般の周期 $2l$ の周期関数に対して容易に読み替えることができるからである．

例題 3.1

$f(x) = |x|$ $(-\pi \leq x \leq \pi)$ である，周期 2π 関数 $f(x)$ のフーリエ級数は次のようになることを示せ．

$$S[f](x) = \frac{\pi}{2} - \frac{4}{\pi}\sum_{k=1}^{\infty}\frac{\cos((2k-1)x)}{(2k-1)^2} \quad (-\pi \leq x \leq \pi).$$

【解　答】　求めるフーリエ級数は

$$S[f](x) = \frac{a_0}{2} + \sum_{n=1}^{\infty}(a_n\cos(nx) + b_n\sin(nx))$$

で，フーリエ係数は

$$a_n = \frac{1}{\pi}\int_{-\pi}^{\pi} f(x)\cos(nx)\,dx, \quad b_n = \frac{1}{\pi}\int_{-\pi}^{\pi} f(x)\sin(nx)\,dx$$

である．まず $f(x)$ が偶関数であることから，$b_n = 0$ $(n \geq 1)$ であり，

$$a_n = \frac{2}{\pi}\int_0^{\pi} x\cos(nx)\,dx$$

となる．よって

$$a_0 = \frac{2}{\pi}\int_0^{\pi} x\,dx = \frac{2}{\pi}\left[\frac{x^2}{2}\right]_0^{\pi} = \pi.$$

また，$n \geq 1$ に対して

$$\begin{aligned} a_n &= \frac{2}{\pi}\int_0^{\pi} x\left(\frac{\sin(nx)}{n}\right)' dx \\ &= \left[\frac{2}{\pi}x\left(\frac{\sin(nx)}{n}\right)\right]_0^{\pi} - \frac{2}{\pi}\int_0^{\pi}\frac{\sin(nx)}{n}\,dx \\ &= -\frac{2}{n\pi}\int_0^{\pi}\sin(nx)\,dx = -\frac{2}{n\pi}\left[\frac{-\cos(nx)}{n}\right]_0^{\pi} \\ &= \frac{2}{\pi n^2}(\cos(n\pi) - 1) \end{aligned}$$

となる．よって，n が偶数なら $a_n = 0$，n が奇数なら $a_n = -\frac{4}{\pi n^2}$ となり

$$S[f](x) = \frac{\pi}{2} - \frac{4}{\pi}\sum_{k=1}^{\infty}\frac{\cos((2k-1)x)}{(2k-1)^2} \quad (-\pi \leq x \leq \pi)$$

を得る．$f(x)$ は区分的 C^1 級で連続であるので基本定理 3.2 を適用して

$$|x| = \frac{\pi}{2} - \frac{4}{\pi}\sum_{k=1}^{\infty}\frac{\cos((2k-1)x)}{(2k-1)^2} \quad (-\pi \leq x \leq \pi)$$

が成り立つことになる．特に，$x=0$ として次を得る．

$$\sum_{k=1}^{\infty}\frac{1}{(2k-1)^2} = \frac{\pi^2}{8}. \quad \blacksquare$$

例題 3.2

$$f(x) = \begin{cases} 1 & (0 \leq x \leq \pi) \\ -1 & (-\pi < x < 0) \end{cases}$$

である，周期 2π の関数 $f(x)$ のフーリエ級数は次のようになることを示せ．

$$S[f](x) = \frac{4}{\pi}\sum_{k=1}^{\infty}\frac{\sin((2k-1)x)}{(2k-1)} \quad (-\pi \leq x \leq \pi).$$

【解　答】 $f(x)$ は奇関数であるので $a_n = 0$ $(n \geq 0)$ となる．
また $f(x)\sin(nx)$ は偶関数となることから

$$b_n = \frac{1}{\pi}\int_{-\pi}^{\pi} f(x)\sin(nx)\,dx = \frac{2}{\pi}\int_0^{\pi}\sin(nx)\,dx$$

と計算できる．よって

$$b_n = \frac{2}{n}\left[\frac{-\cos(nx)}{n}\right]_0^{\pi} = \frac{2}{n}(1-(-1)^n)$$

を得る．以上より

$$S[f](x) = \frac{4}{\pi}\sum_{k=1}^{\infty}\frac{\sin((2k-1)x)}{(2k-1)}$$

を得る．基本定理 3.1 を適用することで

$$f(x) = \frac{4}{\pi}\sum_{k=1}^{\infty}\frac{\sin((2k-1)x)}{(2k-1)} \quad (-\pi < x < \pi,\ x \neq 0)$$

が成り立つことになる．特に例えば，$x = \frac{\pi}{2}$ とすることで次を得る．

$$\frac{\pi}{4}=\sum_{k=1}^{\infty}\frac{(-1)^{k-1}}{2k-1}=1-\frac{1}{3}+\frac{1}{5}-\frac{1}{7}+\cdots.$$

また，$f(x)$ の不連続点 $x=0$ では，$f(0+0)=1$，$f(0-0)=-1$ なので $\frac{1}{2}(f(0+0)+f(0-0))=0$ となり，$S[f](0)=0$ であるので，基本定理 3.1 の主張と合っていることに注意しよう．不連続点 $x=\pi$ においても $f(\pi+0)=-1$，$f(\pi-0)=1$ であり，また $S[f](\pi)=0$ なので同様である．

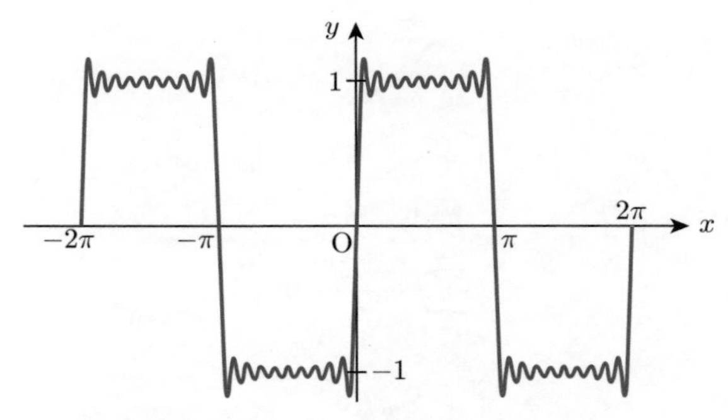

図 **3.3**　例題 3.2 のフーリエ級数の部分和 ($N=20$)

■

例題 3.3

$f(x)=-x\ (-\pi<x\leq\pi)$ である，周期 2π 関数 $f(x)$ のフーリエ級数は次のようになることを示せ．

$$S[f](x)=2\sum_{n=1}^{\infty}\frac{(-1)^n}{n}\sin(nx)\quad(-\pi\leq x\leq\pi).$$

【解　答】　複素フーリエ係数

$$c_n=c_n[f]=\frac{1}{2\pi}\int_{-\pi}^{\pi}f(x)e^{-inx}\,dx\quad(n\in\mathbb{Z})$$

を用いて計算してみよう．$c_0=0$ はすぐにわかる．$n\neq 0$ として

$$c_n=\frac{1}{2\pi}\int_{-\pi}^{\pi}(-x)e^{-inx}\,dx$$

$$= \frac{1}{2\pi}\int_{-\pi}^{\pi}(-x)\left(\frac{1}{-in}e^{-inx}\right)' dx$$
$$= \frac{1}{2\pi}\left[(-x)\left(\frac{1}{-in}e^{-inx}\right)\right]_{-\pi}^{\pi} + \frac{1}{2\pi}\int_{-\pi}^{\pi}\frac{1}{-in}e^{-inx}\,dx$$
$$= \frac{1}{(2\pi)(in)}(\pi e^{-in\pi} - (-\pi)e^{in\pi}) = \frac{\cos(n\pi)}{in} = \frac{(-1)^n}{in}$$

を得る．よって次を得る．

$$\begin{aligned} S[f](x) &= \sum_{n\neq 0,\, n=-\infty}^{\infty}\frac{(-1)^n}{(in)}e^{inx} \\ &= \frac{1}{i}\sum_{n=1}^{\infty}\frac{(-1)^n}{n}(e^{inx} - e^{-inx}) \\ &= 2\sum_{n=1}^{\infty}\frac{(-1)^n}{n}\sin(nx). \end{aligned}$$

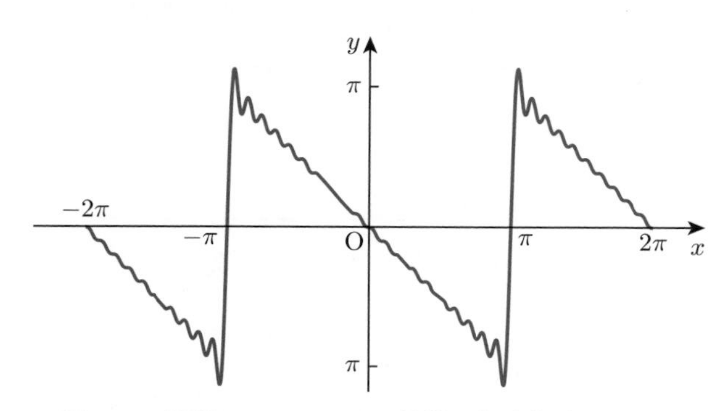

図 **3.4**　例題 3.3 のフーリエ級数の部分和 $(N = 20)$

■

問 **3.3**　$f(x) = x^2$ $(-\pi \leq x \leq \pi)$ である，周期 2π の関数 $f(x)$ のフーリエ級数は次のようになることを示せ．

$$S[f](x) = \frac{\pi^2}{3} + \sum_{n=1}^{\infty}\frac{4(-1)^n}{n^2}\cos(nx) \quad (-\pi \leq x \leq \pi).$$

演習問題

1. $|x| \leq \pi$ において次で定義される周期 2π の関数 $f(x)$ に対して，フーリエ級数 $S[f](x)$ を計算せよ．

$$f(x) = \begin{cases} 1 & \left(-\frac{\pi}{2} \leq x \leq \frac{\pi}{2}\right) \\ -1 & \left(-\pi \leq x < -\frac{\pi}{2},\ \frac{\pi}{2} < x \leq \pi\right) \end{cases}$$

2. $f(x) = \cos x$ $(0 < x < \pi)$ を区間 $(-\pi, 0)$ 上に奇関数で拡張し，周期 2π 関数として $\mathbb{R}$ に拡張した関数とする．次を示せ．

$$S[f](x) = \frac{8}{\pi} \sum_{m=1}^{\infty} \frac{m}{4m^2 - 1} \sin(2mx).$$

3.

$$f(x) = \begin{cases} x^2 & (0 \leq x \leq \pi) \\ -x^2 & (-\pi < x \leq 0) \end{cases}$$

なる周期 2π の関数 $f(x)$ のフーリエ級数 $S[f](x)$ を求めよ．

4. (1) $a \in \mathbb{R}$ は定数とし，$g(x)$ は，

$$g(x) = (|x| - a)^2 \quad (|x| \leq \pi)$$

で，周期 2π の関数であるとする．このとき，$g(x)$ のフーリエ級数を求めよ．

(2) (1) の結果を参考にして

$$S[f](x) = \sum_{n=1}^{\infty} \frac{1}{n^2} \cos(nx)$$

となる周期 2π の関数 $f(x)$ を求めてみよ．

5. (1) $\cos x = \frac{1}{2}(e^{ix} + e^{-ix})$ を利用して，次を示せ．

$$\cos^4 x = \frac{3}{8} + \frac{1}{2}\cos(2x) + \frac{1}{8}\cos(4x).$$

(2) 一般の $N \in \mathbb{N}$ に対して，$f(\theta) = \cos^{2N} \theta$ のフーリエ級数展開を求めよ．

6. $a > 0$ を定数とし，

$$f(x) = e^{-a|x|} \quad (|x| \leq \pi)$$

なる周期 2π の関数を考える．このとき，$f(x)$ の複素フーリエ級数 $S[f](x)$ を求めよ．

第 4 章
フーリエ級数の基本的性質

この章では，フーリエ級数の基本的性質について整理して，特に，フーリエ級数の L^2 ノルムでの最良近似性とベッセルの不等式について学ぶ．さらに，関数の導関数やたたみ込みとフーリエ係数との関係を調べる．主に周期 2π の関数に対するフーリエ級数について学ぶが，一般の周期を持つフーリエ級数に関しても同様の基本的性質が成り立つことになる．

4.1 フーリエ級数の L^2 最良近似性とベッセルの不等式

この節では，まず 2 つの関数の L^2 内積と L^2 ノルムの定義を学んだ後，フーリエ級数の L^2 ノルムでの最良近似性がどういう意味なのかを味わう．

4.1.1 L^2 内積と L^2 ノルム

区間 $I=[a,b]$ 上の区分的連続な複素数値関数 $f(x)$, $g(x)$ に対して

$$(f,g)_{L^2(I)} := \int_a^b f(x)\overline{g(x)}\,dx,$$

$$\|f\|_{L^2(I)} := \sqrt{(f,f)_{L^2(I)}} = \sqrt{\int_a^b |f(x)|^2\,dx}$$

と定め，それぞれ，区間 $I=[a,b]$ 上での f と g の $\boldsymbol{L^2}$ **内積**，f の $\boldsymbol{L^2}$ **ノルム**という．L^2 ノルムは関数 $f(x)$ の大きさを測る 1 つのものさしであり，L^2 内積は 2 つの関数 $f(x)$ と $g(x)$ の角度を表すようなものである．（L^2 というのは，ルベーグ（Lebesgue）の意味での 2 乗可積分な関数全体を考えるということ

に由来するものである.）特に，数ベクトルの内積との類似で，$(f,g)_{L^2(I)}=0$ を満たすとき，f と g は $L^2(I)$ において**直交**するという．任意の $n\in\mathbb{Z}$ に対して $\varphi_n(x):=\frac{1}{\sqrt{2\pi}}e^{inx}$ と定義するとき，第 1 章の例題 1.3 から，次が成り立つこととなる.

命題 4.1　$(\varphi_m,\varphi_n)_{L^2(-\pi,\pi)}=\delta(m,n)\quad(m,n\in\mathbb{Z}).$

一般に，区間 I 上の関数列 $\{f_n(x)\}_{n=1}^{\infty}$ で

$$(f_m,f_n)_{L^2(I)}=\delta(m,n)\quad(m,n\in\mathbb{Z})$$

を満たすとき，関数列 $\{f_n(x)\}_{n=1}^{\infty}$ は $L^2(I)$ で**正規直交系**をなすという．周期 2π の三角関数系 $\{\varphi_n(x)\}_{n\in\mathbb{Z}}$ の $L^2(-\pi,\pi)$ での正規直交性はフーリエ級数の理論において極めて重要である．また，次の不等式はよく活用されるので，その名前とともに記憶すべきものである.

補題 4.1（コーシー－シュワルツの不等式）　$I=[a,b]$ 上の区分的連続な関数 $f,\ g$ に対して，次が成り立つ.

$$|(f,g)_{L^2(I)}|\le\|f\|_{L^2(I)}\|g\|_{L^2(I)}.$$

証明　$\|g\|_{L^2(I)}=0$ のときは, 左辺も 0 となり, 成り立つ．よって $\|g\|_{L^2(I)}\neq 0$ の場合に示せばよい．ここで，$(f,g)_{L^2(I)}=|(f,g)_{L^2(I)}|e^{i\alpha}$, $\alpha\in\mathbb{R}$ と書くことができる．そこで，任意の $t\in\mathbb{R}$ に対して次が成り立つ.

$$\begin{aligned}0&\le\int_a^b|f(x)+te^{i\alpha}g(x)|^2\,dx\\&=t^2\int_a^b|g(x)|^2\,dx+te^{-i\alpha}\int_a^b f(x)\overline{g(x)}\,dx\\&\qquad+te^{i\alpha}\int_a^b\overline{f(x)}g(x)\,dx+\int_a^b|f(x)|^2\,dx\\&=t^2\|g\|_{L^2(I)}^2+2t|(f,g)_{L^2(I)}|+\|f\|_{L^2(I)}^2.\end{aligned}$$

任意の $t \in \mathbb{R}$ に対して，上の不等式が成り立つことから，2 次関数の判別式を考えて結論を得る．

$$4|(f,g)_{L^2(I)}|^2 \leq 4\|f\|_{L^2(I)}^2\|f\|_{L^2(I)}^2. \quad \blacksquare$$

コーシー－シュワルツの不等式より，次の L^2 ノルムの**三角不等式**が導かれる．

命題 4.2　$I = [a,b]$ 上の区分的連続な関数 f, g に対して，次が成り立つ．

$$\|f+g\|_{L^2(I)} \leq \|f\|_{L^2(I)} + \|g\|_{L^2(I)}.$$

証明　補題 4.1 より次のようになることから従う．

$$\begin{aligned}&(\|f\|_{L^2(I)} + \|g\|_{L^2(I)})^2 - \|f+g\|_{L^2(I)}^2 \\ &= 2\|f\|_{L^2(I)}\|g\|_{L^2(I)} - ((f,g)_{L^2(I)} + \overline{(f,g)_{L^2(I)}}) \geq 0. \quad \blacksquare\end{aligned}$$

問 4.1　関数列 $\{f_n\}_{n=1}^{\infty}, \{g_n\}_{n=1}^{\infty} \subset L^2(I)$ および $f, g \in L^2(I)$ に対して，

$$\|f_n - f\|_{L^2(I)} \to 0, \quad \|g_n - g\|_{L^2(I)} \to 0 \quad (n \to \infty)$$

ならば，次が成り立つことを示せ．

(1)　$(f_n - f, g_n - g)_{L^2(I)} \to 0 \ (n \to \infty)$.

(2)　$(f_n, g_n)_{L^2(I)} \to (f,g)_{L^2(I)} \ (n \to \infty)$.

4.1.2　L^2 最良近似とベッセルの不等式

この項では，周期 2π の関数 $f(x)$ を三角関数系 $\{\varphi_n(x)\}_{n=-N}^{N}$ の線形結合で L^2 ノルムでの近似をする際，フーリエ係数 $\{c_n[f]\}$ が最良であることを学ぶ．

命題 4.3（L^2 **最良近似**）　$f(x)$ を周期 2π の区分的連続な複素数値関数とする．任意の $N \in \mathbb{N}$ と任意の複素数列 $\{d_n\}_{n=-N}^{N}$ に対して次が成り立つ．

(1)

$$\left\| f - \sum_{n=-N}^{N} \sqrt{2\pi}\, c_n[f]\varphi_n \right\|_{L^2(-\pi,\pi)}^2 \leq \left\| f - \sum_{n=-N}^{N} \sqrt{2\pi}\, d_n\varphi_n \right\|_{L^2(-\pi,\pi)}^2.$$

(2)　$2\pi \displaystyle\sum_{n=-N}^{N} |c_n[f]|^2 \leq \int_{-\pi}^{\pi} |f(x)|^2\, dx.$

注意 4.1 複素フーリエ係数 $c_n[f]$ は $\varphi_n(x)$ と L^2 内積を用いて

$$c_n[f] = \frac{1}{\sqrt{2\pi}}(f, \varphi_n)_{L^2(-\pi,\pi)}$$

と書けて，また，フーリエ級数 $S[f](x)$ は

$$S[f](x) = \sum_{n=-\infty}^{\infty} \sqrt{2\pi}\, c_n[f]\varphi_n(x) = \sum_{n=-\infty}^{\infty} (f, \varphi_n)_{L^2(-\pi,\pi)}\varphi_n(x)$$

と書くことができることに注意しよう．

命題 4.3 の証明 補題 4.1 より

$$\begin{aligned}
&\left\| f - \sum_{n=-N}^{N} \sqrt{2\pi}\, d_n\varphi_n \right\|_{L^2(-\pi,\pi)}^2 \\
&= \int_{-\pi}^{\pi} \left| f(x) - \sqrt{2\pi} \sum_{n=-N}^{N} d_n\varphi_n(x) \right|^2 dx \\
&= \int_{-\pi}^{\pi} \left(f(x) - \sqrt{2\pi} \sum_{n=-N}^{N} d_n\varphi_n(x) \right)\left(\overline{f(x)} - \sqrt{2\pi} \sum_{n=-N}^{N} \overline{d_n}\,\overline{\varphi_n(x)} \right) dx \\
&= \int_{-\pi}^{\pi} |f(x)|^2\, dx - \sqrt{2\pi} \sum_{n=-N}^{N} d_n \int_{-\pi}^{\pi} \overline{f(x)}\varphi_n(x)\, dx \\
&\qquad - \sqrt{2\pi} \sum_{n=-N}^{N} \overline{d_n} \int_{-\pi}^{\pi} f(x)\overline{\varphi_n(x)}\, dx \\
&\qquad + 2\pi \sum_{n,m=-N}^{N} d_n\overline{d_m} \int_{-\pi}^{\pi} \varphi_n(x)\overline{\varphi_m(x)}\, dx \\
&= \|f\|_{L^2(-\pi,\pi)}^2 - 2\pi \sum_{n=-N}^{N} d_n\overline{c_n[f]} - 2\pi \sum_{n=-N}^{N} \overline{d_n}c_n[f] + 2\pi \sum_{n=-N}^{N} |d_n|^2
\end{aligned}$$

となる．ここで，

$$\begin{aligned}
\sum_{n=-N}^{N} |d_n - c_n[f]|^2 &= \sum_{n=-N}^{N} |d_n|^2 - \sum_{n=-N}^{N} d_n\overline{c_n[f]} \\
&\qquad - \sum_{n=-N}^{N} \overline{d_n}c_n[f] + \sum_{n=-N}^{N} |c_n[f]|^2
\end{aligned}$$

であることに注意すると

$$\left\| f - \sum_{n=-N}^{N} \sqrt{2\pi}\, d_n \varphi_n \right\|_{L^2(-\pi,\pi)}^2$$

$$= \|f\|_{L^2(\pi,\pi)}^2 + 2\pi \left(\sum_{n=-N}^{N} |d_n - c_n[f]|^2 - \sum_{n=-N}^{N} |c_n[f]|^2 \right)$$

を得る．以上より，

$$\left\| f - \sum_{n=-N}^{N} \sqrt{2\pi}\, d_n \varphi_n \right\|_{L^2(-\pi,\pi)}^2$$

は，任意の $-N \leq n \leq N$ に対して $d_n = c_n[f]$ のときに最小となり，

$$\left\| f - \sum_{n=-N}^{N} \sqrt{2\pi}\, d_n \varphi_n \right\|_{L^2(-\pi,\pi)}^2 \geq \left\| f - \sum_{n=-N}^{N} \sqrt{2\pi}\, c_n[f] \varphi_n \right\|_{L^2(-\pi,\pi)}^2$$

が成り立つ．これより (1) の結論を得る．また，特に

$$\left\| f - \sum_{n=-N}^{N} \sqrt{2\pi}\, c_n[f] \varphi_n \right\|_{L^2(-\pi,\pi)}^2 = \|f\|_{L^2(-\pi,\pi)}^2 - 2\pi \sum_{n=-N}^{N} |c_n[f]|^2 \geq 0 \tag{4.1}$$

を得る．これより (2) の結論を得る．■

注意 4.2 (4.1) より，任意の $N < M$ に対して次が成り立つこともわかる．

$$\left\| f - \sum_{n=-M}^{M} \sqrt{2\pi}\, c_n[f] \varphi_n \right\|_{L^2(-\pi,\pi)}^2 \leq \left\| f - \sum_{n=-N}^{N} \sqrt{2\pi}\, c_n[f] \varphi_n \right\|_{L^2(-\pi,\pi)}^2 .$$

特に，命題 4.3 の (2) で $N \to \infty$ として，次の**ベッセルの不等式**を得る．

系 4.1　周期 2π の区分的に連続な関数に対して，次が成り立つ．

(1)　（ベッセルの不等式）

$$2\pi \sum_{n=-\infty}^{\infty} |c_n[f]|^2 \leq \|f\|_{L^2(-\pi,\pi)}^2.$$

(2)　$2\pi \sum_{n=-\infty}^{\infty} |c_n[f]|^2 = \|f\|_{L^2(-\pi,\pi)}^2$

が成り立つことと，次が成り立つこととは同値である．

$$\lim_{N\to\infty} \left\| f - \sum_{n=-N}^{N} \sqrt{2\pi}\, c_n[f]\varphi_n \right\|_{L^2(-\pi,\pi)}^2 = 0.$$

注意 4.3　複素フーリエ係数 $c_n[f]$ とフーリエ係数 $a_n[f]$, $b_n[f]$ の関係式より

$$\int_{-\pi}^{\pi} \left| f(x) - \sum_{n=-N}^{N} c_n[f]e^{inx} \right|^2 dx$$
$$= \int_{-\pi}^{\pi} \left| f(x) - \left(\frac{a_0[f]}{2} + \sum_{n=1}^{N} a_n[f]\cos(nx) + b_n[f]\sin(nx) \right) \right|^2 dx$$

であり，また

$$\sum_{n=-N}^{N} |c_n[f]|^2 = |c_0[f]|^2 + \sum_{n=1}^{N} (|c_n[f]|^2 + |c_{-n}[f]|^2)$$
$$= \frac{|a_0[f]|^2}{4} + \frac{1}{2}\sum_{n=1}^{N} (|a_n[f]|^2 + |b_n[f]|^2)$$

となるので，ベッセルの不等式は次のように書くことができる．

$$\frac{\pi}{2}|a_0[f]|^2 + \pi \sum_{n=1}^{\infty} (|a_n[f]|^2 + |b_n[f]|^2) \leq \|f\|_{L^2(-\pi,\pi)}^2. \tag{4.2}$$

一般に，$l > 0$ に対して周期 $2l$ の関数に対して，対応するフーリエ係数を $\{a_n[f]\}_{n=0}^{\infty}$，$\{b_n[f]\}_{n=1}^{\infty}$ として，ベッセルの不等式として次が成り立つこともわかる．

$$\frac{l}{2}|a_0[f]|^2 + l \sum_{n=1}^{\infty} (|a_n[f]|^2 + |b_n[f]|^2) \leq \|f\|_{L^2(-l,l)}^2. \tag{4.3}$$

例題 4.1

定数 A_0, A_1, B_1 で，次を最小にするようなものを求めよ．

$$\int_{-\pi}^{\pi} |e^x - (A_0 + A_1 \cos x + B_1 \sin x)|^2 \, dx.$$

【解　答】 $f(x) := e^x \ (-\pi \le x \le \pi)$ を周期 2π 関数に拡張したものを考えることで，命題 4.3 および注意 4.3 の考察から

$$A_0 = \frac{1}{2} a_0[f], \quad A_1 = a_1[f], \quad B_1 = b_1[f]$$

のときに例題の積分値が最小になることに注意しよう．よって

$$A_0 = \frac{1}{2} a_0[f] = \frac{1}{2\pi} \int_{-\pi}^{\pi} e^x \, dx = \frac{1}{2\pi}(e^{\pi} - e^{-\pi})$$

となる．また

$$\begin{aligned} a_1[f] &= \frac{1}{\pi} \int_{-\pi}^{\pi} e^x \cos x \, dx \\ &= \frac{1}{\pi} \left(\Big[e^x \sin x \Big]_{-\pi}^{\pi} - \int_{-\pi}^{\pi} e^x \sin x \, dx \right) = -b_1[f], \end{aligned}$$

$$\begin{aligned} b_1[f] &= \frac{1}{\pi} \int_{-\pi}^{\pi} e^x \sin x \, dx \\ &= \frac{1}{\pi} \left(\Big[e^x (-\cos x) \Big]_{-\pi}^{\pi} - \int_{-\pi}^{\pi} e^x \sin x \, dx \right) \\ &= \frac{1}{\pi}(e^{\pi} - e^{-\pi}) + a_1[f] \end{aligned}$$

となる．従って

$$A_1 = a_1[f] = -\frac{1}{2\pi}(e^{\pi} - e^{-\pi}), \quad B_1 = b_1[f] = \frac{1}{2\pi}(e^{\pi} - e^{-\pi})$$

を得る． ■

特に，ベッセルの不等式より，次が成り立つことがわかる．

系 4.2（**リーマン－ルベーグの補題**）　周期 2π の区分的連続な関数 $f(x)$ に対して次が成り立つ．

(1)

$$\int_{-\pi}^{\pi} f(x)e^{-inx}\,dx \to 0 \quad (|n| \to \infty).$$

(2)

$$\int_{-\pi}^{\pi} f(x)\cos(nx)\,dx \to 0,$$

$$\int_{-\pi}^{\pi} f(x)\sin(nx)\,dx \to 0 \quad (|n| \to \infty).$$

注意 **4.4**　一般に周期 $2l$ の関数列 $\{\psi_j\}_{j=1}^{M}$ が区間 $[-l,l]$ 上での L^2 内積に関して**正規直交系**であるとする．すなわち

$$\begin{aligned}(\psi_j, \psi_k)_{L^2(-l,l)} &:= \int_{-l}^{l} \psi_j(x)\overline{\psi_k(x)}\,dx \\ &= \delta(j,k) \quad (j,k = 1,2,\ldots,M).\end{aligned}$$

このとき，周期 $2l$ の関数 $f(x)$ に対して命題 4.3 の証明と同様にして，任意の数列 $\{d_j\}_{j=1}^{M}$ に対して，次が成り立つことがわかる．

$$\int_{-l}^{l}\left|f(x) - \sum_{j=1}^{M} d_j\psi_j(x)\right|^2 dx \geq \int_{-l}^{l}\left|f(x) - \sum_{j=1}^{M}(f,\psi_j)_{L^2(-l,l)}\psi_j(x)\right|^2 dx,$$

$$\sum_{j=1}^{M}|(f,\psi_j)_{L^2(-l,l)}|^2 \leq \int_{-l}^{l}|f(x)|^2\,dx.$$

4.2 フーリエ係数の基本的性質

ここで，フーリエ係数の基本的性質について，少しまとめておこう．

命題 4.4　周期 2π の区分的に連続な関数 $f(x)$ に対して，次が成り立つ $(n \in \mathbb{Z})$.

(1)　$|c_n[f]| \leq \dfrac{1}{2\pi}\displaystyle\int_{-\pi}^{\pi} |f(x)|\,dx.$

(2)　$c_n[\overline{f}] = \overline{c_{-n}[f]}.$

(3)　$-\pi < \tau < \pi$ に対して，$f_\tau(x) := f(x-\tau)$ とおくとき，次が成り立つ．

$$c_n[f_\tau] = c_n[f]e^{-in\tau}.$$

証明　(1) および (2) は簡単にわかるので，(3) のみ示す．(3) は，変数変換 $y := x - \tau$ を行うことで

$$\begin{aligned}
c_n[f_\tau] &= \frac{1}{2\pi}\int_{-\pi}^{\pi} f_\tau(x)e^{-inx}\,dx \\
&= \frac{1}{2\pi}\int_{-\pi}^{\pi} f(x-\tau)e^{-inx}\,dx \\
&= \frac{1}{2\pi}\int_{-\pi-\tau}^{\pi-\tau} f(y)e^{-in(y+\tau)}\,dy \\
&= e^{-in\tau}\frac{1}{2\pi}\int_{-\pi}^{\pi} f(y)e^{-iny}\,dy \\
&= e^{-in\tau}c_n[f]
\end{aligned}$$

より従う．上記の最後で周期関数の積分の性質を用いた（問 4.2 参照）．■

問 4.2　$f(x)$ を周期 2π の関数とするとき，任意の $a \in \mathbb{R}$ に対して次が成り立つことを示せ．

$$\int_{-\pi+a}^{\pi+a} f(t)\,dt = \int_{-\pi}^{\pi} f(t)\,dt.$$

例題 4.2

$g(x) = \pi - x$ $(0 < x \leq 2\pi)$ であって，周期 2π の関数 $g(x)$ のフーリエ級数は

$$S[g](x) = 2\sum_{n=1}^{\infty} \frac{\sin(nx)}{n}$$

となることを示せ．特に，次が成り立つことを示せ．

$$\sum_{n=1}^{\infty} \frac{\sin n}{n} = \frac{\pi - 1}{2}.$$

【解　答】 $f(x) = -x$ $(-\pi < x \leq \pi)$ であって，周期 2π の関数を $f(x)$ とすると，

$$g(x) = f_{\pi}(x) = f(x - \pi)$$

と書けることに注意しよう．よって

$$c_n[g] = c_n[f]e^{-in\pi} = c_n[f](-1)^n$$

が成り立つ．ここで，第 3 章の例題 3.3 より $c_0[f] = 0$ および $n \neq 0$ に対して，

$$c_n[f] = \frac{(-1)^n}{in}$$

であった．従って，次を得る．

$$S[g](x) = \frac{1}{i}\sum_{n \neq 0} \frac{1}{n} e^{inx} = \frac{1}{i}\sum_{n=1}^{\infty} \frac{1}{n}(e^{inx} - e^{-inx})$$
$$= 2\sum_{n=1}^{\infty} \frac{1}{n}\sin(nx).$$

また基本定理 3.1 を適用して，$x = 1$ に対して

$$\pi - 1 = g(1) = 2\sum_{n=1}^{\infty} \frac{\sin n}{n}$$

となるから後半の結論を得る．■

導関数 $f'(x)$ のフーリエ係数については，次が基本的である．

命題 4.5 $f(x)$ が周期 2π の連続関数で，かつ区分的に C^1 級ならば，導関数 $f'(x)$ のフーリエ係数に関して次が成り立つ．

$$c_n[f'] = (in)c_n[f] \quad (n \in \mathbb{Z}).$$

特に，次が成り立つ．

$$|c_n[f]| \leq \frac{1}{2\pi|n|}\int_{-\pi}^{\pi} |f'(x)|\,dx \quad (|n| \geq 1).$$

証明 $n \neq 0$ のとき，部分積分の公式（命題 2.1）が使えることに注意して

$$c_n[f] = \frac{1}{2\pi}\int_{-\pi}^{\pi} f(x)e^{-inx}\,dx = \frac{1}{2\pi}\int_{-\pi}^{\pi} f(x)\frac{d}{dx}\left(\frac{1}{-in}e^{-inx}\right)dx$$
$$= \frac{1}{2\pi(in)}\int_{-\pi}^{\pi} f'(x)e^{-inx}\,dx = \frac{1}{in}c_n[f']$$

を得る．また，$n = 0$ のときは

$$c_0[f'] = \frac{1}{2\pi}\int_{-\pi}^{\pi} f'(x)\,dx = 0$$

となる．よって主張が成り立つことになる．■

同様に，$k \geq 1$ に対して $f(x)$ が周期 2π の C^k 級関数であり，さらに区分的に C^{k+1} 級であるならば

$$c_n[f^{(k+1)}] = (in)^{k+1}c_n[f] \quad (n \in \mathbb{Z}) \tag{4.4}$$

が成り立ち，次が成り立つことがわかる．

$$|c_n[f]| \leq \frac{1}{2\pi|n|^{k+1}}\int_{-\pi}^{\pi} |f^{(k+1)}(x)|\,dx \quad (|n| \geq 1).$$

特に，$f(x)$ のなめらかさが増すごとに，そのフーリエ係数の n に関する減衰度が増すこととなる．

問 4.3 上記の高次導関数のフーリエ係数に関する公式 (4.4) を確かめよ．

特に，次が導かれることとなる．

命題 4.6　$f(x)$ が周期 2π の連続関数で，かつ区分的 C^1 級ならば，$f(x)$ のフーリエ級数 $S[f](x)=\sum_{n=-\infty}^{\infty} c_n[f]e^{inx}$ は区間 $[-\pi,\pi]$ 上で一様収束する．

証明　命題 4.5 より

$$|c_n[f]| \leq \frac{1}{|n|}|c_n[f']| \quad (|n| \geq 1)$$

が成り立つ．また，ベッセルの不等式（系 4.1）より

$$\sum_{n=-\infty}^{\infty} |c_n[f']|^2 \leq \frac{1}{2\pi}\|f'\|_{L^2(-\pi,\pi)}^2$$

が成り立つ．よって，任意の $N \in \mathbb{N}$ に対して，数ベクトルに対するコーシー－シュワルツの不等式

$$\sum_{n=-N}^{N} a_n b_n \leq \left(\sum_{n=-N}^{N} a_n^2\right)^{\frac{1}{2}}\left(\sum_{n=-N}^{N} b_n^2\right)^{\frac{1}{2}} \quad (a_n, b_n \geq 0)$$

を用いて，

$$\begin{aligned}
\sum_{n=-N}^{N} |c_n[f]| &\leq |c_0[f]| + \sum_{1\leq|n|\leq N} \frac{1}{|n|}|c_n[f']| \\
&\leq |c_0[f]| + \left(\sum_{1\leq|n|\leq N} \frac{1}{|n|^2}\right)^{\frac{1}{2}}\left(\sum_{1\leq|n|\leq N} |c_n[f']|^2\right)^{\frac{1}{2}} \\
&\leq |c_0[f]| + \left(2\sum_{n=1}^{\infty} \frac{1}{n^2}\right)^{\frac{1}{2}}\left(\frac{1}{2\pi}\|f'\|_{L^2(-\pi,\pi)}^2\right)^{\frac{1}{2}}
\end{aligned}$$

となることがわかる．以上より，$\sum_{n=-\infty}^{\infty}|c_n[f]|$ は収束する．従って，ワイエルシュトラスの M-判定法（命題 2.5）により $\sum_{n=-\infty}^{\infty} c_n[f]e^{inx}$ は区間 $[-\pi,\pi]$ 上で一様収束することとなる．■

4.3 たたみ込みとフーリエ級数

2つの関数のたたみ込みという操作を学びフーリエ係数との関係を述べよう.

定義 4.1 周期 2π の区分的連続な関数 $f(x)$, $g(x)$ に対して, 関数 $f*g$ を

$$(f*g)(x) := \frac{1}{2\pi}\int_{-\pi}^{\pi} f(x-y)g(y)\,dy \quad (x \in \mathbb{R})$$

によって定める. この関数 $f*g$ を f と g のたたみ込みという.

たたみ込みは, ある種の平均化を表しており, $(f*g)(x)$ は自動的に連続関数になるなど, もとの関数より良い性質をもつことになる (後の命題 4.7 参照). このようなたたみ込みの性質を調べるのに1つ補題を準備する. 補題 4.2 は区分的に連続な関数を連続な関数で近似する技巧として, 今後何度も用いられることになる.

補題 4.2 周期 2π の区分的連続な関数 $f(x)$ で, ある定数 $M > 0$ があって $|f(x)| \leq M$ $(x \in \mathbb{R})$ を満たすものとする. このとき, 次の2つの性質をもつ周期 2π の連続関数の列 $\{f_n\}_{n=1}^{\infty}$ が存在する.

(1) $|f_n(x)| \leq M \quad (n \geq 1,\, x \in \mathbb{R})$.

(2) $\displaystyle\int_{-\pi}^{\pi} |f_n(x) - f(x)|\,dx \to 0 \quad (n \to \infty)$.

証明 簡単のため, $f(x)$ が $[-\pi, \pi]$ 上にただ1つの不連続点 $x_0 \in (-\pi, \pi)$ をもつ場合に示す. $x_0 = \pi$ の場合や, 複数の不連続点をもつ場合も同様である. 十分大きな $n_0 \in \mathbb{N}$ を固定し, $1 \leq n \leq n_0$ では, $f_n(x) = 0$ とし, $n \geq n_0$ に対して, $A_n := \frac{n}{2}\Big(f\big(x_0 + \frac{1}{n}\big) - f\big(x_0 - \frac{1}{n}\big)\Big)$ として

$$f_n(x) := \begin{cases} f(x) & \big(-\pi \leq x \leq x_0 - \frac{1}{n}\big) \\ A_n\Big(x - \big(x_0 - \frac{1}{n}\big)\Big) + f\big(x_0 - \frac{1}{n}\big) & \big(x_0 - \frac{1}{n} \leq x_0 + \frac{1}{n}\big) \\ f(x) & \big(x_0 + \frac{1}{n} \leq x \leq \pi\big) \end{cases}$$

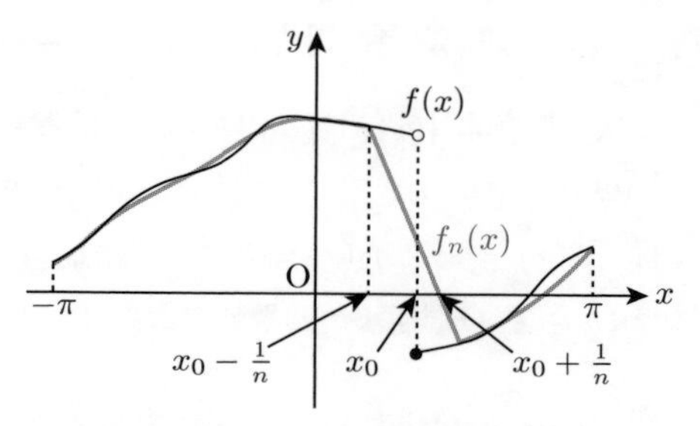

図 4.1 $f(x)$ とその近似関数列 $\{f_n(x)\}$

とすればよい．なぜなら，(1) の性質は $\{f_n(x)\}$ の定義より明らかであり，また

$$\int_{-\pi}^{\pi} |f_n(x) - f(x)|\,dx \le \int_{x_0-\frac{1}{n}}^{x_0+\frac{1}{n}} 2M\,dx = 2M \times \frac{2}{n} \to 0 \quad (n \to \infty)$$

より (2) の性質も満たすからである．■

> **命題 4.7** 周期 2π の区分的連続な関数 $f(x)$, $g(x)$ に対して，たたみ込み $(f * g)(x)$ は周期 2π の連続関数となる．

この命題 4.7 は，補題 4.2 を用いて証明できるが，その詳細は付章 D で与えることにする．また，たたみ込みのフーリエ係数に関して，次が成り立つ．

> **命題 4.8** 周期 2π の区分的連続な 2 つの関数 $f(x)$, $g(x)$ に対して，フーリエ係数に関係式 $c_n[f * g] = c_n[f]c_n[g]$ $(n \in \mathbb{Z})$ が成り立つ．

証明 たたみ込みの定義（定義 4.1）より

$$c_n[f * g] = \frac{1}{2\pi}\int_{-\pi}^{\pi}\left(\frac{1}{2\pi}\int_{-\pi}^{\pi} f(x-y)g(y)\,dy\right)e^{-inx}\,dx$$

であるが，$e^{-inx} = e^{-in(x-y)}e^{-iny}$ と書いて，積分順序の交換を行うことで

$$\begin{aligned} c_n[f * g] &= \frac{1}{2\pi}\int_{-\pi}^{\pi}\left(g(y)e^{-iny}\frac{1}{2\pi}\int_{-\pi}^{\pi} f(x-y)e^{-in(x-y)}\,dx\right)dy \\ &= \frac{1}{2\pi}\int_{-\pi}^{\pi}\left(g(y)e^{-iny}\frac{1}{2\pi}\int_{-\pi}^{\pi} f(z)e^{-inz}\,dz\right)dy = c_n[f]c_n[g]. \end{aligned}$$

■

演習問題

1. 区間 $[-1,1]$ 上で次の関数系 $\{q_k(x)\}_{k=0}^{3}$ は互いに直交すること，すなわち，$k \neq m$ に対して $(q_k, q_m)_{L^2(-1,1)} = 0$ を満たすことを示せ．

$$q_0(x) := 1, \quad q_1(x) := x, \quad q_2(x) = 3x^2 - 1, \quad q_3(x) := 5x^3 - 3x.$$

2. $\phi_n(x) := e^{i2\pi nx}$ $(n \in \mathbb{Z})$ は周期1の関数列である．

$$(f, g)_{L^2(0,1)} := \int_0^1 f(x)\overline{g(x)}\,dx$$

とする．

(1) $(\phi_n, \phi_m)_{L^2(0,1)} = \delta(n, m)$ が成り立つことを示せ．

(2)

$$c_n[f] := \int_0^1 f(x)\overline{\phi_n(x)}\,dx$$

とおく．このとき，任意の $N \in \mathbb{N}$ と，数列 $\{d_n\}_{n=-N}^{N}$ に対して，次が成り立つことを示せ．

$$\int_0^1 \left| f(x) - \sum_{n=-N}^{N} c_n[f]\phi_n(x) \right|^2 dx \leq \int_0^1 \left| f(x) - \sum_{n=-N}^{N} d_n\phi_n(x) \right|^2 dx.$$

3. $f(x) = |x|$ $(|x| \leq \pi)$ なる周期 2π の関数に対して，次の値を最小にするような係数 A_0, A_1, A_2 の値を求めよ．

$$\int_{-\pi}^{\pi} |f(x) - (A_0 + A_1 \cos x + A_2 \cos(2x))|^2\,dx.$$

4. $f(x)$, $g(x)$ は周期 2π の関数とする．$f(x)$, $g(x)$ が，それぞれ

$$f(x) = \sum_{n=-\infty}^{\infty} a_n[f]e^{inx}, \quad g(x) = \sum_{n=-\infty}^{\infty} b_n[g]e^{inx}$$

と書けるとし，

$$f(x)g(x) = \sum_{n=-\infty}^{\infty} c_n e^{inx}$$

とするとき，次を満たすことを示せ（形式的な計算でよい）．

$$c_n = c_n[fg] = \sum_{m=-\infty}^{\infty} a_m[f]b_{n-m}[g].$$

5.

$$f(x) = \begin{cases} \frac{1}{2}(\pi - 1)x & (0 \leq x \leq 1) \\ \frac{1}{2}(\pi - x) & (1 \leq x \leq \pi) \end{cases}$$

なる関数を $-\pi \leq x \leq 0$ に奇関数拡張し，さらに周期 2π の関数に拡張した関数 $f(x)$ のフーリエ級数展開を用いて，次の級数の値を求めよ．

$$\sum_{n=1}^{\infty} \left(\frac{\sin n}{n} \right)^2.$$

6. (1)

$$f(x) = \cosh x \quad (|x| \leq \pi)$$

なる周期 2π の関数 $f(x)$ のフーリエ級数 $S[f](x)$ を求めよ．

(2) (1) を利用して，$x = \pi$ として，次を示せ．

$$\sum_{n=1}^{\infty} \frac{1}{1+n^2} = \frac{1}{2}(\pi \coth \pi - 1).$$

ここで，$\coth x := \frac{\cosh x}{\sinh x}$ である．

第5章
フーリエ級数の各点収束定理

この章では，周期 2π の関数に対して，フーリエ級数の各点収束定理である定理 3.1 の証明をディリクレ核を用いて与える．

5.1 ディリクレ核と基本定理 3.1 の証明

まず，ディリクレ核の定義とその基本的性質を学んだ後に，フーリエ級数の収束に関する基本定理 3.1 の証明を味わうこととする．

5.1.1 ディリクレ核

周期 2π の区分的連続な関数 $f(x)$ に対して，その複素フーリエ係数を

$$c_n[f] = \frac{1}{2\pi}\int_{-\pi}^{\pi} f(z)e^{-inz}\,dz \quad (n \in \mathbb{Z})$$

を用いて，自然数 N に対して，複素フーリエ級数の第 N 部分和

$$S_N[f](x) = \sum_{n=-N}^{N} c_n[f]e^{inx}$$

を考える．$c_n[f]$ の定義を代入することで

$$S_N[f](x) = \frac{1}{2\pi}\sum_{n=-N}^{N}\left(\int_{-\pi}^{\pi} f(z)e^{in(x-z)}\,dz\right)$$

となる．ここで変数変換 $y = x - z$ を用いて

$$\int_{-\pi}^{\pi} f(z)e^{in(x-z)}\,dz = \int_{x-\pi}^{x+\pi} f(x-y)e^{iny}\,dy = \int_{-\pi}^{\pi} f(x-y)e^{iny}\,dy$$

となることに注意する（問 4.2 参照）ことで

$$S_N[f](x) = \int_{-\pi}^{\pi} f(x-y)\left(\frac{1}{2\pi}\sum_{n=-N}^{N} e^{iny}\right)dy$$

と書けることになる．ここで

$$D_N(y) := \frac{1}{2\pi}\sum_{n=-N}^{N} e^{iny} \tag{5.1}$$

とおくことで

$$S_N[f](x) = \int_{-\pi}^{\pi} f(x-y)D_N(y)\,dy \tag{5.2}$$

と書くことができる．$D_N(y)$ は**ディリクレ核**と呼ばれるものである．各点 $x \in [-\pi,\pi]$ に対して $\lim_{N\to\infty} S_N[f](x)$ を調べることが目標である．まず，$D_N(x)$ に関する次の性質に注意しておく．

補題 5.1

(1)　$y \in [-\pi,\pi]$ に対して次が成り立つ．

$$D_N(y) = \begin{cases} \frac{1}{2\pi}\frac{\sin\left(\left(N+\frac{1}{2}\right)y\right)}{\sin\left(\frac{y}{2}\right)} & (y \neq 0) \\ \frac{2N+1}{2\pi} & (y = 0) \end{cases}$$

(2)

$$\int_{-\pi}^{0} D_N(y)\,dy = \int_{0}^{\pi} D_N(y)\,dy = \frac{1}{2}.$$

証明　(1)　$y \neq 0$ の場合，$e^{iy} \neq 1$ なので

$$\begin{aligned} D_N(y) &= \frac{1}{2\pi}e^{-iNy}(1 + e^{iy} + e^{i2y} + \cdots + e^{i2Ny}) \\ &= \frac{e^{-iNy}}{2\pi}\frac{1-e^{i(2N+1)y}}{1-e^{iy}} = \frac{1}{2\pi}\frac{e^{-iNy}-e^{i(N+1)y}}{1-e^{iy}} \end{aligned}$$

となる．分母，分子に $e^{-\frac{i}{2}y}$ をかけて

$$D_N(y) = \frac{1}{2\pi}\frac{e^{-i\left(N+\frac{1}{2}\right)y} - e^{\left(N+\frac{1}{2}\right)y}}{e^{-\frac{i}{2}y} - e^{\frac{i}{2}y}} = \frac{1}{2\pi}\frac{\sin\left(\left(N+\frac{1}{2}\right)y\right)}{\sin\left(\frac{y}{2}\right)}$$

を得る．$y=0$ の場合は，

$$D_N(y) = D_N(0) = \frac{1}{2\pi}\sum_{n=-N}^{N} e^{in0} = \frac{2N+1}{2\pi}$$

となる．

(2)

$$D_N(y) = \frac{1}{2\pi}\left(1 + \sum_{n=1}^{N}(e^{iny} + e^{-iny})\right) = \frac{1}{2\pi}\left(1 + 2\sum_{n=1}^{N}\cos(ny)\right)$$

であるので，

$$\int_{-\pi}^{0} D_N(y)\,dy = \frac{1}{2} + \frac{1}{\pi}\sum_{n=1}^{N}\int_{-\pi}^{0}\cos(ny)\,dy = \frac{1}{2}$$

を得る．同様にして，$\int_0^\pi D_N(y)\,dy = \frac{1}{2}$ も成り立つことがわかる．■

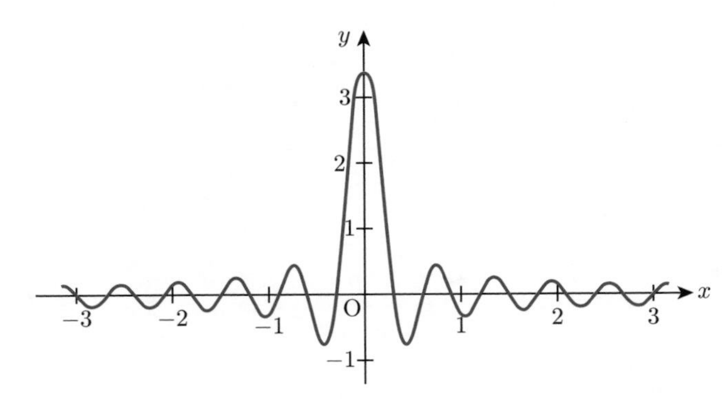

図 **5.1**　ディリクレ核 $D_N(x)$ $(N=10)$

5.1.2　定理 3.1 の証明

任意の $x \in [-\pi, \pi]$ に対して

$$\lim_{N \to \infty} S_N[f](x) = \frac{1}{2}(f(x+0) + f(x-0))$$

が成り立つことを示す．まず，補題 5.1 (2) より

$$\frac{1}{2}f(x+0) = f(x+0)\int_{-\pi}^{0} D_N(y)\,dy,$$
$$\frac{1}{2}f(x-0) = f(x-0)\int_{0}^{\pi} D_N(y)\,dy$$

と書くことができるので，$S_N[f](x)$ のディリクレ核 $D_N(y)$ を用いた表現 (5.2) より

$$\begin{aligned} &S_N[f](x) - \frac{1}{2}(f(x+0) + f(x-0)) \\ &= \int_{-\pi}^{0} (f(x-y) - f(x+0))D_N(y)\,dy \\ &\quad + \int_{0}^{\pi} (f(x-y) - f(x-0))D_N(y)\,dy \end{aligned} \tag{5.3}$$

と書ける．ここで，$D_N(y) = D_N(-y)$ なので，変数変換 $z = -y$ により

$$\begin{aligned} &((5.3)\text{ の右辺}) \\ &= \int_{0}^{\pi} (f(x+z) - f(x+0))D_N(z)\,dz \\ &\quad + \int_{-\pi}^{0} (f(x+z) - f(x-0))D_N(z)\,dz \\ &:= I_N(x) \end{aligned}$$

と書き直す．以下，$|I_N(x)| \to 0$ $(N \to \infty)$ を示せばよい．補題 5.1 (1) により

$$\begin{aligned} I_N(x) &= \frac{1}{2\pi}\int_{0}^{\pi} \frac{f(x+z) - f(x+0)}{\sin\left(\frac{z}{2}\right)} \sin\left(\left(N + \frac{1}{2}\right)z\right) dz \\ &\quad + \frac{1}{2\pi}\int_{-\pi}^{0} \frac{f(x+z) - f(x-0)}{\sin\left(\frac{z}{2}\right)} \sin\left(\left(N + \frac{1}{2}\right)z\right) dz \end{aligned}$$

と書ける．ここで，

$$g(z) := \begin{cases} \frac{f(x+z)-f(x+0)}{\sin\left(\frac{z}{2}\right)} & (0 < z \leq \pi) \\ \frac{f(x+z)-f(x-0)}{\sin\left(\frac{z}{2}\right)} & (-\pi \leq z < 0) \end{cases}$$

とおく（この関数 $g(z)$ は，もちろん，x によるが，今は x を固定しているので，単に $g(z)$ と書くことにする）．このとき，$f(x)$ が区分的に C^1 級であるので，$g(z)$ の $z=0$ での右極限および左極限

$$\lim_{z>0,\, z\to 0} g(z) = \lim_{z>0,\, z\to 0} \frac{f(x+z)-f(x+0)}{z} \times \frac{z}{\sin\left(\frac{z}{2}\right)} = 2f'(x+0),$$

$$\lim_{z<0,\, z\to 0} g(z) = \lim_{z<0,\, z\to 0} \frac{f(x+z)-f(x-0)}{z} \times \frac{z}{\sin\left(\frac{z}{2}\right)} = 2f'(x-0)$$

が存在するので，$g(z)$ は $[-\pi, \pi]$ 上で区分的連続な関数となることに注意する．この $g(z)$ を用いて

$$\begin{aligned} I_N(x) &= \frac{1}{2\pi} \int_{-\pi}^{\pi} g(z) \sin\left(\left(N + \frac{1}{2}\right) z\right) dz \\ &= \frac{1}{2\pi} \int_{-\pi}^{\pi} g(z) \left(\sin(Nz)\cos\left(\frac{z}{2}\right) + \cos(Nz)\sin\left(\frac{z}{2}\right)\right) dz \end{aligned}$$

と書き換えられ，さらに

$$g_1(z) := g(z)\cos\left(\frac{z}{2}\right), \quad g_2(z) := g(z)\sin\left(\frac{z}{2}\right)$$

とおくとき，$g_1(z)$ も $g_2(z)$ も $[-\pi, \pi]$ 上で区分的連続関数であり，g_1 と g_2 のフーリエ係数を用いて

$$\begin{aligned} I_N(x) &= \frac{1}{2\pi} \int_{-\pi}^{\pi} (g_1(z)\sin(Nz) + g_2(z)\cos(Nz))\, dz \\ &= \frac{1}{2}(b_N[g_1] + a_N[g_2]) \end{aligned}$$

と書くことができる．ベッセルの不等式（系 4.1）より

$$|b_N[g_1]| \to 0, \quad |a_N[g_2]| \to 0 \quad (N \to \infty)$$

となることから，$|I_N(x)| \to 0$ $(N \to \infty)$ となることが結論できる．以上により，定理 3.1 が証明された．■

5.2　活用例：基本定理 3.1 から得られる公式

定理 3.1 を活用することで，さまざまな興味深い公式を得ることができる．その例をいくつか味わってみよう．

例題 5.1

$$f(x) := \frac{1}{4}|x|^2 - \frac{\pi}{2}|x| + \frac{\pi^2}{6} \quad (|x| \leq \pi)$$

なる周期 2π の関数を $f(x)$ とすれば

$$S[f](x) = \sum_{n=1}^{\infty} \frac{1}{n^2} \cos(nx)$$

となることを第 3 章の演習問題（演習 4）で学んだ．このことを活用して次の公式を示せ．

$$\sum_{n=1}^{\infty} \frac{1}{n^2} = \frac{\pi^2}{6}.$$

【解　答】 $f(x)$ は連続で区分的に C^1 級なので，定理 3.1 より

$$f(x) = \sum_{n=1}^{\infty} \frac{1}{n^2} \cos(nx) \quad (|x| \leq \pi)$$

が成り立つ．特に，$x = 0$ として

$$\frac{\pi^2}{6} = \sum_{n=1}^{\infty} \frac{1}{n^2}$$

が成り立つことになる．■

例題 5.2

$f(x) = |\sin x|$ $(|x| \leq \pi)$ なる周期 2π の関数のフーリエ級数が

$$S[f](x) = \frac{2}{\pi} - \frac{4}{\pi} \sum_{n=1}^{\infty} \frac{1}{4n^2 - 1} \cos(2nx) \quad (|x| \leq \pi)$$

となることを示し，それを活用して次を示せ．

$$\sum_{n=1}^{\infty} \frac{1}{4n^2-1} = \frac{1}{2}.$$

【解　答】 $f(x)$ は偶関数なので

$$\begin{aligned}
a_n[f] &= \frac{2}{\pi}\int_0^{\pi} \sin x \cos(nx)\,dx \\
&= \frac{1}{\pi}\int_0^{\pi} \Big(\sin((1+n)x) + \sin((1-n)x)\Big)\,dx \\
&= \frac{1}{\pi}\left[-\frac{\cos((1+n)x)}{1+n} - \frac{\cos((1-n)x)}{1-n}\right]_0^{\pi} \\
&= \frac{1}{\pi}\left(-\frac{\cos((1+n)\pi)}{1+n} - \frac{\cos((1-n)\pi)}{1-n} + \frac{1}{1+n} + \frac{1}{1-n}\right) \\
&= \frac{1}{\pi}\left(-\frac{(-1)^{n+1}}{1+n} - \frac{(-1)^{n-1}}{1-n} + \frac{1}{1+n} + \frac{1}{1-n}\right) \\
&= \begin{cases} -\frac{4}{\pi(n^2-1)} & (n \text{ が偶数}) \\ 0 & (n \text{ が奇数}) \end{cases}
\end{aligned}$$

となる．以上より

$$S[f](x) = \frac{2}{\pi} - \frac{4}{\pi}\sum_{n=1}^{\infty} \frac{1}{4n^2-1}\cos(2nx) \quad (|x| \le \pi)$$

となる．$f(x)$ は連続で区分的に C^1 級なので，定理 3.1 より

$$f(x) = |\sin x| = \frac{2}{\pi} - \frac{4}{\pi}\sum_{n=1}^{\infty} \frac{1}{4n^2-1}\cos(2nx) \quad (|x| \le \pi)$$

が成り立つことになる．特に，$x=0$ として

$$0 = \frac{2}{\pi} - \frac{4}{\pi}\sum_{n=1}^{\infty} \frac{1}{4n^2-1}$$

となる．よって

$$\sum_{n=1}^{\infty} \frac{1}{4n^2-1} = \frac{1}{2}. \quad ■$$

演 習 問 題

1. 例題 5.1 のフーリエ級数を利用して，次の値を求めよ．

$$\sum_{n=1}^{\infty} \frac{(-1)^{n-1}}{n^2}.$$

2. $k \in \mathbb{N}$ として，$p_k(x) := x^k$ $(-\pi < x \leq \pi)$ を $\mathbb{R}$ 上に周期 2π の関数として拡張した関数を $p_k(x)$ とおく．

(1) 第 1 章の演習 4 を利用してフーリエ係数 $c_n[p_3]$ および $c_n[p_4]$ に対して，次を確かめよ．

$$c_n[p_3] = \frac{(-1)^n}{i}\left(-\frac{\pi^2}{n} + \frac{6}{n^3}\right), \quad c_n[p_4] = -\frac{4(-1)^n}{n}\left(-\frac{\pi^2}{n} + \frac{6}{n^3}\right).$$

(2) $p_3(x) = x^3$ および $p_4(x) = x^4$ のフーリエ級数展開を求めよ．

3. (1) 実数 α は $\alpha \notin \mathbb{Z}$ を満たすとする．このとき，$f(x) := \cos(\alpha x)$ $(|x| \leq \pi)$ で周期 2π をもつ関数 $f(x)$ のフーリエ級数が次のようになることを確かめよ．

$$\begin{aligned} S[f](x) &= \sum_{n=-\infty}^{\infty} \frac{(-1)^n \sin(\alpha\pi)}{\pi} \frac{\alpha}{\alpha^2 - n^2} e^{inx} \\ &= \frac{\sin(\pi\alpha)}{\pi\alpha} + \frac{2\alpha \sin(\pi\alpha)}{\pi} \sum_{n=1}^{\infty} \frac{(-1)^n}{\alpha^2 - n^2} \cos(nx). \end{aligned}$$

(2) 次を示せ．

$$\cos(\pi\alpha) = \frac{\sin(\pi\alpha)}{\pi\alpha} + \frac{\sin(\pi\alpha)}{\pi} \sum_{n=1}^{\infty} \frac{2\alpha}{\alpha^2 - n^2} \quad (-1 < \alpha < 1).$$

さらに，次が成り立つことを確かめよ．

$$\pi x \frac{\cos(\pi x)}{\sin(\pi x)} = 1 + 2\sum_{n=1}^{\infty} \frac{x^2}{x^2 - n^2} \quad (-1 < x < 1).$$

(3) 次を示せ．

$$\frac{\pi\alpha}{\sin(\pi\alpha)} = 1 + 2\alpha^2 \sum_{n=1}^{\infty} \frac{(-1)^n}{\alpha^2 - n^2} \quad (-1 < \alpha < 1).$$

4. 次を示せ．

$$\frac{1}{2\pi} \int_{-\pi}^{\pi} |D_N(x)|\, dx \geq \frac{4}{\pi^2} \log(2N + 2) \to +\infty \quad (N \to +\infty).$$

5. $N \in \mathbb{N}$ とする．$D_k(x) := \displaystyle\sum_{n=-k}^{k} e^{inx}$ $(k = 0, 1, 2, \ldots, N-1)$ に対して

$$F_N(x) := \frac{1}{N}\sum_{k=0}^{N-1} D_k(x) = \frac{1}{N}\Big(D_0(x) + D_1(x) + \cdots + D_{N-1}(x)\Big)$$

とおく．$F_N(x)$ は**フェイエール核**と呼ばれるものである．次を示せ．

(1)

$$F_N(x) = \begin{cases} \frac{1}{N}\left(\frac{\sin\left(\frac{N}{2}x\right)}{\sin\left(\frac{x}{2}\right)}\right)^2 & (x \neq 0,\ |x| \leq \pi) \\ N & (x = 0) \end{cases}$$

Hint: $x \neq 0$, $|x| \leq \pi$ のとき $w := e^{ix}$ とおくと $w \neq 1$ であって，

$$\begin{aligned} D_k(x) &= e^{-ikx}(1 + e^{ix} + e^{2ix} + \cdots + e^{2ikx}) \\ &= w^{-k}(1 + w + w^2 + \cdots + w^{2k}) = w^{-k}\left(\frac{1 - w^{2k+1}}{1 - w}\right) \end{aligned}$$

となることを用いてみよ．

(2) $F_N(x) \geq 0$ $(|x| \leq \pi)$ かつ $\displaystyle\frac{1}{2\pi}\int_{-\pi}^{\pi} F_N(x)\,dx = 1$ が成り立つ．

(3) 任意の $\delta > 0$ に対して，次が成り立つ．

$$\lim_{N\to\infty}\int_{\delta\leq|x|\leq\pi} F_N(x)\,dx = 0.$$

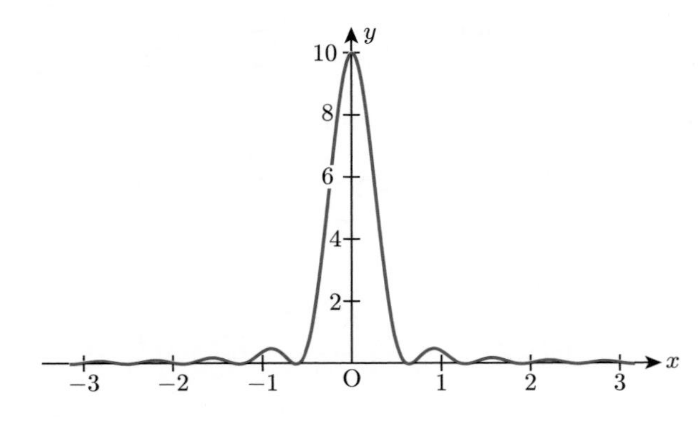

図 **5.2** フェイエール核 $F_N(x)$ $(N = 10)$

第6章
ポアソン核とパーセバルの等式

この章では，ポアソン核およびポアソン積分を用いた収束定理を学び，その応用として2つの周期 2π の連続関数 f および g のフーリエ係数が一致すれば，f と g とは等しいことを証明する．また，このことを用いて，連続で区分的 C^1 級の関数に対してフーリエ級数が一様収束してもとの関数に等しいこと（定理3.2）を示す．さらに，区分的連続関数 f に対して成り立つパーセバルの等式について学ぶ．

6.1 ポアソン核

まずポアソン核とその基本的性質について学ぶ．

定義 6.1 $0 \leq r < 1$ と $-\pi \leq \theta \leq \pi$ に対して，

$$\begin{aligned} P_r(\theta) &:= \sum_{n=-\infty}^{\infty} r^{|n|} e^{in\theta} \\ &= \lim_{N\to\infty} \sum_{n=-N}^{N} r^{|n|} e^{in\theta} \\ &= 1 + \lim_{N\to\infty} \sum_{n=1}^{N} r^n (e^{in\theta} + e^{-in\theta}) \end{aligned}$$

を**ポアソン核**という．$0 \leq r < 1$ を固定するとき，この関数項級数は $\theta \in [-\pi, \pi]$ に関して一様収束することに注意しよう．

ポアソン核 $P_r(\theta)$ は次の良い性質をもっている.

補題 6.1

(1) $0 \leq r < 1$, $-\pi \leq \theta \leq \pi$ に対して

$$P_r(\theta) = \frac{1-r^2}{1-2r\cos\theta + r^2}$$

であり, θ の関数として周期 2π の連続関数である.

(2) $0 \leq r < 1$, $-\pi \leq \theta \leq \pi$ に対して,

$$P_r(\theta) = P_r(-\theta), \quad P_r(\theta) > 0, \quad \frac{1}{2\pi}\int_{-\pi}^{\pi} P_r(\theta)\,d\theta = 1.$$

(3) 任意の $0 < \delta < \pi$ に対して,

$$\lim_{r\uparrow 1}\left(\max_{\delta\leq\theta\leq\pi} P_r(\theta)\right) = 0.$$

ここで, $r \uparrow 1$ は, $0 \leq r < 1$ であって $r \to 1$ なる極限をとることを表す.

証明 まず, $|z| < 1$ なる $z \in \mathbb{C}$ に対して, $\sum_{n=1}^{\infty} z^n = \frac{z}{1-z}$ であるので, $z = re^{i\theta}$ として

$$\begin{aligned}
P_r(\theta) &= 1 + \sum_{n=1}^{\infty} r^n e^{in\theta} + \sum_{n=1}^{\infty} r^n e^{-in\theta} \\
&= 1 + \frac{re^{i\theta}}{1-re^{i\theta}} + \frac{re^{-i\theta}}{1-re^{-i\theta}} \\
&= 1 + \frac{z}{1-z} + \frac{\overline{z}}{1-\overline{z}} \\
&= \frac{1-z\overline{z}}{|1-z|^2} \\
&= \frac{1-r^2}{1+r^2-2r\cos\theta}
\end{aligned}$$

となり, (1) を得る. 次に $P_r(\theta) > 0$ となることは, (1) および

$$\begin{aligned}
1-2r\cos\theta + r^2 &= (1-r)^2 + 2r(1-\cos\theta) \\
&= (1-r)^2 + 4r\sin^2\left(\frac{\theta}{2}\right) > 0 \qquad (6.1)
\end{aligned}$$

であることからわかる．また，

$$P_r(\theta) = 1 + 2\sum_{n=1}^{\infty} r^n \cos(n\theta)$$

であって，$\theta \in [-\pi, \pi]$ 上で一様収束するので，項別積分して

$$\int_{-\pi}^{\pi} P_r(\theta)\,d\theta = \int_{-\pi}^{\pi} d\theta + 2\sum_{n=1}^{\infty} r^n \int_{-\pi}^{\pi} \cos(n\theta)\,d\theta = 2\pi$$

より，(2) を得る．最後に (3) を示す．(6.1) より，$\delta \le \theta \le \pi$ において

$$1 - 2r\cos\theta + r^2 \ge 4r\sin^2\left(\frac{\delta}{2}\right) > 0$$

となるので，

$$P_r(\theta) \le \frac{1 - r^2}{4r\sin^2\left(\frac{\delta}{2}\right)} \quad (\delta \le \theta \le \pi)$$

を得る．よって次を得る．

$$\max_{\delta \le \theta \le \pi} P_r(\theta) \le \frac{1 - r^2}{4r\sin^2\left(\frac{\delta}{2}\right)} \to 0 \quad (r \uparrow 1).$$

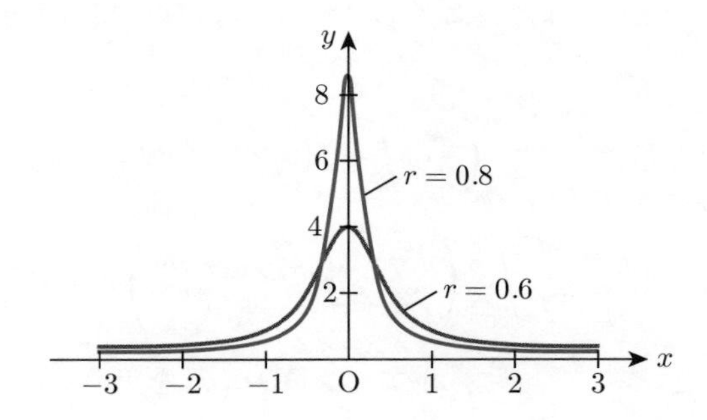

図 **6.1**　ポアソン核 $P_r(\theta)$ ($r = 0.6$, $r = 0.8$)

■

6.2 ポアソン積分と収束定理

この節では，周期 2π の連続関数 $f(x)$ を考える．そのフーリエ級数は

$$S[f](x) = \sum_{n=-\infty}^{\infty} c_n[f]e^{inx}, \quad c_n[f] = \frac{1}{2\pi}\int_{-\pi}^{\pi} f(x)e^{-inx}\,dx \quad (n \in \mathbb{Z})$$

で定義されたが，$0 \leq r < 1$ なる r に対して関数項級数

$$f(r,x) := \sum_{n=-\infty}^{\infty} c_n[f]r^{|n|}e^{inx} = \lim_{N\to\infty}\sum_{n=-N}^{N} c_n[f]r^{|n|}e^{inx} \qquad (6.2)$$

を考える．このとき，$M := \max_{x\in[-\pi,\pi]}|f(x)|$ とおくとき

$$|c_n[f]| \leq M, \quad |c_n[f]r^{|n|}e^{inx}| \leq Mr^{|n|} \quad (x \in [-\pi,\pi],\, n \in \mathbb{Z})$$

であって

$$\sum_{n=-\infty}^{\infty} r^{|n|} = 1 + 2\sum_{n=1}^{\infty} r^n < +\infty$$

となることから，関数項級数 $\sum_{n=-\infty}^{\infty} c_n[f]r^{|n|}e^{inx}$ は，$x \in [-\pi,\pi]$ 上で一様収束することに注意しよう．このことから，$c_n[f]$ の定義と項別積分定理により

$$\begin{aligned} f(r,x) &= \sum_{n=-\infty}^{\infty}\left(\frac{1}{2\pi}\int_{-\pi}^{\pi} f(\theta)e^{-in\theta}\,d\theta\right)r^{|n|}e^{inx} \\ &= \frac{1}{2\pi}\int_{-\pi}^{\pi}\left(\sum_{n=-\infty}^{\infty} r^{|n|}e^{in(x-\theta)}\right)f(\theta)\,d\theta \end{aligned}$$

が成り立つこととなる．よって，ポアソン核 $P_r(\theta)$ を用いて次を得る．

$$f(r,x) = \frac{1}{2\pi}\int_{-\pi}^{\pi} P_r(x-\theta)f(\theta)\,d\theta. \qquad (6.3)$$

これより，$f(r,x)$ を $f(x)$ の**ポアソン積分**という．このとき，次の収束定理が成り立つ．

定理 6.1（収束定理）　周期 2π の連続関数 $f(x)$ とそのポアソン積分 $f(r,x)$ に対して，次が成り立つ．

$$\max_{x\in[-\pi,\pi]}|f(r,x)-f(x)|\to 0 \quad (r\uparrow 1).$$

証明　まず，$f(x)$ は区間 $[-\pi,\pi]$ 上で一様連続となるので，任意の $\varepsilon>0$ に対して，ある $\delta>0$ が存在して，$|x-y|<\delta$, $x,y\in[-\pi,\pi]$ ならば $|f(x)-f(y)|<\varepsilon$ が成り立つこととなる．そこで，$x\in[-\pi,\pi]$ として，補題 6.1 の (2) より

$$f(r,x)-f(x)=\frac{1}{2\pi}\int_{-\pi}^{\pi}P_r(x-\theta)(f(\theta)-f(x))\,d\theta$$

と書くことができるので，上記の $\delta>0$ に対して

$$\begin{aligned}|f(r,x)-f(x)|&\le\frac{1}{2\pi}\int_{\{\theta\in[-\pi,\pi]\,|\,|\theta-x|<\delta\}}P_r(x-\theta)|f(\theta)-f(x)|\,d\theta\\&\quad+\frac{1}{2\pi}\int_{\{\theta\in[-\pi,\pi]\,|\,|\theta-x|\ge\delta\}}P_r(x-\theta)|f(\theta)-f(x)|\,d\theta\\&\le\varepsilon+\left(\max_{\delta\le|z|\le\pi}P_r(z)\right)\times 2M \quad (x\in[-\pi,\pi])\end{aligned}$$

が成り立つこととなる．最後の不等式では，$P_r(\theta)$ の周期性および $|f(x)|\le M$ $(x\in[-\pi,\pi])$ なることを用いた．よって，次を得る．

$$\max_{x\in[-\pi,\pi]}|f(r,x)-f(x)|\le\varepsilon+2M\left(\max_{\delta\le|z|\le\pi}P_r(z)\right).$$

ここで，補題 6.1 の (3) より，上記の $\varepsilon,\delta>0$ に対して，ある $r_0<1$ があって，$r_0<r<1$ ならば

$$2M\left(\max_{\delta\le|z|\le\pi}P_r(z)\right)<\varepsilon$$

が成り立つ．以上により，$r_0<r<1$ に対して

$$\max_{x\in[-\pi,\pi]}|f(r,x)-f(x)|<2\varepsilon$$

が成り立つことになり，定理 6.1 が証明された．■

定理 6.1 から，次のことが導かれる．

定理 6.2（**ワイエルシュトラスの三角多項式近似定理**） $f(x)$ は周期 2π の連続関数であるとする．このとき，任意の $\varepsilon > 0$ に対して，ある $N \in \mathbb{N}$ とある数列 $\{a_n\}_{n=-N}^{N} \subset \mathbb{C}$ が存在して次が成り立つ．

$$\max_{x\in[-\pi,\pi]}\left|f(x) - \sum_{n=-N}^{N} a_n e^{inx}\right| < \varepsilon.$$

注意 **6.1** $\sum_{n=-N}^{N} a_n e^{inx}$ の形の関数は**三角多項式**と呼ばれ，定理 6.2 は，連続関数は三角多項式で区間 $[-\pi, \pi]$ 上で一様に近似できることを示している．

証明 定理 6.1 より，任意の $\varepsilon > 0$ に対して，ある $r_0 < 1$ があって

$$\max_{x\in[-\pi,\pi]}|f(r_0, x) - f(x)| < \frac{\varepsilon}{2}$$

が成り立つ．一方，

$$f(r_0, x) = \sum_{n=-\infty}^{\infty} c_n[f] r_0^{|n|} e^{inx} = \lim_{N\to\infty} \sum_{n=-N}^{N} c_n[f] r_0^{|n|} e^{inx}$$

は，区間 $[-\pi, \pi]$ 上で一様収束するので，ある（十分大きな）$N \in \mathbb{N}$ が存在して

$$\max_{x\in[-\pi,\pi]}\left|f(r_0, x) - \sum_{n=-N}^{N} c_n[f] r_0^{|n|} e^{inx}\right| < \frac{\varepsilon}{2}$$

が成り立つ．よって，任意の $x \in [-\pi, \pi]$ で

$$\begin{aligned}&\left|f(x) - \sum_{n=-N}^{N} c_n[f] r_0^{|n|} e^{inx}\right| \\ &\leq |f(x) - f(r_0, x)| + \left|f(r_0, x) - \sum_{n=-N}^{N} c_n[f] r_0^{|n|} e^{inx}\right| < \frac{\varepsilon}{2} + \frac{\varepsilon}{2} = \varepsilon\end{aligned}$$

となる．すなわち

$$\max_{x\in[-\pi,\pi]}\left|f(x) - \sum_{n=-N}^{N} c_n[f] r_0^{|n|} e^{inx}\right| < \varepsilon$$

が成り立つので，$a_n = c_n[f] r_0^{|n|}$ として主張を得る．■

6.3　パーセバルの等式

この節ではまず，周期 2π の連続関数 $f(x)$ とその複素フーリエ係数 $c_n[f] = \frac{1}{2\pi}\int_{-\pi}^{\pi} f(x)e^{-inx}\,dx$ に対して，次のパーセバルの等式を示す．

定理 6.3　周期 2π の連続関数 $f(x)$ に対して次が成り立つ．

(1)　$\displaystyle\int_{-\pi}^{\pi}\left|f(x) - \sum_{n=-N}^{N} c_n[f]e^{inx}\right|^2 dx \to 0 \quad (N \to \infty).$

(2)　（パーセバルの等式）

$$\frac{1}{2\pi}\int_{-\pi}^{\pi}|f(x)|^2\,dx = \sum_{n=-\infty}^{\infty}|c_n[f]|^2.$$

証明　$\varphi_n(x) := \frac{1}{\sqrt{2\pi}}e^{inx}$ $(n \in \mathbb{Z})$ として，$\{\varphi_n\}_{n\in\mathbb{Z}}$ は $L^2(-\pi, \pi)$ の正規直交系であった．定理 6.2（ワイエルシュトラスの三角多項式近似定理）より，任意の $\varepsilon > 0$ に対し，ある $N \in \mathbb{N}$ と $T_N(x) := \sum_{n=-N}^{N} a_n\varphi_n(x)$ があって $\displaystyle\max_{x\in[-\pi,\pi]}|f(x) - T_N(x)| < \varepsilon$ が成り立つ．よって

$$\int_{-\pi}^{\pi}|f(x) - T_N(x)|^2\,dx \le 2\pi\varepsilon^2.$$

一方，フーリエ係数の性質より

$$\begin{aligned}\int_{-\pi}^{\pi}|f(x)|^2\,dx - 2\pi\sum_{n=-N}^{N}|c_n[f]|^2 &= \int_{-\pi}^{\pi}\left|f(x) - \sum_{n=-N}^{N}\sqrt{2\pi}\,c_n[f]\varphi_n(x)\right|^2 dx\\ &\le \int_{-\pi}^{\pi}|f(x) - T_N(x)|^2\,dx \le 2\pi\varepsilon^2\end{aligned}$$

を得る．さらに，任意の自然数 $M > N$ に対して

$$\begin{aligned}\int_{-\pi}^{\pi}\left|f(x) - \sum_{n=-M}^{M} c_n[f]e^{inx}\right|^2 dx &= \int_{-\pi}^{\pi}\left|f(x) - \sum_{n=-M}^{M}\sqrt{2\pi}\,c_n[f]\varphi_n(x)\right|^2 dx\\ &= \int_{-\pi}^{\pi}|f(x)|^2\,dx - 2\pi\sum_{n=-M}^{M}|c_n[f]|^2\end{aligned}$$

$$\leq \int_{-\pi}^{\pi} |f(x)|^2 dx - 2\pi \sum_{n=-N}^{N} |c_n[f]|^2 \leq 2\pi\varepsilon^2$$

を得る．これより (1) および (2) が得られる．■

系 6.1　周期 2π の連続関数 $f(x)$, $g(x)$ に対して，$c_n[f] = c_n[g]$ $(n \in \mathbb{Z})$ ならば，$f(x) = g(x)$ $(x \in [-\pi, \pi])$ が成り立つ．

証明　$h(x) := f(x) - g(x)$ とおく．仮定より，$h(x)$ は周期 2π の連続関数であって，$c_n[h] = 0$ $(n \in \mathbb{Z})$ を満たす．よって定理 6.3 の (2) より h の L^2 ノルムが 0 となり，$h(x)$ は連続だから $h(x) = 0$ $(x \in [-\pi, \pi])$ となって，$f(x) = g(x)$ $(x \in [-\pi, \pi])$ を得る．■

このことから次のことが導かれる（第 3 章の定理 3.2）．

系 6.2　周期 2π の連続関数 $f(x)$ が，さらに区分的 C^1 級であるとき，そのフーリエ級数 $\sum_{-\infty}^{\infty} c_n[f]e^{inx}$ は $x \in [-\pi, \pi]$ 上で一様収束し，次が成り立つ．

$$f(x) = S[f](x) = \sum_{n=-\infty}^{\infty} c_n[f]e^{inx} \quad (x \in [-\pi, \pi]).$$

証明　仮定のもとで，第 4 章の命題 4.6 より

$$g(x) := S[f](x) = \sum_{n=-\infty}^{\infty} c_n[f]e^{inx}$$

とおくと，この級数は区間 $[-\pi, \pi]$ 上で一様収束するので，$g(x)$ は連続関数であり，かつ

$$c_n[g] = c_n[f] \quad (n \in \mathbb{Z})$$

が成り立つ．よって系 6.1 より $f(x) = g(x) = S[f](x)$ $(x \in [-\pi, \pi])$ を得る．■

注意 6.2 パーセバルの等式は，$\{a_n[g]\}$, $\{b_n[g]\}$ を用いると

$$c_n[g] = \frac{1}{2}(a_n[g] - ib_n[g]) \quad (n = 0, 1, \ldots),$$
$$c_{-n}[g] = \frac{1}{2}(a_n[g] + ib_n[g]) \quad (n = 1, 2, \ldots)$$

なる関係を思い出すことで，次のように書くことができることがわかる．

$$\frac{\pi}{2}|a_0[g]|^2 + \pi \sum_{n=1}^{\infty} \left(|a_n[g]|^2 + |b_n[g]|^2 \right) = \int_{-\pi}^{\pi} |g(x)|^2 \, dx.$$

例題 6.1

$$f(x) = x^2 \quad (|x| \leq \pi)$$

であって，周期 2π の関数 $f(x)$ のフーリエ級数が

$$S[f](x) = \frac{\pi^2}{3} + 4 \sum_{n=1}^{\infty} \frac{(-1)^n}{n^2} \cos(nx) \quad (|x| \leq \pi)$$

であることとパーセバルの等式（定理 6.3）を用いて，次の級数の値を計算せよ．

$$\sum_{n=1}^{\infty} \frac{1}{n^4}.$$

【解　答】 まず一般に注意 6.2 にあるように，フーリエ余弦級数

$$S[f](x) = \frac{a_0[f]}{2} + \sum_{n=1}^{\infty} a_n[f] \cos(nx) \quad (|x| \leq \pi)$$

に対して，パーセバルの等式は

$$\frac{\pi}{2}|a_0[f]|^2 + \pi \sum_{n=1}^{\infty} |a_n[f]|^2 = \int_{-\pi}^{\pi} |f|^2 \, dx$$

となることに注意する．この例題の関数 $f(x)$ に対して

$$a_0[f] = \frac{2}{3}\pi^2, \quad a_n[f] = \frac{4(-1)^2}{n^2} \quad (n = 1, 2, \ldots)$$

なので（問 3.3 参照）

$$\frac{\pi}{2}\left(\frac{2}{3}\pi^2\right)^2 + \pi\sum_{n=1}^{\infty}\frac{16}{n^4} = \int_{-\pi}^{\pi} x^4\,dx = \frac{2}{5}\pi^5$$

となる．よって

$$16\pi\sum_{n=1}^{\infty}\frac{1}{n^4} = \frac{2}{5}\pi^5 - \frac{2}{9}\pi^5 = \frac{8}{45}\pi^5.$$

従って，次を得る．

$$\sum_{n=1}^{\infty}\frac{1}{n^4} = \frac{\pi^4}{90}. \quad ■$$

フーリエ級数の項別積分について，次が成り立つことに注意しておこう．

定理 6.4 $f(x)$ は周期 2π の区分的連続関数とする．このとき，次が成り立つ．

$$\begin{aligned}\widetilde{F}(x) &:= \int_0^x f(t)\,dt - c_0[f]x \\ &= D_0 + \sum_{n\neq 0,\, n=-\infty}^{\infty} c_n[f]\frac{1}{in}e^{inx} \quad (|x| \leq \pi).\end{aligned}$$

ここで，右辺は一様収束であり，D_0 は次で定義される定数である．

$$D_0 := c_0[\widetilde{F}] = \frac{1}{2\pi}\int_{-\pi}^{\pi}\widetilde{F}(x)\,dx.$$

証明 $\widetilde{F}(-\pi) = \widetilde{F}(\pi)$ であることがわかるので，$|x| \leq \pi$ で定義された $\widetilde{F}(x)$ を周期 2π で $\mathbb{R}$ に拡張した関数を同じ $\widetilde{F}(x)$ で表すと，$\widetilde{F}(x)$ は周期 2π の連続関数で，区分的 C^1 級の関数となることがわかる．特に，$f(x)$ の連続点 x で $\widetilde{F}'(x) = f(x) - c_0[f]$ が成り立ち，$D_0 := c_0[\widetilde{F}]$ として，定理 6.2 より

$$\widetilde{F}(x) = D_0 + \sum_{n\neq 0,\, n=-\infty}^{\infty} c_n[\widetilde{F}]e^{inx}$$

が成り立つこととなる．ここで，$n \neq 0$ に対して

$$
\begin{aligned}
c_n[\widetilde{F}] &= \frac{1}{2\pi}\int_{-\pi}^{\pi} \widetilde{F}(x)e^{-inx}\,dx \\
&= \frac{1}{2\pi}\int_{-\pi}^{\pi} \widetilde{F}(x)\left(-\frac{1}{in}e^{-inx}\right)'\,dx \\
&= \frac{1}{2\pi}\frac{1}{in}\int_{-\pi}^{\pi} \widetilde{F}'(x)e^{-inx}\,dx \\
&= \frac{1}{2\pi}\frac{1}{in}\int_{-\pi}^{\pi} (f(x)-c_0[f])e^{-inx}\,dx \\
&= \frac{1}{in}c_n[f]
\end{aligned}
$$

となることから，結論を得る．■

注意 6.3 定理 6.4 は，フーリエ係数 $\{a_n[f]\}$, $\{b_n[f]\}$ を用いると次のように書ける．

$$
\int_0^x f(t)\,dt - \frac{a_0[f]}{2}x = \frac{1}{2}a_0[\widetilde{F}] + \sum_{n=1}^{\infty}\left(a_n[f]\frac{\sin(nx)}{n} - b_n[f]\frac{\cos(nx)}{n}\right).
$$

例題 6.2

例題 6.1 のフーリエ級数の項別積分を利用して

$$
g(x) := \frac{x^3}{3} - \frac{\pi^2}{3}x \quad (|x| \le \pi)
$$

を周期 2π に拡張した関数 $g(x)$ のフーリエ級数展開を求めよ．また，パーセバルの等式を用いて，次の級数の値を求めよ．

$$
\sum_{n=1}^{\infty}\frac{1}{n^6}.
$$

【解　答】 $f(x) := x^2$ $(|x| \le \pi)$ のフーリエ級数展開

$$
x^2 = \frac{\pi^2}{3} + \sum_{n=1}^{\infty}\frac{4(-1)^n}{n^2}\cos(nx)
$$

を項別積分することで

$$
\widetilde{F}(x) := \int_0^x f(t)\,dt - \frac{\pi^2}{3}x = \frac{x^3}{3} - \frac{\pi^2 x}{3}
$$

に対して

$$\widetilde{F}(x)=\frac{x^3}{3}-\frac{\pi^2 x}{3}=\frac{1}{2}a_0[\widetilde{F}]+\sum_{n=1}^{\infty}\frac{4(-1)^n}{n^2}\times\frac{1}{n}\sin(nx)$$

が成り立つことになる．ここで

$$a_0[\widetilde{F}]=\frac{1}{\pi}\int_{-\pi}^{\pi}\left(\frac{x^3}{3}-\frac{\pi^2 x}{3}\right)dx=0$$

であるので，以上より

$$g(x):=\frac{x^3}{3}-\frac{\pi^2 x}{3}=\sum_{n=1}^{\infty}\frac{4(-1)^n}{n^3}\sin(nx)\quad(|x|\leq\pi)$$

を得る．よってパーセバルの等式：

$$\pi\sum_{n=1}^{\infty}|b_n[g]|^2=\int_{-\pi}^{\pi}|g(x)|^2\,dx$$

より

$$\begin{aligned}\pi\sum_{n=1}^{\infty}\frac{16}{n^6}&=\int_{-\pi}^{\pi}|g(x)|^2\,dx\\&=\int_{-\pi}^{\pi}\left|\frac{x^3-\pi^2 x}{3}\right|^2dx\\&=\frac{2}{9}\int_0^{\pi}x^2(x^2-\pi^2)^2\,dx\\&=\frac{2}{9}\left(\frac{\pi^7}{7}-2\pi^2\frac{\pi^5}{5}+\frac{\pi^7}{3}\right)\\&=\frac{16}{945}\end{aligned}$$

となる．以上より

$$\sum_{n=1}^{\infty}\frac{1}{n^6}=\frac{\pi^6}{945}.\quad\blacksquare$$

最後にパーセバルの等式はより一般の区分的連続関数に対しても成り立つことを示しておこう．

定理 6.5　周期 2π の区分的連続関数 $g(x)$ に対して，次が成り立つ．

(1) $$\int_{-\pi}^{\pi}\left|g(x)-\sum_{n=-N}^{N}c_n[g]e^{inx}\right|^2dx\to 0\quad(N\to+\infty).$$

(2) $$\frac{1}{2\pi}\int_{-\pi}^{\pi}|g(x)|^2\,dx=\sum_{n=-\infty}^{\infty}|c_n[g]|^2.$$

定理 6.5 の証明は付章 D にゆずることするが，定理 6.5 より特に次の公式も得られる．

命題 6.1　周期 2π の区分的連続関数 $f(x)$, $g(x)$ に対して，次が成り立つ．

$$\frac{1}{2\pi}\int_{-\pi}^{\pi}f(x)\overline{g(x)}\,dx=\sum_{n=-\infty}^{\infty}c_n[f]\overline{c_n[g]}.$$

証明　$f(x)$, $g(x)$ の仮定より，定理 6.5 (1) から

$$\int_{-\pi}^{\pi}\left|f(x)-\sum_{n=-N}^{N}c_n[f]e^{inx}\right|^2dx\to 0\quad(N\to+\infty),$$

$$\int_{-\pi}^{\pi}\left|g(x)-\sum_{n=-N}^{N}c_n[g]e^{inx}\right|^2dx\to 0\quad(N\to+\infty)$$

は既知．よって，コーシー－シュワルツの不等式より，次を得る（問 4.1 参照）．

$$\int_{-\pi}^{\pi}\left(f(x)-\sum_{n=-N}^{N}c_n[f]e^{inx}\right)\overline{\left(g(x)-\sum_{n=-N}^{N}c_n[g]e^{inx}\right)}\,dx\to 0$$

$(N\to+\infty)$．この左辺を展開すると

$$\int_{-\pi}^{\pi} f(x)\overline{g(x)}\,dx - \sum_{n=-N}^{N} \int_{-\pi} f(x)\overline{c_n[g]}e^{-inx}\,dx$$

$$- \sum_{n=-N}^{N} \int_{-\pi} \overline{g(x)} c_n[f] e^{inx}\,dx + \sum_{n=-N}^{N} \sum_{m=-N}^{N} \int_{-\pi}^{\pi} c_n[f]\overline{c_n[g]}e^{i(n-m)x}\,dx$$

$$= \int_{-\pi}^{\pi} f(x)\overline{g(x)}\,dx - 2\pi \sum_{n=-N}^{N} c_n[f]\overline{c_n[g]}$$

となるので結論を得る．■

特に，次が成り立つ．

系 6.3　$f(x)$, $g(x)$ が周期 2π の実数値連続関数で，さらに区分的 C^1 級であるとき，次が成り立つ．

$$\int_0^{2\pi} f(x)g'(x) - f'(x)g(x)\,dx = 2\pi i \sum_{n=-\infty}^{\infty} n\Big(c_n[f]\overline{c_n[g]} - c_n[g]\overline{c_n[f]}\Big).$$

証明　命題 6.1 より

$$\int_0^{2\pi} f(x)g'(x) - f'(x)g(x)\,dx = 2\pi \sum_{n=-\infty}^{\infty} \Big(c_n[f]\overline{c_n[g']} - c_n[g]\overline{c_n[f']}\Big)$$

となるが，命題 4.5 より

$$c_n[f'] = (in)c_n[f],$$
$$c_n[g'] = (in)c_n[g]$$

となることから結論を得る．■

演 習 問 題

1. $0 < r < 1$ とするとき次の積分の値を計算せよ．

$$\int_{-\pi}^{\pi} \left(\sum_{n=1}^{\infty} r^n \sin(n\theta) \right) d\theta.$$

2. (1) $g(x)$ を周期 2π の区分的連続な関数とする．任意の $n \in \mathbb{Z}$ に対して

$$\int_{-\pi}^{\pi} g(x) e^{-inx}\, dx = 0$$

が成り立つならば，$g(x)$ の任意の連続点 $x = x_0$ に対して $g(x_0) = 0$ が成り立つことを示せ．

(2) $h(x)$ を区間 $[0, \pi]$ 上の区分的連続な関数とする．任意の $n \in \mathbb{N}$ に対して

$$\int_{0}^{\pi} g(x) \sin(nx)\, dx = 0$$

が成り立つならば，$h(x)$ の任意の連続点 $x = x_0$, $0 < x_0 < \pi$ に対して $h(x_0) = 0$ が成り立つことを示せ．

3. $f(x)$ は $x \in [-\pi, \pi]$ で連続関数であるとする．このとき，任意の $\varepsilon > 0$ に対して，ある $N \in \mathbb{N}$ とある数列 $\{a_n\}_{n=-N}^{N}$ が存在して，次が成り立つことを説明せよ．

$$\int_{-\pi}^{\pi} \left| f(x) - \sum_{n=-N}^{N} a_n e^{inx} \right|^2 dx < \varepsilon.$$

4. $F_N(x)$ を第 5 章の演習 3 のフェイエール核としよう．$f(x)$ を周期 2π の連続関数とする．

$$S_N[f](x) = \frac{1}{2\pi} \int_{-\pi}^{\pi} f(x-y) D_N(y)\, dy$$

であったので，

$$\sigma_N[f](x) := \frac{1}{N} \sum_{k=0}^{N-1} S_k[f](x)$$

とおくとき

$$\sigma_N[f](x) = \frac{1}{2\pi} \int_{-\pi}^{\pi} f(x-y) F_N(y)\, dy$$

と書くことができる．このとき，次を示せ．

$$\max_{x \in [-\pi, \pi]} |\sigma_N[f](x) - f(x)| \to 0 \quad (N \to \infty).$$

Hint: フェイエール核がポアソン核とよく似た性質をもつことから，ポアソン積分の収束の証明方法と同様の方法で示してみよ．

5. $f(x)$ を周期 2π の連続関数で，区分的 C^1 級の関数とするとき次が成り立つことを説明せよ．

$$\frac{1}{2\pi}\int_{-\pi}^{\pi}|f'(x)|^2\,dx = \sum_{n=-\infty}^{\infty}|n|^2|c_n[f]|^2.$$

6. 周期 2π の区分的連続な関数 $f(x)$, $g(x)$ に対して，次が成り立つことを示せ．

$$\int_{-\pi}^{\pi} f(x)\overline{g(x)}\,dx = \frac{\pi}{2}a_0[f]\overline{a_0[g]} + \pi\sum_{n=1}^{\infty}\left(a_n[f]\overline{a_n[g]} + b_n[f]\overline{b_n[g]}\right).$$

7. (1) $-1<\alpha<1$ かつ $\alpha\neq 0$ として，関数 $f(x)$ を

$$f(x) := e^{i\alpha x} \quad (-\pi < x \le \pi)$$

で，周期 2π の周期関数として $\mathbb{R}$ に拡張したものとする．$f(x)$ のフーリエ級数が次のようになることを確かめよ．

$$S[f](x) = \sum_{n=-\infty}^{\infty}\frac{(-1)^n}{\pi(\alpha-n)}\sin(\pi\alpha)e^{inx} \quad (-\pi \le x \le \pi).$$

(2) パーセバルの等式（定理 6.3）を適用して，次を示せ．

$$\frac{\pi^2}{\sin^2(\pi\alpha)} = \sum_{n=-\infty}^{\infty}\frac{1}{(\alpha-n)^2} \quad (-1<\alpha<1,\ \alpha\neq 0).$$

特に，次を示せ．

$$\pi^2 = \sum_{n=-\infty}^{\infty}\frac{1}{\left(\frac{1}{2}+n\right)^2}.$$

第 7 章
熱方程式の初期値・境界値問題への応用

この章では，フーリエ級数の理論の応用として，熱方程式の初期値・境界値問題に対するフーリエの方法を学ぶ．また，熱は温度の高低がならされてなめらかな温度分布になり，初期温度分布が高ければ高いほど，その後の温度分布も高いという自然な事実が成り立つことを，最大値原理および比較定理として学ぶ．

7.1 熱方程式の導出と境界条件

まず，熱伝導現象を理解するための数理モデルとして，熱方程式の導出を説明しよう．熱方程式は熱量の保存則によって導かれることを見る．簡単のため，長さ l の細長い針金を考え，温度分布は空間 1 次元的であると仮定する．時刻 t，場所 $x \in [0, l]$ における単位体積あたりの熱量を $v(x, t)$ で表す．x における針金の断面積 $S(x)$ は一定で $A > 0$ とする．$0 < x < l$ とし，微小な $h > 0$ に対して針金の微小部分 $R := \{y \in [0, l] \mid x \leq y \leq x + h\}$ における総熱量は，時刻 t で

$$\int_x^{x+h} v(y, t) A \, dy$$

と表される．一方，断面 $S(x)$ から流れ出る単位面積あたりの熱流量を $\phi(x, t)$ とおく．ただし，x の正の方向に流れ出るときに正となるように定めるものとする．このとき，針金の R の部分の側面からは熱は流れ出ないという仮定のもとで，R の部分に流れ込む熱流量は

$$A\phi(x,t) - A\phi(x+h,t)$$

となるので，熱量の保存則より

$$\frac{d}{dt}\left(\int_x^{x+h} v(y,t)A\,dy\right) = A(\phi(x,t) - \phi(x+h,t)$$
$$= -A\int_x^{x+h} \frac{\partial \phi}{\partial y}(y,t)\,dy$$

が成り立つことになる．さて，時刻 t，場所 x での温度を $U(x,t)$ で表すとき，$\sigma > 0$ を比熱定数，$\rho(x)$ を場所 x での針金の密度として

$$v(x,t) = \sigma\rho(x)U(x,t)$$

なる関係式が知られている．さらに，熱流量と温度分布との関係として，熱は温度が高い方から低い方に流れることをもとにして，$\phi(x,t)$ は温度勾配に比例するという**フーリエの法則**に従うものとする．よって，

$$\phi(x,t) = -k(x)\frac{\partial U}{\partial x}(x,t)$$

が成り立つことになる．ここで，$k(x)$ は場所 x での熱伝導率で $k(x) > 0$ である．上式での符号は，例えば $\frac{\partial U}{\partial x}(x,t) < 0$ のときに $\phi(x,t) > 0$ となることを表しており，これはちょうど熱が温度の高い方から低い方に流れるということに対応している．以上のことから，熱量の保存則は

$$\int_x^{x+h} \sigma\rho(y)\frac{\partial U}{\partial t}(y,t)\,dy = \int_x^{x+h} \frac{\partial}{\partial y}\left(k(y)\frac{\partial U}{\partial y}(y,t)\right)dy$$

となる．$h > 0$ は任意なので，h で割って $h \to 0$ なる極限を考えることで

$$\sigma\rho(x)\frac{\partial U}{\partial t}(x,t) = \frac{\partial}{\partial x}\left(k(x)\frac{\partial U}{\partial x}(x,t)\right) \quad (0 < x < l)$$

を得る．これを**熱方程式**という．特に，

$$\rho(x) = \rho_0 > 0, \quad k(x) = k_0 > 0 \quad （一定）$$

であると仮定するとき，$D := \frac{k_0}{\sigma\rho_0}$ として，定数 $D > 0$ に対して

$$\frac{\partial U}{\partial t}(x,t) = D\frac{\partial^2 U}{\partial x^2}(x,t)$$

を満たすことになる．針金の両端（$x = 0$ および $x = l$）で，物理的な状態に応じて境界条件が課されることになる．例えば，両端で温度を常に零度に保つ

という状態のときは，境界条件は

$$U(0,t)=0,\quad U(l,t)=0\quad(t\geq 0)$$

となり，**ディリクレ境界条件**という．一方で，両端で熱の出入りがないような状態のときは，境界条件は

$$\frac{\partial U}{\partial x}(0,t)=0,\quad \frac{\partial U}{\partial x}(l,t)=0\quad(t\geq 0)$$

となり，**ノイマン境界条件**という．さらにまた，両端での熱の流れ出る量が外側の温度 U_0 との差 $U(x,t)-U_0$ に比例するとして，ある定数 $\alpha>0$ に対して

$$\frac{\partial U}{\partial x}(0,t)=\alpha(U(0,t)-U_0),$$
$$-\frac{\partial U}{\partial x}(l,t)=\alpha(U(l,t)-U_0)$$

という境界条件となり，**ロバン境界条件**という．

微生物や化学物質などの拡散現象を表す数理モデルにおいても，時刻 t，場所 x での濃度を $u(x,t)$ として，ある定数 $K>0$ に対して偏微分方程式

$$\frac{\partial u}{\partial t}(x,t)=D\frac{\partial^2 u}{\partial x^2}(x,t)\quad(0<x<l,\ t>0)$$

に従うことが知られている．この場合の D は**拡散定数**と呼ばれ，上記の偏微分方程式は**拡散方程式**と呼ばれる．さらに，外部からの熱源がある熱伝導現象であったり，物質の生成や消滅などの効果がある拡散現象などは

$$\frac{\partial u}{\partial t}(x,t)=D\frac{\partial^2 u}{\partial x^2}(x,t)+f(x,t)$$

という偏微分方程式で記述されることになる．このようにさまざまな異なる自然現象に対して，同じ数理モデルで記述できることがあることは興味深い．

7.2 熱方程式に対するフーリエの方法

以下，改めて $D>0$ を定数とし，$u(x,t)$ を未知関数として熱方程式

$$\frac{\partial u}{\partial t}(x,t)=D\frac{\partial^2 u}{\partial x^2}(x,t) \quad (0<x<l,\ t>0) \tag{7.1}$$

がディリクレ境界条件

$$u(0,t)=0, \quad u(l,t)=0 \quad (t\geq 0) \tag{7.2}$$

および，初期温度分布（**初期条件**ともいう）

$$u(x,0)=u_0(x) \quad (0\leq x\leq l) \tag{7.3}$$

を満たす解を求める問題を考える．このような問題を，**初期値・境界値問題**という．基本的な問題として，与えられた初期値 $u_0(x)$ に対して，初期値・境界値問題の解はただ1つ存在するかを考える．最初に，解の存在を示すのに，**フーリエの方法**を用いる．

まず，変数分離された形の解

$$u(x,t)=U(x)S(t)$$

を発見的に探す．この形の関数が方程式を満たすならば

$$U(x)S'(t)=DU''(x)S(t)$$

となるべきで，さらにこの両辺を $U(x)S(t)$ で割ってみることで

$$\frac{S'(t)}{DS(t)}=\frac{U''(x)}{U(x)}\equiv -\lambda \text{（一定）}$$

となる．そこで，$U(x)$ は境界条件も考慮して $U(x)\not\equiv 0$ であって，ある定数 λ に対して

$$-U''(x)=\lambda U(x) \quad (0<x<l), \quad U(0)=U(l)=0 \tag{7.4}$$

を満たすべきとなる．このような定数 λ と関数 $U(x)\not\equiv 0$（$U\in C^2[0,l]$）の組 $(\lambda,U(x))$ をすべて求めることを**固有値問題**といい，λ を**固有値**，$U(x)$ を λ に付随する**固有関数**という．この固有値問題に対しては次が成り立つ．

命題 7.1 固有値問題 (7.4) の固有値は $\lambda = \lambda_n := \left(\frac{n\pi}{l}\right)^2$ $(n = 1, 2, \ldots)$ のみであり，λ_n に付随する固有関数は

$$U_n(x) = A\sin\left(\frac{n\pi x}{l}\right) \quad (n = 1, 2, \ldots)$$

となる．ここで A は $A \neq 0$ なる任意定数.

証明 (**Step 1**) まず λ が固有値ならば，$\lambda > 0$ となることを示そう．なぜなら，付随する固有関数を $U(x) \neq 0$ として，方程式に $U(x)$ をかけて積分すると

$$-\int_0^l U''(x)U(x)\,dx = \lambda\int_0^l U(x)^2\,dx$$

となる．ここで左辺は部分積分と境界条件により

$$-\int_0^l U''(x)U(x)\,dx = [-U'(x)U(x)]_0^l + \int_0^l (U'(x))^2\,dx = \int_0^l (U'(x))^2\,dx$$

となるので

$$\lambda = \frac{\int_0^l (U'(x))^2\,dx}{\int_0^l U(x)^2\,dx} \geq 0$$

を得る．もし $\lambda = 0$ なら，$U'(x) \equiv 0$ $(x \in [0, l])$ となるので $U(x) \equiv A$（一定）となるが，境界条件より $U(x) \equiv 0$ となってしまい矛盾．よって $\lambda > 0$ を得る．

(**Step 2**) $\lambda > 0$ より，常微分方程式の理論から $-U''(x) = \lambda U(x)$ の一般解は

$$U(x) = A\sin(\sqrt{\lambda}\,x) + B\cos(\sqrt{\lambda}\,x)$$

と書ける（A, B は任意定数）．ここで境界条件 $U(0) = 0$ より $B = 0$ を得る．さらに $U(l) = 0$ より $A\sin(\sqrt{\lambda}\,l) = 0$ となる．$A \neq 0$ より $\sin(\sqrt{\lambda}\,l) = 0$ となり，

$$\sqrt{\lambda}\,l = n\pi \quad (n = 1, 2, \ldots)$$

でなければならないことになる．また付随する固有関数は

$$U_n(x) = A\sin(\sqrt{\lambda_n}\,x) = A\sin\left(\frac{n\pi x}{l}\right)$$

となる．

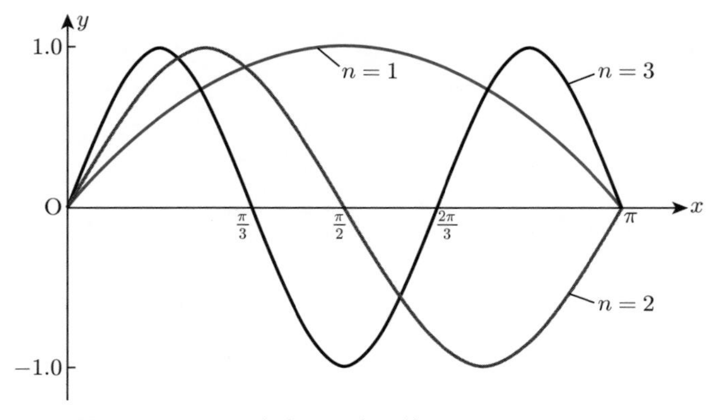

図 7.1　$l=\pi$ のときの固有関数 $U_n(x)$ $(n=1,2,3)$

■

さて，$\lambda=\lambda_n$ のとき

$$\frac{S'(t)}{DS(t)}=-\lambda_n$$

より，$S'(t)=-D\lambda_n S(t)$．よって

$$S(t)=Ce^{-D\lambda_n t}\quad (C\text{ は任意定数})$$

を得る．結局 $S_n(t):=e^{-D\lambda_n t}$ として各

$$u_n(x,t):=U_n(x)S_n(t)=A_n e^{-D\left(\frac{n\pi}{l}\right)^2 t}\sin\left(\frac{n\pi}{l}x\right)$$

（A_n は任意定数）は，熱方程式と境界条件を満たす解となる．熱方程式の線形性より，任意の N に対して

$$\sum_{n=1}^{N}u_n(x,t)=\sum_{n=1}^{N}A_n e^{-D\left(\frac{n\pi}{l}\right)^2 t}\sin\left(\frac{n\pi}{l}x\right)$$

も熱方程式と境界条件を満たすことがわかる（これを**重ね合わせの原理**という）．最後に初期条件 $u(x,0)=u_0(x)$ $(0\le x\le l)$ を満たすように，形式的に $N\to+\infty$ として

$$u(x,t)=\sum_{n=1}^{\infty}A_n e^{-D\left(\frac{n\pi}{l}\right)^2 t}\sin\left(\frac{n\pi}{l}x\right)$$

の形で，係数 $\{A_n\}_{n=1}^{\infty}$ を決めればよいということになる．これを**フーリエの方法**（または，変数分離の方法）という．そのためには，形式的には $t=0$ として

$$u_0(x) = \sum_{n=1}^{\infty} A_n \sin\left(\frac{n\pi}{l}x\right) \quad (0 \leq x \leq l)$$

が成り立つように係数 $\{A_n\}_{n=1}^{\infty}$ を決めればよく，これは関数 $u_0(x)$ のフーリエ正弦展開に他ならない．今，$u_0(x)$ $(x \in [0,l])$ は $u_0(0) = u_0(l) = 0$ を満たし，$[0,l]$ 上で連続関数で，かつ区分的 C^1 級であるとする．このとき区間 $[-l,l]$ に

$$\widetilde{u_0}(x) := \begin{cases} u_0(x) & (0 \leq x \leq l) \\ -u_0(-x) & (-l \leq x \leq 0) \end{cases}$$

として**奇関数拡張**し，周期 $2l$ 関数として拡張すると $\widetilde{u_0}(x)$ は周期 $2l$ の連続関数で，かつ区分的 C^1 級となることがわかる．従って，定理 3.2 より

$$A_n = \frac{2}{l}\int_0^l u_0(x)\sin\left(\frac{n\pi}{l}x\right)dx \quad (n = 1, 2, \ldots)$$

をフーリエ正弦係数として

$$u_0(x) = \sum_{n=1}^{\infty} A_n \sin\left(\frac{n\pi}{l}x\right) \quad (0 \leq x \leq l)$$

が成り立つことになる．特に，上記の条件のもとでは $\sum_{n=1}^{\infty}|A_n|$ が収束することを思い出しておこう（命題 4.6 参照）．

定理 7.1　$u_0(x)$ $(x \in [0,l])$ は $u_0(0) = u_0(l) = 0$ を満たし，$[0,l]$ 上で連続関数で，かつ区分的 C^1 級であるとする．このとき $\{A_n\}_{n=1}^{\infty}$ を上式で定めるとき

$$u(x,t) = \sum_{n=1}^{\infty} A_n e^{-D\left(\frac{n\pi}{l}\right)^2 t} \sin\left(\frac{n\pi}{l}x\right)$$

は $x \in [0,l]$, $0 \leq t < \infty$ で連続であり，さらに $t > 0$ において，x および t に関して何回でも微分可能となり，初期値・境界値問題 (7.1)–(7.3) の解となる．

証明　まず

$$\left| A_n e^{-D\left(\frac{n\pi}{l}\right)^2 t} \sin\left(\frac{n\pi}{l}x\right) \right| \leq |A_n| \quad (t \geq 0,\ x \in [0,l],\ n = 1,2,\ldots)$$

であり，$\sum_{n=1}^{\infty}|A_n| < \infty$ であることより，$(x,t) \in [0,l] \times [0,\infty)$ 上で一様収束する．よって $u(x,t)$ は $0 \leq x \leq l,\ 0 \leq t < \infty$ で連続となり，初期条件も満たす．また，任意の $\delta > 0$ に対して，$t \geq \delta$ において

$$e^{-D\left(\frac{n\pi}{l}\right)^2 t} \leq e^{-D\left(\frac{n\pi}{l}\right)^2 \delta}$$

となる．さらに，$|u_0(x)| \leq M\ (x \in [0,l])$ として，$|A_n| \leq 2M\ (n = 1,2,\ldots)$ となるので任意の $m \in \mathbb{N}$ に対して

$$\sum_{n=1}^{\infty} n^m |A_n| e^{-D\left(\frac{n\pi}{l}\right)^2 \delta} \leq 2M \sum_{n=1}^{\infty} n^m e^{-D\left(\frac{n\pi}{l}\right)^2 \delta} < \infty$$

となることに注意しよう（問 7.1 参照）．例えば，$u(x,t)$ を t に関して項別微分してできる関数項級数は

$$\sum_{n=1}^{\infty} -D\left(\frac{n\pi}{l}\right)^2 A_n e^{-D\left(\frac{n\pi}{l}\right)^2 t} \sin\left(\frac{n\pi}{l}x\right)$$

となるが，ある定数 $C > 0$ があって

$$\left| -D\left(\frac{n\pi}{l}\right)^2 A_n e^{-D\left(\frac{n\pi}{l}\right)^2 t} \sin\left(\frac{n\pi}{l}x\right) \right| \leq C n^2 e^{-D\left(\frac{n\pi}{l}\right)^2 \delta}$$

が任意の $x \in [0,l],\ \delta \leq t < \infty,\ n = 1,2,\ldots$ で成り立つことから，$(x,t) \in [0,l] \times [\delta,\infty)$ で一様収束することになる．よって $u(x,t)$ は $(x,t) \in [0,l] \times [\delta,\infty)$ において t に関して項別微分可能であることがわかる（命題 2.5 および 2.6 参照）．同様に，$t \geq \delta$ においては，t に関しても x に関しても何回でも項別微分可能であることがわかる．$\delta > 0$ が任意であることから，結局 $t > 0$ において t に関しても x に関しても何回でも項別微分可能であって熱方程式を満たすことがわかる．■

問 **7.1**　任意の $m \in \mathbb{N}$ と任意の定数 $C > 0$ に対して次を示せ．

$$\sum_{n=1}^{\infty} n^m e^{-Cn^2} < +\infty$$

注意 **7.1**

$$G(x,y,t) := \sum_{n=1}^{\infty} \frac{2}{l} e^{-D\left(\frac{n\pi}{l}\right)^2 t} \sin\left(\frac{n\pi x}{l}\right) \sin\left(\frac{n\pi y}{l}\right) \quad (x, y \in [0,l],\, t > 0) \tag{7.5}$$

とおくとき，定理 7.1 の解 $u(x,t)$ は，A_n の定義から

$$u(x,t) = \int_0^l G(x,y,t) u_0(y)\, dy \quad (x \in [0,l],\, t > 0)$$

と書くことができることに注意しておこう．$G(x,y,t)$ は上記の初期値・境界値問題の**グリーン関数**と呼ばれるものであり，実は $G(x,y,t) \geq 0$ $(x, y \in [0,\pi],\, t > 0)$ が成り立つことが知られている．

初期条件が対応する固有値問題の固有関数の有限和である場合には，解は次のように簡単に求まることになる．

例題 7.1

初期値 $u(x,0)$ がある自然数 N があって，数列 $\{A_n\}_{n=1}^N$ を用いて

$$u(x,0) = \sum_{n=1}^{N} A_n \sin(nx)$$

で表される場合，区間 $[0,\pi]$ 上でのディリクレ境界条件に対する上記の熱方程式の初期値・境界値問題の解を求めよ．

【解　答】　フーリエの方法により

$$u(x,t) = \sum_{n=1}^{N} A_n e^{-Dn^2 t} \sin(nx)$$

が求める解に他ならない．■

一般の初期値に対しては，初期値のフーリエ級数展開を用いて，解は無限関数項級数として表現される．

例題 7.2

次の熱方程式の初期値・境界値問題の解 $u(x,t)$ を求めよ．

$$\frac{\partial u}{\partial t}(x,t) = D\frac{\partial^2 u}{\partial x^2}(x,t) \quad (0 < x < l,\, t > 0),$$

$$u(0,t) = u(l,t) = 0 \quad (t \geq 0),$$

$$u(x,0) = x(l-x) \quad (0 \leq x \leq l).$$

【解　答】

$$\begin{aligned}
A_n &:= \frac{2}{l}\int_0^l u_0(x)\sin\left(\frac{n\pi}{l}x\right)dx \\
&= \frac{2}{l}\int_0^l x(l-x)\left(-\frac{l}{n\pi}\cos\left(\frac{n\pi}{l}x\right)\right)' dx \\
&= \frac{2}{l}\int_0^l \Big(x(l-x)\Big)' \frac{l}{n\pi}\cos\left(\frac{n\pi}{l}x\right)dx \\
&= \frac{2}{n\pi}\int_0^l (l-2x)\cos\left(\frac{n\pi}{l}x\right)dx = -\frac{4}{n\pi}\int_0^l x\cos\left(\frac{n\pi}{l}x\right)dx \\
&= \frac{4l}{(n\pi)^2}\int_0^l \sin\left(\frac{n\pi}{l}x\right)dx = -\frac{4l^2}{n^3\pi^3}\{(-1)^n - 1\}
\end{aligned}$$

を得る．よって

$$\begin{aligned}
u(x,t) &= \sum_{n=1}^{\infty} A_n e^{-D\left(\frac{n\pi}{l}\right)^2 t}\sin\left(\frac{n\pi}{l}x\right) \\
&= \sum_{k=1}^{\infty} \frac{8l^2}{(2k-1)^3\pi^3} e^{-D\left(\frac{(2k-1)\pi}{l}\right)^2 t}\sin\left(\frac{(2k-1)\pi}{l}x\right).
\end{aligned}$$

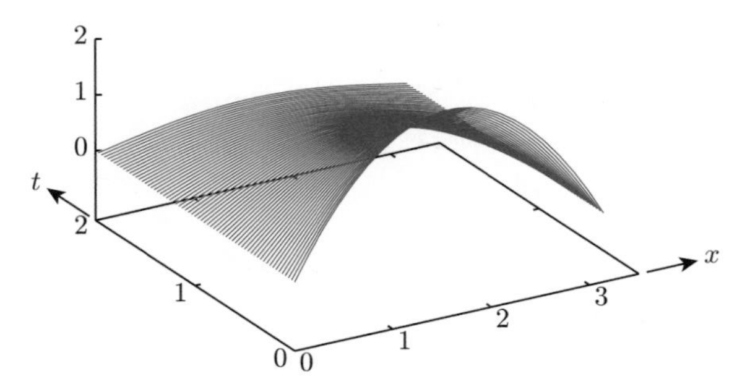

図 **7.2**　$l=\pi$ として，区間 $[0,\pi]$ 上で初期値 $u(x,0) = x(\pi - x)$ の解

■

7.3 エネルギー法による解の一意性

次に解の一意性を**エネルギー法**を用いて示す.

定理 7.2 $u_0(x)$ $(x \in [0,l])$ は $u_0(0) = u_0(l) = 0$ を満たし, $[0,l]$ 上で連続関数で, かつ区分的 C^1 級であるとする. このとき, 任意の $T > 0$ に対して, 熱方程式の初期値・境界値問題 (7.1)–(7.3) は $u \in C([0,l] \times [0,T])$ であって, $\frac{\partial u}{\partial t}$, $\frac{\partial u}{\partial x}$, $\frac{\partial^2 u}{\partial x^2}$ が $(x,t) \in [0,l] \times (0,T]$ で連続であるような解がただ 1 つ存在する.

証明 上記のような性質をもつ解の存在は, フーリエの方法によって示されていることに注意しておこう. 従って, 解の一意性のみ示せばよい. 2 つ解があるとして $u_1(x,t)$, $u_2(x,t)$ とする. $w(x,t) := u_1(x,t) - u_2(x,t)$ とおくと, $w(x,0) = 0$ $(x \in [0,l])$ であって, $w(x,t)$ は熱方程式と境界条件を満たし, 上記の性質をもつことになる. そこで $E(t) := \int_0^l w(x,t)^2\,dx$ $(t \geq 0)$ とすると, $t > 0$ において, 次の計算ができる.

$$
\begin{aligned}
E'(t) &= \int_0^l 2w(x,t)\frac{\partial w}{\partial t}(x,t)\,dx = 2D\int_0^l w(x,t)\frac{\partial^2 w}{\partial x^2}(x,t)\,dx \\
&= 2D\left[w\frac{\partial w}{\partial x}\right]_{x=0}^{x=l} - 2D\int_0^l \left(\frac{\partial w}{\partial x}\right)^2 dx = -2D\int_0^l \left(\frac{\partial w}{\partial x}\right)^2 dx \leq 0.
\end{aligned}
$$

従って, $0 < s < t$ に対して $E(t) \leq E(s)$ となるが, $u \in C([0,l] \times [0,T])$ なので $E(s) \to E(0)$ $(s \to 0)$ となることに注意する. よって

$$
E(t) \leq E(0) = 0 \quad (0 < t \leq T)
$$

を得る. このことは, $w(x,t) = 0$ $(x \in [0,l],\ 0 < t \leq T)$ なることを意味し, $u_1(x,t) = u_2(x,t)$ となって, 解の一意性を得る. ■

例題 7.3

$$
\frac{\partial u}{\partial t}(x,t) = D\frac{\partial^2 u}{\partial x^2}(x,t) \quad (0 < x < l,\ t > 0) \tag{7.6}
$$

であって, ノイマン境界条件

$$\frac{\partial u}{\partial x}(0,t)=0,\quad \frac{\partial u}{\partial x}(l,t)=0\quad (t\geq 0) \tag{7.7}$$

および，初期条件

$$u(x,0)=u_0(x)\quad (0\leq x\leq l) \tag{7.8}$$

を満たす解を求める問題を考える．ここで $u_0\in C^1([0,l])$ であり，$u_0'(0)=u_0'(l)=0$ を満たすとき，解 $u(x,t)$ をフーリエの方法によって求めよ．

【解　答】 まず，$u_0(x)$ を区間 $[-l,l]$ に**偶関数拡張**し，それを周期 $2l$ 関数として $\mathbb{R}$ 上に拡張した関数を $\widetilde{u_0}(x)$ とすると，$\widetilde{u_0}(x)$ は C^1 級の周期 $2l$ 関数となることに注意しよう．従って，フーリエ級数の理論より

$$A_n:=\frac{1}{l}\int_{-l}^{l}\widetilde{u_0}(x)\cos\left(\frac{n\pi}{l}x\right)dx=\frac{2}{l}\int_0^l u_0(x)\cos\left(\frac{n\pi}{l}x\right)dx$$
$$(n=0,1,2,\ldots)$$

として，特に $u_0(x)=\frac{A_0}{2}+\sum_{n=1}^{\infty}A_n\cos\left(\frac{n\pi}{l}x\right)$ $(0\leq x\leq l)$ が成り立つこととなる．ここで $\sum_{n=1}^{\infty}|A_n|<\infty$ となることにも注意しておく．このとき，フーリエの方法において，考えるべき固有値問題は

$$-U''(x)=\lambda U(x)\quad (0<x<l),\quad U'(0)=U'(l)=0$$

となる．固有値 λ は $\lambda\geq 0$ でなければならないことが，ディリクレ境界条件のときと同様に，方程式に $U(x)$ をかけて積分することでわかる．よって $U(x)=A\sin(\sqrt{\lambda}\,x)+B\cos(\sqrt{\lambda}\,x)$ となる．$U'(0)=0$ より，$A=0$ を得る．$U'(l)=0$ より $\sqrt{\lambda}\sin(\sqrt{\lambda}\,l)=0$ となる．これより，$\lambda=0$，または $\sqrt{\lambda}\,l=n\pi$ $(n\in\mathbb{N})$ とならなければならないこととなる．$S(t)$ の方も解いて，ディリクレ境界条件の場合と同様にして

$$u(x,t)=\frac{A_0}{2}+\sum_{n=1}^{\infty}A_ne^{-D\left(\frac{n\pi}{l}\right)^2t}\cos\left(\frac{n\pi}{l}x\right) \tag{7.9}$$

が解となることがわかる．ただし，

$$A_n=\frac{2}{l}\int_0^l u_0(x)\cos\left(\frac{n\pi}{l}x\right)dx\quad (n=0,1,2,\ldots) \tag{7.10}$$

である．実際に，これが求める解であることは，ディリクレ境界条件の場合と同様に確認することができる．■

7.4　最大値原理と比較定理

実は，解の一意性はもっと広い範囲の解のクラスに対して成り立つことを紹介しておこう．以下，$T>0$ に対して，

$$
\begin{aligned}
Q_T &:= [0,l]\times[0,T] \\
&= \{(x,t) \mid 0\le x\le l,\ 0\le t\le T\}
\end{aligned}
$$

とし，**放物型境界**と呼ばれる集合 $\mathit{\Gamma}$ を次で定義する．

$$
\mathit{\Gamma} := \{(x,0)\mid x\in[0,l]\}\cup\{(0,t)\mid 0\le t\le T\}\cup\{(l,t)\mid 0\le t\le T\}.
$$

このとき，次の**最大値原理**が成り立つが，後のために少し一般的な熱方程式に対して述べておこう．

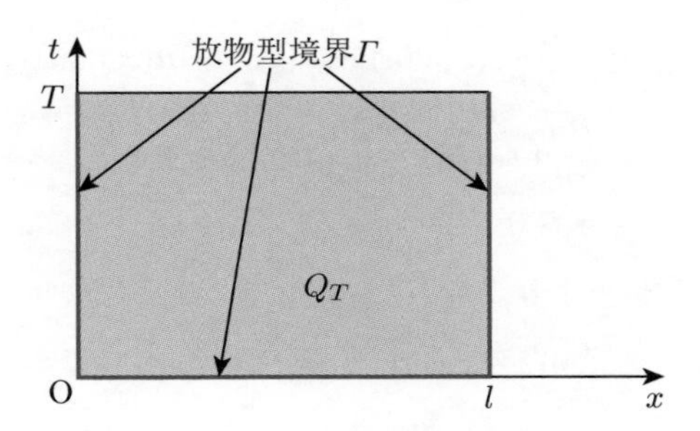

図 **7.3**　領域 Q_T とその放物型境界 $\mathit{\Gamma}$

補題 7.1（**最大値原理**）　$T>0$ とする．$a(x,t)$ および $u(x,t)$ が $(x,t)\in Q_T$ で連続であり，$T\ge t>0,\ x\in(0,l)$ で $\frac{\partial u}{\partial t}$, $\frac{\partial u}{\partial x}$ および $\frac{\partial^2 u}{\partial x^2}$ が存在して連続とし，

$$
\frac{\partial u}{\partial t}(x,t)\le D\frac{\partial^2 u}{\partial x^2}(x,t)+a(x,t)u(x,t)\quad (0<x<l,\ 0<t\le T)
$$

を満たすとする．このとき，$u(x,t)\le 0$ $((x,t)\in\mathit{\Gamma})$ ならば，次が成り立つ．

$$
u(x,t)\le 0\quad ((x,t)\in Q_T).
$$

証明 (**Step 1**) まず，さらに $a(x,t) \leq 0$ $((x,t) \in Q_T)$ が成り立つ場合に，主張を示す．もし主張が成り立たないとすると，ある $(y_0, s_0) \in (0,l) \times (0,T]$ があって，$u(y_0, s_0) > 0$ となることになる．このとき，十分小さな $\varepsilon > 0$ があって，$v(x,t) := u(x,t) - \varepsilon t$ とおくとき，$\displaystyle\max_{(x,t)\in Q_T} v(x,t) > 0$ となる．このとき，$v(x_0,t_0) = \displaystyle\max_{(x,t)\in Q_T} v(x,t) > 0$ なる点 $(x_0,t_0) \in (0,l) \times (0,T]$ が存在することとなり，

$$\frac{\partial v}{\partial t}(x_0,t_0) \geq 0, \quad \frac{\partial^2 v}{\partial x^2}(x_0,t_0) \leq 0$$

が成り立つことになる．しかし，$u(x_0,t_0) = v(x_0,t_0) + \varepsilon t_0 > 0$ にも注意して，

$$\begin{aligned}
0 &\geq D\frac{\partial^2 v}{\partial x^2}(x_0,t_0) = D\frac{\partial^2 u}{\partial x^2}(x_0,t_0) \\
&\geq D\frac{\partial^2 u}{\partial x^2}(x_0,t_0) + a(x_0,t_0)u(x_0,t_0) \\
&\geq \frac{\partial u}{\partial t}(x_0,t_0) = \frac{\partial v}{\partial t}(x_0,t_0) + \varepsilon \\
&\geq \varepsilon > 0
\end{aligned}$$

となり矛盾となる．以上より，

$$u(x,t) \leq 0 \quad ((x,t) \in Q_T)$$

を得る．

(**Step 2**) 一般の $a(x,t)$ の場合は，

$$|a(x,t)| \leq A \quad ((x,t) \in Q_T)$$

なる定数 A が存在するので，$\alpha > A$ なる定数 α をとって，$z(x,t) := e^{-\alpha t}u(x,t)$ とおくと

$$\frac{\partial z}{\partial t}(x,t) \leq D\frac{\partial^2 z}{\partial x^2}(x,t) + (a(x,t) - \alpha)z(x,t) \quad (0 < x < l,\ 0 < t \leq T)$$

を満たすことになる．また $z(x,t) \leq 0$ $((x,t) \in \Gamma)$ であって，$b(x,t) := a(x,t) - \alpha \leq 0$ $((x,t) \in Q_T)$ であるので，Step 1 の結果から，

$$z(x,t) \leq 0 \quad ((x,t) \in Q_T)$$

を得る．よって $u(x,t) \leq 0$ $((x,t) \in Q_T)$ が結論できる．■

系 7.1　$T > 0$ とする．熱方程式の初期値・境界値問題 (7.1)–(7.3) の解は，$u(x,t)$ が $(x,t) \in Q_T$ で連続であり，$T \geq t > 0$, $x \in (0,l)$ で $\frac{\partial u}{\partial t}$, $\frac{\partial u}{\partial x}$ および $\frac{\partial^2 u}{\partial x^2}$ が存在して連続であるとき，存在すれば一意である．

注意 **7.2**　$u_0 \in C[0,l]$ で

$$u_0(0) = u_0(l) = 0$$

であるような初期値に対して，上記の性質をもつような熱方程式の初期値・境界値問題の解の存在もいえることが知られているが，ここではその存在については立ち入らないこととする．

証明　2 つ解があるとして，$u_1(x,t)$, $u_2(x,t)$ として，

$$w(x,t) := u_1(x,t) - u_2(x,t)$$

とおいて，$w(x,t) = 0$ $((x,t) \in Q_T)$ を示せばよい．仮定から $w(x,t)$ は $(x,t) \in Q_T$ で連続であり，$T \geq t > 0$, $x \in (0,l)$ で $\frac{\partial u}{\partial t}$, $\frac{\partial u}{\partial x}$ および $\frac{\partial^2 u}{\partial x^2}$ は連続であって，次を満たす．

$$\frac{\partial w}{\partial t}(x,t) = D\frac{\partial^2 w}{\partial x^2}(x,t) \quad (x \in (0,l),\, 0 < t \leq T]),$$

$$w(0,t) = 0, \quad w(l,t) = 0 \quad (0 \leq t \leq T),$$

$$w(x,0) = 0 \quad (x \in [0,l]).$$

よって，

$$w(x,t) \leq 0 \quad ((x,t) \in \Gamma))$$

なので，$w(x,t)$ に対して最大値原理（補題 7.1）が適用できて

$$w(x,t) \leq 0 \quad ((x,t) \in Q_T)$$

を得る．一方，$-w(x,t)$ に対しても最大値原理を適用することで

$$-w(x,t) \leq 0 \quad ((x,t) \in Q_T)$$

を得る．以上より，$w(x,t) = 0$ $((x,t) \in Q_T)$ が得られる．■

最大値原理の応用として，次の比較定理が成り立つ．これは，初期温度分布に大小関係があれば，時間がたってもその大小関係が保たれるという自然なことを表現している．

定理 7.3（比較定理） 2 つの初期値 $u_1(x)$, $u_2(x)$ が $[0,l]$ 上で連続で，かつ $u_1(0)=u_1(l)=0$, $u_2(0)=u_2(l)=0$ および次の大小関係を満たすとする．

$$u_1(x) \leq u_2(x) \quad (0 \leq x \leq l).$$

このとき，$u(x,0)=u_1(x)$ $(0 \leq x \leq l)$ であるような熱方程式の解 $u_1(x,t)$, $u(x,0)=u_2(x)$ $(0 \leq x \leq l)$ であるような熱方程式の解 $u_2(x,t)$ で，最大値原理にあるような連続性および微分可能性に関する性質をもつものが，それぞれ存在したとしたら，次が成り立つ．

$$u_1(x,t) \leq u_2(x,t) \quad (t \geq 0,\, 0 \leq x \leq l).$$

証明 $w(x,t) := u_1(x,t) - u_2(x,t)$ とおくとき，$w(x,t)$ も同様の連続性および微分可能性の性質をもち，次を満たす．

$$\frac{\partial w}{\partial t}(x,t) = D\frac{\partial^2 w}{\partial x^2}(x,t) \quad (x \in (0,l),\, 0 < t \leq T),$$

$$w(0,t) = 0, \quad w(l,t) = 0 \quad (0 \leq t \leq T),$$

$$w(x,0) \leq 0 \quad (x \in [0,l]).$$

特に，$w(x,t) \leq 0$ $((x,t) \in \mathit{\Gamma})$ となるので，最大値原理（補題 7.1）より，

$$w(x,t) \leq 0 \quad ((x,t) \in Q_T)$$

となる．すなわち，

$$u_1(x,t) - u_2(x,t) = w(x,t) \leq 0 \quad ((x,t) \in Q_T)$$

を得る．■

演習問題

1. (1) 次の熱方程式の初期値・境界値問題

$$\frac{\partial u}{\partial t}(x,t) = \frac{\partial^2 u}{\partial x^2}(x,t) \quad (0 < x < \pi,\ t > 0),$$

$$u(0,t) = u(\pi,t) = 0 \quad (t \geq 0),$$

$$u(x,0) = \sin x + \frac{1}{27}\sin(3x) \quad (0 \leq x \leq \pi)$$

の解は次で与えられることを確かめよ.

$$u(x,t) = e^{-t}\sin x + \frac{1}{27}e^{-9t}\sin(3x).$$

(2) $u_0(x) \geq 0$ $(0 \leq x \leq \pi)$ なることを確かめ，次が成り立つことを説明せよ.

$$u(x,t) \geq 0 \quad (0 \leq x \leq \pi,\ t \geq 0).$$

2. $D > 0$ を定数とする．次の熱方程式の初期値・境界値問題の解 $u(x,t)$ を求めよ.

$$\frac{\partial u}{\partial t}(x,t) = D\frac{\partial^2 u}{\partial x^2}(x,t) \quad (0 < x < \pi,\ t > 0),$$

$$u(0,t) = u(\pi,t) = 0 \quad (t \geq 0),$$

$$u(x,0) = x(\pi^2 - x^2) \quad (0 \leq x \leq \pi).$$

3. $D > 0$ を定数とする．次の熱方程式の初期値・境界値問題の解 $u(x,t)$ を考える.

$$\frac{\partial u}{\partial t}(x,t) = D\frac{\partial^2 u}{\partial x^2}(x,t) \quad (0 < x < \pi,\ t > 0),$$

$$u(0,t) = u(\pi,t) = 0 \quad (t \geq 0),$$

$$u(x,0) = u_0(x) \quad (0 \leq x \leq \pi).$$

ここで，$u_0 \in C^1([0,\pi])$ かつ $u_0(0) = u_0(\pi) = 0$ であって，次を満たすとする.

$$u_0(x) > 0 \quad (x \in (0,\pi)), \quad u_0'(0) > 0, \quad u_0'(\pi) < 0.$$

(1) このとき，ある $\alpha_1, \alpha_2 > 0$ があって次が成り立つことを示せ.

$$\alpha_1 \sin x \leq u_0(x) \leq \alpha_2 \sin x \quad (0 \leq x \leq \pi).$$

(2) 次が成り立つことを示せ.

$$\alpha_1 e^{-Dt}\sin x \leq u(x,t) \leq \alpha_2 e^{-Dt}\sin x \quad (0 \leq x \leq \pi,\ t \geq 0).$$

4. $D > 0$ を定数とする．次のノイマン境界条件に関する熱方程式の初期値・境界値問題の解 $u(x,t)$ を考える．

$$\frac{\partial u}{\partial t}(x,t) = D\frac{\partial^2 u}{\partial x^2}(x,t) \quad (0 < x < l,\ t > 0),$$

$$\frac{\partial u}{\partial x}(0,t) = \frac{\partial u}{\partial x}(l,t) = 0 \quad (t \geq 0),$$

$$u(x,0) = u_0(x) \quad (0 \leq x \leq l).$$

ここで，$u_0 \in C^1([0,l])$ かつ $u_0'(0) = u_0'(l) = 0$ を満たすものとする．このとき，ある定数 $C_0 > 0$ があって，次が成り立つことを説明せよ．

$$\max_{x\in[0,\pi]}\left|u(x,t) - \frac{1}{l}\int_0^l u_0(x)\,dx\right| \leq C_0 e^{-D\left(\frac{\pi}{l}\right)^2 t} \quad (t \geq 0).$$

第8章
波動方程式の初期値・境界値問題への応用

この章では，波動方程式の初期値・境界値問題の解法について学ぶ．ギターやバイオリンの弦の振動現象は，時刻 t，場所 x での変位を $u(x,t)$ として，変位が微小であるという仮定のもとで，1次元波動方程式

$$\frac{\partial^2 u}{\partial t^2}(x,t) = c^2 \frac{\partial^2 u}{\partial x^2}(x,t) \quad (0 < x < l,\ t > 0)$$

で記述されることが知られている．ここで弦の長さは $l > 0$ であり，定数 $c > 0$ は，$T > 0$ を張力，$\rho > 0$ を線密度として $c := \sqrt{\frac{T}{\rho}}$ で与えられるものである．これに弦の両端での境界条件，例えば弦の両端が固定されている場合には

$$u(0,t) = 0, \quad u(l,t) = 0 \quad (t \geq 0)$$

が課され，初期条件，すなわち初期変位と初期速度として，

$$u(x,0) = f(x), \quad \frac{\partial u}{\partial t}(x,0) = g(x) \quad (0 \leq x \leq l)$$

が与えられたときの解 $u(x,t)$ はただ1つ存在することを学ぶ．波は基本振動の重ね合わせと見ることができるが，初期変位と初期速度から決まる一定の波の形を保ち，一定の速度で進む進行波としての見方もあることを学ぶ．また，境界条件によって波が境界で反射したり，反転して反射したりする様子を見ることとなる．

8.1 波動方程式の導出

弦の振動現象を記述する波動方程式は，力学におけるニュートンの運動法則に基づいて導出されることを見よう．ここで，弦は弾性的で曲げに対して抵抗がなく，その接線方向に張力のみが働くものと仮定する．弦の場所 x での

線密度を $\rho(x)$，張力を $T(x)$ とする．$0 < x < l$ とし，$h > 0$ を微小として，$[x, x+h]$ 部分に相当する弦の一部 R に働く力を考える．R の端点において，この弦の接線方向と x 軸とのなす角をそれぞれ $\theta(x,t)$, $\theta(x+h,t)$ として，さらに弦は水平方向には動かないと仮定することで，張力の水平方向の成分の釣り合いを考えることで，一定の $T > 0$ があって

$$T(x+h)\cos(\theta(x+h,t)) = T(x)\cos(\theta(x,t)) = T$$

が成り立つとしてよい．弦の一部 R に働く垂直方向の力は

$$T(x+h)\sin(\theta(x+h,t)) - T(x)\sin(\theta(x,t))$$

となるので，ニュートンの運動法則より

$$\rho(x)h\frac{\partial^2 u}{\partial t^2}(x,t) = T(x+h)\sin(\theta(x+h,t)) - T(x)\sin(\theta(x,t))$$

が成り立つと考えられる．よって

$$\begin{aligned}\rho(x)h\frac{\partial^2 u}{\partial t^2}(x,t) &= T\left(\frac{\sin(\theta(x+h,t))}{\cos(\theta(x+h,t)} - \frac{\sin(\theta(x,t))}{\cos(\theta(x,t))}\right)\\ &= T\left(\frac{\partial u}{\partial x}(x+h,t) - \frac{\partial u}{\partial x}(x,t)\right)\end{aligned}$$

つまり

$$\frac{\partial^2 u}{\partial t^2}(x,t) = \frac{T}{\rho(x)}\left(\frac{\frac{\partial u}{\partial x}(x+h,t) - \frac{\partial u}{\partial x}(x,t)}{h}\right)$$

を得る．ここで $h \to 0$ として

$$\frac{\partial^2 u}{\partial t^2}(x,t) = \frac{T}{\rho(x)}\frac{\partial^2 u}{\partial x^2}(x,t)$$

が得られる．特に，$\rho(x) = \rho > 0$（一定）の場合には，$c = \sqrt{\frac{T}{\rho}}$ として，最初の１次元波動方程式を得る．

境界条件として，他にも両端が自由端である場合，

$$\frac{\partial u}{\partial x}(0,t) = 0, \quad \frac{\partial u}{\partial x}(l,t) = 0 \quad (t \geq 0)$$

というノイマン境界条件が課されることとなる．

8.2　波動方程式に対するフーリエの方法

ここでは，$c>0$ を定数とし，波動方程式

$$\frac{\partial^2 u}{\partial t^2}(x,t)=c^2\frac{\partial^2 u}{\partial x^2}(x,t)\quad (0<x<l,\ t>0)$$

に対して，境界条件：

$$u(0,t)=0,\quad u(l,t)=0\quad (t\geq 0)$$

および，初期条件：

$$u(x,0)=f(x),\quad \frac{\partial u}{\partial t}(x,0)=g(x)\quad (0\leq x\leq l)$$

を満たす解を**フーリエの方法**によって見つけよう．まず，$u(x,t)=U(x)S(t)$ の形で，方程式および境界条件を満たす解を見つける．方程式に代入して

$$U(x)S''(t)=c^2U''(x)S(t).$$

よって，ある定数 λ が存在して次が成り立つことになる．

$$\frac{S''(t)}{c^2S(t)}=\frac{U''(x)}{U(x)}=-\lambda.$$

固有値問題

$$-U''(x)=\lambda U(x)\quad (0<x<l),\quad U(0)=U(l)=0$$

は，7.2 節で出てきたものと同じで

$$\lambda=\lambda_n=\left(\frac{n\pi}{l}\right)^2\quad (n=1,2,\ldots),\quad U(x)=U_n(x):=\sin\left(\frac{n\pi}{l}x\right)$$

が固有値および固有関数となる．$\lambda=\lambda_n$ に対して，$S''(t)=-c^2\lambda_nS(t)$ を解いて

$$S(t)=S_n(t):=A_n\cos\left(\frac{cn\pi}{l}x\right)+B_n\sin\left(\frac{cn\pi}{l}x\right)$$

（A_n, B_n は任意定数）を得る．従って，**重ね合わせの原理**より，求める解の形は

$$u(x,t)=\sum_{n=1}^{\infty}\left(A_n\cos\left(\frac{cn\pi}{l}x\right)+B_n\sin\left(\frac{cn\pi}{l}x\right)\right)\sin\left(\frac{n\pi}{l}x\right)\quad (8.1)$$

となり，初期条件を満たすように係数 $\{A_n\}_{n=1}^{\infty}$ および $\{B_n\}_{n=1}^{\infty}$ を定めればよいことになる．形式的に $t=0$ として

$$f(x)=u(x,0)=\sum_{n=1}^{\infty}A_n\sin\left(\frac{n\pi}{l}x\right),$$

$$g(x)=\frac{\partial u}{\partial t}(x,0)=\sum_{n=1}^{\infty}B_n\left(\frac{cn\pi}{l}\right)\sin\left(\frac{n\pi}{l}x\right)$$

となるべきである．よって，フーリエ正弦展開より

$$A_n:=\frac{2}{l}\int_0^l f(x)\sin\left(\frac{n\pi}{l}x\right)dx, \tag{8.2}$$

$$\left(\frac{cn\pi}{l}\right)B_n:=\frac{2}{l}\int_0^l g(x)\sin\left(\frac{n\pi}{l}x\right)dx \tag{8.3}$$

と定めるとよいことがわかるであろう．実際，次が成り立つ．

定理 8.1　$f\in C^2[0,l]$, $f(0)=f(l)=0$ に加えて，

$$f''(0)=f''(l)=0$$

を満たすとし，$g\in C^1[0,l]$, $g(0)=g(l)=0$ を仮定する．このとき，係数 $\{A_n\}_{n=1}^{\infty}$ および $\{B_n\}_{n=1}^{\infty}$ を上記のように定めると，任意の $T>0$ に対して，$u(x,t)$ は $u\in C^2([0,l]\times[0,T])$ となり，波動方程式の初期値・境界値問題のただ1つの解となる．

証明　解の一意性については，次の節で説明するので，ここでは，解の存在についての証明を与える．つまり，上記の $u(x,t)$ が実際に解であることを示そう．まず，$\widetilde{f}(x)$ を $f(x)$ を $[-l,l]$ に奇関数拡張し，さらに周期 $2l$ の周期関数として $\mathbb{R}$ に拡張したものとする．このとき，$\widetilde{f}(x)$ は $\mathbb{R}$ 上で C^2 級となることに注意しよう．（ここで仮定 $f''(0)=f''(l)=0$ を用いている．）同様に，$\widetilde{g}(x)$ を $g(x)$ を $[-l,l]$ に奇関数拡張し，さらに周期 $2l$ の周期関数として $\mathbb{R}$ に拡張したものとする．このとき，$\widetilde{g}(x)$ は $\mathbb{R}$ 上で C^1 級となる．このことから，ある定数 C が存在して

$$|A_n| \leq \frac{C}{n^2}|c_n[\widetilde{f}'']|, \quad |B_n| \leq \frac{C}{n^2}|c_n[\widetilde{g}']| \quad (n = 1, 2, \ldots)$$

が成り立つことに注意しよう（命題 4.5 および (4.4) を参照）．よって，ベッセルの不等式（系 4.1）と合わせることで

$$\sum_{n=1}^{\infty}|A_n|\left(\frac{n\pi}{l}\right) < \infty \quad \text{および} \quad \sum_{n=1}^{\infty}|B_n|\left(\frac{n\pi}{l}\right) < \infty$$

が成り立つことがわかる（命題 4.6 の証明を参照）．また，

$$\widetilde{f}(x) = \sum_{n=1}^{\infty} A_n \sin\left(\frac{n\pi}{l}x\right) \quad (x \in \mathbb{R}),$$

$$\widetilde{g}(x) = \sum_{n=1}^{\infty} B_n \left(\frac{cn\pi}{l}\right) \sin\left(\frac{n\pi}{l}x\right) \quad (x \in \mathbb{R})$$

であり，どちらも $\mathbb{R}$ 上で一様収束していることがわかる．ここでまた，

$$\cos\left(\frac{cn\pi}{l}t\right)\sin\left(\frac{n\pi}{l}x\right) = \frac{1}{2}\left\{\sin\left(\frac{n\pi}{l}(x-ct)\right) + \sin\left(\frac{n\pi}{l}(x+ct)\right)\right\},$$

$$\sin\left(\frac{cn\pi}{l}t\right)\sin\left(\frac{n\pi}{l}x\right) = \frac{1}{2}\left\{\cos\left(\frac{n\pi}{l}(x-ct)\right) - \cos\left(\frac{n\pi}{l}(x+ct)\right)\right\}$$

であることに注意すると，

$$\begin{aligned} u(x,t) = &\sum_{n=1}^{\infty} \frac{1}{2} A_n \left(\sin\left(\frac{n\pi}{l}(x-ct)\right) + \sin\left(\frac{n\pi}{l}(x+ct)\right)\right) \\ &+ \sum_{n=1}^{\infty} \frac{1}{2} B_n \left(\cos\left(\frac{n\pi}{l}(x-ct)\right) - \cos\left(\frac{n\pi}{l}(x+ct)\right)\right) \end{aligned}$$

と書き換えることができる．さらにまた，

$$\begin{aligned} \int_0^x \widetilde{g}(y)\,dy &= \sum_{n=1}^{\infty} B_n \left(\frac{cn\pi}{l}\right) \int_0^x \sin\left(\frac{n\pi}{l}y\right) dy \\ &= -\sum_{n=1}^{\infty} B_n c \cos\left(\frac{n\pi}{l}x\right) + \sum_{n=1}^{\infty} cB_n \end{aligned}$$

を得る．よって

$$\sum_{n=1}^{\infty} B_n\left(\cos\left(\frac{n\pi}{l}(x-ct)\right)-\cos\left(\frac{n\pi}{l}(x+ct)\right)\right)$$
$$=\frac{1}{c}\left(\int_0^{x+ct}\widetilde{g}(y)\,dy-\int_0^{x-ct}\widetilde{g}(y)\,dy\right)=\frac{1}{c}\int_{x-ct}^{x+ct}\widetilde{g}(y)\,dy$$

となる．以上のことから

$$u(x,t)=\frac{1}{2}(\widetilde{f}(x-ct)+\widetilde{f}(x+ct))+\frac{1}{2c}\int_{x-ct}^{x+ct}\widetilde{g}(y)\,dy \tag{8.4}$$

と書けることになる．$\widetilde{f}$ が C^2 級であり，$\widetilde{g}$ が C^1 級であったので，この表示式より $u\in C^2([0,l]\times[0,T])$ であることと，さらには波動方程式を満たすことがわかる．境界条件を満たすことは，$u(x,t)$ の関数項級数での表現において一様収束していることからすぐにわかる．また初期条件も満たすことは，$u(x,0)=\widetilde{f}(x)=f(x)$ $(0\le x\le l)$ であり，

$$\frac{\partial u}{\partial t}(x,t)=\frac{1}{2}(-c\widetilde{f}'(x-ct)+c\widetilde{f}'(x+ct))$$
$$+\frac{1}{2c}(c\widetilde{g}(x+ct)+c\widetilde{g}(x-ct))$$

より $\frac{\partial u}{\partial t}(x,0)=\widetilde{g}(x)=g(x)$ $(0\le x\le l)$ となることからわかる．以上で，解の存在が証明された．■

注意 **8.1**　(8.4) のような解の表現を**ダランベールの公式**という．もしさらに $f\in C^3[0,l]$, $g\in C^2[0,l]$ というよりなめらかさに関する強い仮定をすれば，フーリエ級数の理論より

$$\sum_{n=1}^{\infty}|A_n|\left(\frac{n\pi}{l}\right)^2<+\infty,\quad \sum_{n=1}^{\infty}|B_n|\left(\frac{n\pi}{l}\right)^2<+\infty$$

となることがわかるので，関数項級数で表された $u(x,t)$ が 2 回まで x および t に関して項別微分可能となり，上記のような表現を用いなくても，フーリエの方法で得られた解の表現 (8.1) を直接に項別微分することで，容易に解であることの証明ができることを注意しておこう．また，$f(x)$ が $[0,l]$ 上で連続で区分的 C^1 級であって，$f(0)=f(l)=0$ を満たし，$g(x)$ が $[0,l]$ 上で区分的連続であるだけで，フーリエの方法で得られた解の表現 (8.1) は一様収束し，連続関数 $u(x,t)$ を定めることにも注意しておこう．

注意 **8.2**　フーリエの方法によって，(8.2) および (8.3) により定まる係数 $\{A_n\}$, $\{B_n\}$ を用いて得られた解の表現 (8.1) は，波が定在波解である個々の**基本振動**

$$\left(A_n\cos\left(\frac{cn\pi}{l}x\right)+B_n\sin\left(\frac{cn\pi}{l}x\right)\right)\sin\left(\frac{n\pi}{l}x\right)$$

の重ね合わせで表現できることを意味している．一方，ダランベールの公式 (8.4) により，解 $u(x,t)$ はある関数 $G(z)$, $H(z)$ を用いて

$$u(x,t)=G(x-ct)+H(x+ct)$$

の形で表現できることがわかる．$G(x-ct)$, $H(x-ct)$ はそれぞれ速度 c で右方向および左方向に進行する波を表すので**進行波解**ともいう．このような 2 つの理解ができることとなる．

注意 **8.3**　ダランベールの公式 (8.4) と

$$|\widetilde{f}(z)|\le\max_{x\in[0,l]}|f(x)|,\quad |\widetilde{g}(z)|\le\max_{x\in[0,l]}|g(x)|\quad (z\in\mathbb{R})$$

なることに注意することで，解 $u(x,t)$ は，次の不等式を満たすことに注意しておく．

$$|u(x,t)|\le\max_{x\in[0,l]}|f(x)|+t\max_{x\in[0,l]}|g(x)|\quad (t\ge 0,\,0\le x\le l).$$

解の一意性は，次の補題から従う．

補題 8.1　$u\in C^2([0,l]\times[0,T])$ で

$$\frac{\partial^2 u}{\partial t^2}(x,t)=c^2\frac{\partial^2 u}{\partial x^2}(x,t)\quad (0<x<l,\,0<t<T),$$

$$u(0,t)=u(l,t)=0\quad (t\ge 0),$$

$$u(x,0)=0,\quad \frac{\partial u}{\partial t}(x,0)=0\quad (0\le x\le l)$$

ならば，$u(x,t)=0$ $((x,t)\in[0,l]\times[0,T])$ が成り立つ．

証明　エネルギー法で示す．

$$E(t):=\int_0^l\left(c^2\left|\frac{\partial u}{\partial x}(x,t)\right|^2+\left|\frac{\partial u}{\partial t}(x,t)\right|^2\right)dx$$

とおく．このとき，

$$\begin{aligned} E'(t) &= \int_0^l 2c^2 \frac{\partial u}{\partial x}\frac{\partial^2 u}{\partial x \partial t}\,dx + 2\int_0^l \frac{\partial u}{\partial t}\frac{\partial^2 u}{\partial t^2}\,dx \\ &= \left[2c^2 \frac{\partial u}{\partial x}\frac{\partial u}{\partial t}\right]_0^l - 2c^2 \int_0^l \frac{\partial^2 u}{\partial x^2}\frac{\partial u}{\partial t}\,dx + 2\int_0^l \frac{\partial u}{\partial t}\frac{\partial^2 u}{\partial t^2}\,dx \\ &= \left[2c^2 \frac{\partial u}{\partial x}\frac{\partial u}{\partial t}\right]_0^l = 0 \end{aligned}$$

を得る．ここで，$u(x,t)$ が波動方程式を満たすことと，境界条件より $\frac{\partial u}{\partial t}(0,t) = 0$, $\frac{\partial u}{\partial t}(l,t) = 0$ が成り立つことを用いた．よって，$E(t) = E(0) = 0$ $(t \geq 0)$ を得る．これより

$$\frac{\partial u}{\partial x}(x,t) = 0, \quad \frac{\partial u}{\partial t}(x,t) = 0 \quad (0 \leq x \leq l,\ 0 \leq t \leq T)$$

となり，$u(x,t) = C$（一定）となるが，もう一度初期条件から $C = 0$ を得る．

以上より，$u(x,t) \equiv 0$ が示された．■

例題 8.1

$l = \pi$ とし，初期条件が

$$u(x,0) = \sin^3 x, \quad \frac{\partial u}{\partial t}(x,0) = 0 \quad (0 \leq x \leq \pi)$$

のときの波動方程式の初期値・境界値問題の解を求めよ．

【解　答】

$$\sin^3 x = \frac{3}{4}\sin x - \frac{1}{4}\sin(3x)$$

より，フーリエの方法によって

$$u(x,t) = \frac{3}{4}\cos(ct)\sin x - \frac{1}{4}\cos(3ct)\sin(3x)$$

が求める解となることがわかる．また，この解は

$$\begin{aligned} u(x,t) = \frac{1}{2}\biggl(&\frac{3}{4}\sin(x-ct) - \frac{1}{4}\sin(3(x-ct)) \\ &+ \frac{3}{4}\sin(x+ct) - \frac{1}{4}\sin(3(x+ct))\biggr) \end{aligned}$$

と書けて，進行波としての表現ももつ．■

例題 8.2

$$f(x) := \begin{cases} x & (0 \leq x \leq \frac{l}{2}) \\ l - x & (\frac{l}{2} \leq x \leq l) \end{cases}$$

とし，初期条件が

$$u(x,0) = f(x), \quad \frac{\partial u}{\partial t}(x,0) = 0 \quad (0 \leq x \leq l)$$

のときの波動方程式の初期値・境界値問題の解をフーリエの方法により求めよ．

【解 答】

$$\begin{aligned} A_n &= \frac{2}{l}\int_0^l f(x)\sin\left(\frac{n\pi}{l}x\right)dx = \frac{2}{l}\int_0^l f(x)\left(-\frac{l}{n\pi}\cos\left(\frac{n\pi}{l}x\right)\right)' dx \\ &= \frac{2}{n\pi}\int_0^l f'(x)\cos\left(\frac{n\pi}{l}x\right)dx \\ &= \frac{2}{n\pi}\left(\int_0^{\frac{l}{2}}\cos\left(\frac{n\pi}{l}x\right)dx - \int_{\frac{l}{2}}^l \cos\left(\frac{n\pi}{l}x\right)dx\right) \\ &= \frac{4l}{(n\pi)^2}\sin\left(\frac{n\pi}{2}\right) \end{aligned}$$

となる．n が偶数なら，$A_n = 0$ となり，$n = 2k+1$ のとき $\sin\frac{(2k+1)\pi}{2} = (-1)^k$ なので

$$A_{2k+1} = \frac{4l}{(2k+1)^2\pi^2}(-1)^k \quad (k = 0, 1, 2, \ldots)$$

となる．よって求める解は

$$u(x,t) = \sum_{k=0}^{\infty}\frac{4l(-1)^k}{(2k+1)^2\pi^2}\cos\left(\frac{c(2k+1)\pi}{l}t\right)\sin\left(\frac{(2k+1)\pi}{l}x\right)$$

となる．■

注意 8.4 一方

$$u(x,t) = \frac{1}{2}(\widetilde{f}(x+ct) + \widetilde{f}(x-ct))$$

と表現もでき，$\widetilde{f}(x)$ の波形のまま右進行波解 $\frac{1}{2}\widetilde{f}(x-ct)$ と左進行波解 $\frac{1}{2}\widetilde{f}(x+ct)$ との重ね合わせで表現できている．この表現に基づいて，解の時間変化（波が時間とともに伝搬する様子）を理解することができる．特に，$[-l,l]$ に奇関数拡張し（反転した波を考えることになる），周期 $2l$ の関数として $\mathbb{R}$ 上に拡張した関数 $\widetilde{f}$ の部分が速度 c の左右の進行波として区間 $[0,l]$ に入り込んでいく様子（境界にぶつかった波がは反転して進行方向を変えて伝わる様子）を追うことで理解できることに注意しておこう（図 8.1 も参照）．また，例題 8.2 の例では，$\widetilde{f}(z)$ は連続ではあるが C^1 級でない．特に $z=\pm\frac{2n+1}{2}l$ $(n\in\mathbb{Z})$ で以外では C^2 級である．従って，$x-ct\neq\pm\frac{2n+1}{2}l$, $x+ct\neq\pm\frac{2n+1}{2}l$ においては波動方程式を満たす．こうした意味で，この解は一般的な意味での解（弱解ともいう）となっているということができる．

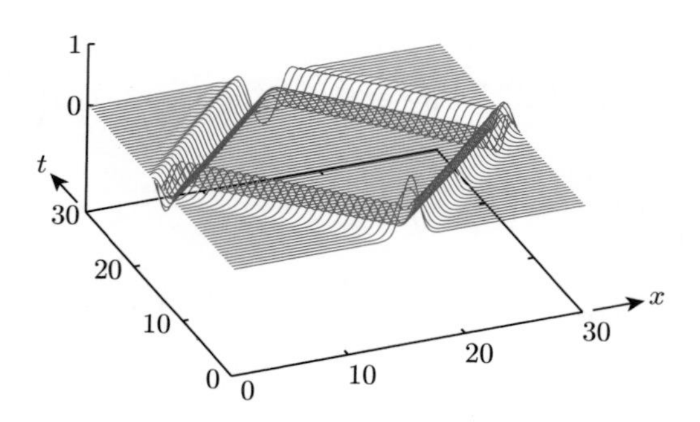

図 8.1　区間 $[0,30]$ 上でディリクレ境界条件，初期値 $f(x)=e^{-(x-15)^2}$, $g(x)=0$ の解

例題 8.3

境界条件をノイマン境界条件

$$\frac{\partial u}{\partial x}(0,t)=0,\quad \frac{\partial u}{\partial x}(l,t)=0\quad (t\geq 0)$$

に変えて，初期条件

$$u(x,0)=f(x),\quad \frac{\partial u}{\partial t}(x,0)=g(x)\quad (0\leq x\leq l)$$

の下での波動方程式の初期値・境界値問題の解を考える．仮定として，$f(x)$ は $[0,l]$ 上で C^2 級，$g(x)$ は $[0,l]$ 上で C^1 級とし，

$$f'(0)=f'(l)=0,\quad g'(0)=g'(l)=0$$

を満たすとする．このとき解 $u(x,t)$ をフーリエの方法で求めると

$$u(x,t)=\frac{A_0}{2}+\frac{B_0}{2}t+\sum_{n=1}^{\infty}\left(A_n\cos\left(\frac{cn\pi}{l}t\right)+B_n\sin\left(\frac{cn\pi}{l}t\right)\right)\cos\left(\frac{n\pi}{l}x\right) \tag{8.5}$$

と書くことができる．ここで

$$A_n:=\frac{2}{l}\int_0^l f(x)\cos\left(\frac{n\pi}{l}x\right)dx \quad (n=0,1,2,\ldots)$$

$$B_n:=\frac{2}{l}\int_0^l\left(\frac{l}{cn\pi}\right)g(x)\cos\left(\frac{n\pi}{l}x\right)dx \quad (n=1,2,\ldots)$$

$$B_0:=\frac{2}{l}\int_0^l g(x)\,dx$$

である．また，$\widetilde{f}(x),\widetilde{g}(x)$ をそれぞれ $[-l,l]$ に偶関数拡張し，周期 $2l$ 関数に拡張したものとすると，$\widetilde{f}(x)$ は C^2 級で $\widetilde{g}(x)$ は C^1 級となり，$u(x,t)$ はダランベールの公式で与えられることになって，C^2 級の解である．

【解　答】 対応する固有値問題

$$-U''(x)=\lambda U(x) \quad (0<x<l), \quad U'(0)=U'(l)=0$$

の固有値は

$$\lambda=\mu_n:=\left(\frac{n\pi}{l}\right)^2 \quad (n=0,1,2,\ldots)$$

となる．$\lambda=\mu_n$ に付随する固有関数は

$$U_n(x):=\cos\left(\frac{n\pi}{l}x\right) \quad (n=0,1,2,\ldots)$$

となる．また

$$S''(t)=-c^2\mu_n S(t)$$

の解は，$\mu_0=0$ のときは

$$S_0(t) = \frac{A_0}{2} + \frac{B_0}{2}t$$

となり，μ_n $(n = 1, 2, \ldots)$ のときは

$$S_n(t) = A_n \cos\left(\frac{cn\pi}{l}t\right) + B_n \sin\left(\frac{cn\pi}{l}t\right)$$

となる．よって

$$u(x,t) = \frac{A_0}{2} + \frac{B_0}{2}t + \sum_{n=1}^{\infty}\left(A_n \cos\left(\frac{cn\pi}{l}t\right) + B_n \sin\left(\frac{cn\pi}{l}t\right)\right)\cos\left(\frac{n\pi}{l}x\right)$$

と書くことができる．ここで係数は

$$u(x,0) = f(x) = \frac{A_0}{2} + \sum_{n=1}^{\infty} A_n \cos\left(\frac{n\pi}{l}x\right),$$

$$\frac{\partial u}{\partial t}(x,0) = g(x) = \frac{B_0}{2} + \sum_{n=1}^{\infty} B_n\left(\frac{cn\pi}{l}\right)\cos\left(\frac{n\pi}{l}x\right)$$

により定まることとなる．あとはディリクレ境界条件の場合の議論と同様にして結論を得ることができる．■

注意 8.5　ダランベールの公式による表現に基づくと，偶関数拡張した波 $\widetilde{f}$ が区間の両端 $x = 0$, $x = l$ にぶつかるとき，左右からくる進行波解のため，高さが2倍の波になることに注意しておこう（図8.2参照）．このことは，例えば海岸における波が崖にぶつかるとき，波の高さが2倍になる現象を示唆しているといえよう．

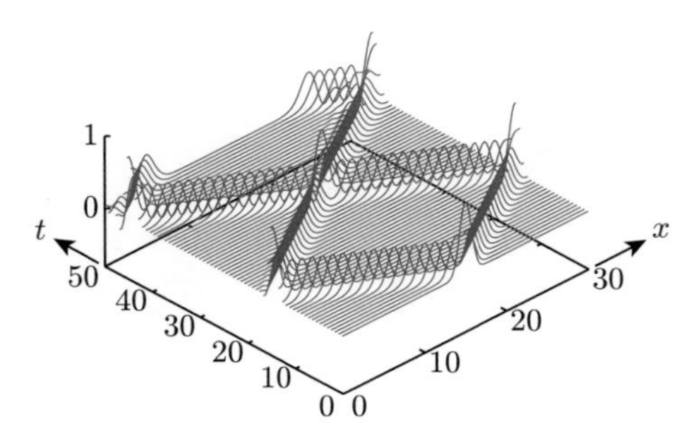

図 8.2　区間 $[0, 30]$ 上でノイマン境界条件，初期値 $f(x) = e^{-(x-15)^2}$, $g(x) = 0$ の解

演習問題

1. $c>0$ とし，次の波動方程式の初期値・境界値問題の解を求めよ．

$$\frac{\partial^2 u}{\partial t^2}(x,t)=c^2\frac{\partial^2 u}{\partial x^2}(x,t)\quad(0<x\leq\pi,\ t>0),$$

$$u(0,t)=u(\pi,t)=0\quad(t\geq 0),$$

$$u(x,0)=0,\quad \frac{\partial u}{\partial t}(x,0)=\sin^3 x\quad(0\leq x\leq\pi).$$

2.

$$f(x)=\begin{cases} x-4 & (4\leq x\leq 5)\\ 6-x & (5\leq x\leq 6)\\ \quad 0 & (0\leq x\leq 4,\ 6\leq x\leq 10)\end{cases}$$

とする．

(1) このとき，次の波動方程式の初期値・境界値問題の解をフーリエの方法で求めてみよ．

$$\frac{\partial^2 u}{\partial t^2}(x,t)=\frac{\partial^2 u}{\partial x^2}(x,t)\quad(0<x<10,\ t>0),$$

$$u(0,t)=u(10,t)=0\quad(t\geq 0),$$

$$u(x,0)=f(x),\quad \frac{\partial u}{\partial t}(x,0)=0\quad(0\leq x\leq 10).$$

(2) 解のダランベールの公式による表現に基づいて，$t=2,4,6$ のときの $u(x,2)$, $u(x,4)$, $u(x,6)$ $(0\leq x\leq 10)$ を図示してみよ．

3. $c>0$, $a>0$ とし，次の波動方程式の初期値・境界値問題

$$\frac{\partial^2 u}{\partial t^2}(x,t)=c^2\frac{\partial^2 u}{\partial x^2}(x,t)-au(x,t)\quad(0<x\leq l,\ t>0),$$

$$u(0,t)=u(l,t)=0\quad(t\geq 0),$$

$$u(x,0)=f(x),\quad \frac{\partial u}{\partial t}(x,0)=g(x)\quad(0\leq x\leq l)$$

の解をフーリエの方法によって求めよ．(求めた解の微分可能性を調べることはしなくてよい．)

4. 次の波動方程式の初期値・境界値問題

$$\frac{\partial^2 u}{\partial t^2}(x,t) = \frac{\partial^2 u}{\partial x^2}(x,t) + \sin x \quad (0 < x \le \pi,\ t > 0),$$

$$u(0,t) = u(\pi,t) = 0 \quad (t \ge 0),$$

$$u(x,0) = 0, \quad \frac{\partial u}{\partial t}(x,0) = g(x) \quad (0 \le x \le \pi)$$

の解 $u(x,t)$ を次の方針で求めたい.

(1) $v(x) := \sin x$ は次を満たすことを確かめよ.

$$-v''(x) = \sin x \quad (0 < x < \pi), \quad v(0) = v(\pi) = 0.$$

(2) $w(x,t) := u(x,t) - v(x)$ としたとき，$w(x,t)$ を求めよ．この方針で解 $u(x,t)$ を求めよ.

第9章

フーリエ変換

周期関数に対してフーリエ級数の理論を学んだが，周期的でない関数に対してはフーリエ変換の理論がある．この章では，フーリエ変換の定義と例，および基本的な性質について学ぶ．

9.1　フーリエ変換の定義といくつかの例

9.1.1　フーリエ変換の定義

まず，フーリエ変換の定義の動機付けを，少し発見的に紹介しよう．周期 $2L$ の関数 $f(x)$ に対して

$$c_n[f] = \frac{1}{2L}\int_{-L}^{L} f(x)e^{-\frac{in\pi x}{L}}\,dx$$

として，そのフーリエ級数

$$S_L[f] := \sum_{n=-\infty}^{\infty} c_n[f]e^{\frac{in\pi x}{L}}$$

は，$f(x)$ が連続かつ区分的 C^1 級ならば，$f(x)$ に一致することを学んだ．すなわち

$$f(x) = \sum_{n=-\infty}^{\infty} c_n[f]e^{\frac{in\pi x}{L}} = \frac{1}{2L}\sum_{n=-\infty}^{\infty}\left(\int_{-L}^{L} f(y)e^{-\frac{in\pi y}{L}}\,dy\right)e^{\frac{in\pi x}{L}}$$

が成立する．ここで，$\xi_n := \left(\frac{\pi}{L}\right)n$, $(\Delta\xi)_n := \xi_{n+1} - \xi_n = \frac{\pi}{L}$ として

$$f(x)=\frac{1}{\sqrt{2\pi}}\sum_{n=-\infty}^{\infty}\left(\frac{1}{\sqrt{2\pi}}\int_{-L}^{L}f(y)e^{-i\xi_n y}\,dy\right)(\Delta\xi)_n e^{i\xi_n x}$$

と書ける．ここで

$$F_L(\xi):=\frac{1}{\sqrt{2\pi}}\int_{-L}^{L}f(y)e^{-i\xi y}\,dy,\quad F(\xi):=\frac{1}{\sqrt{2\pi}}\int_{-\infty}^{\infty}f(y)e^{-i\xi y}\,dy$$

として，$f(y)$ が $|y|\to\infty$ において早く減衰するような関数であれば，$F_L(\xi)\to F(\xi)$ $(L\to\infty)$ となると考えられるので，

$$\begin{aligned}f(x)&=\frac{1}{\sqrt{2\pi}}\sum_{n=-\infty}^{\infty}F_L(\xi_n)(\Delta\xi)_n e^{i\xi_n x}\\&\sim\frac{1}{\sqrt{2\pi}}\sum_{n=-\infty}^{\infty}F(\xi_n)(\Delta\xi)_n e^{i\xi_n x}\\&\to\frac{1}{\sqrt{2\pi}}\int_{-\infty}^{\infty}F(\xi)e^{i\xi x}\,dx\quad(L\to\infty)\end{aligned}$$

となり

$$f(x)=\frac{1}{\sqrt{2\pi}}\int_{-\infty}^{\infty}F(\xi)e^{i\xi x}\,dx$$

となることが期待される．

定義 9.1　そこで，$\int_{-\infty}^{\infty}|f(x)|\,dx<\infty$ である可積分な $f(x)$ に対して（正確には，以下の説明を参照されたい），

$$\widehat{f}(\xi):=\frac{1}{\sqrt{2\pi}}\int_{-\infty}^{\infty}f(x)e^{-i\xi x}\,dx\quad(\xi\in\mathbb{R})$$

とおき，$f(x)$ の**フーリエ変換** $\widehat{f}(\xi)$ を定義する．$\widehat{f}(\xi)$ の代わりに $\mathcal{F}f(\xi)$ という記号を用いることも多い．また，**フーリエ逆変換**を

$$\check{g}(x):=\mathcal{F}^{-1}g(x):=\frac{1}{\sqrt{2\pi}}\int_{-\infty}^{\infty}g(\xi)e^{i\xi x}\,dx\quad(x\in\mathbb{R})$$

を定義する．

このとき，上の考察から

$$f(x) = \frac{1}{\sqrt{2\pi}} \int_{-\infty}^{\infty} \widehat{f}(\xi) e^{i\xi x}\, dx$$

が成り立つことが期待される．これは**反転公式**と呼ばれるもので次のようにも書くことができる．

$$f(x) = \mathcal{F}^{-1}(\widehat{f})(x) = \mathcal{F}^{-1}(\mathcal{F}f)(x).$$

定義 9.2　本書では，$\mathbb{R}$ 上で定義された複素数値関数 $f(x)$ が $\mathbb{R}$ 上**可積分**であるとは，$f(x)$ が $\mathbb{R}$ 上で区分的連続であって，かつ広義積分

$$\int_{-\infty}^{\infty} |f(x)|\, dx$$

が収束することと定義して，$f \in L^1(\mathbb{R})$ と表すこととする．また，$f(x)$ が $\mathbb{R}$ 上で区分的連続であって，さらに広義積分

$$\int_{-\infty}^{\infty} |f(x)|^2\, dx$$

が収束するとき，$f(x)$ は $\mathbb{R}$ 上で **2 乗可積分**であるといい，$f \in L^2(\mathbb{R})$ で表すこととする．

9.1.2　フーリエ変換のいくつかの例

いくつかの典型的かつ重要なフーリエ変換の例を紹介しよう．

例 9.1　$a > 0$ とし

$$f_a(x) = \begin{cases} 1 & (|x| \leq a) \\ 0 & (|x| > a) \end{cases}$$

とする．このとき

$$\widehat{f_a}(\xi) = \sqrt{\frac{2}{\pi}}\, a\left(\frac{\sin(\xi a)}{\xi a}\right)$$

となる．ただし，$\widehat{f_a}(0) = \sqrt{\frac{2}{\pi}}\, a$．実際，$\xi \neq 0$ に対して

$$\widehat{f_a}(\xi) = \frac{1}{\sqrt{2\pi}} \int_{-a}^{a} e^{-i\xi x}\, dx = \frac{1}{\sqrt{2\pi}} \left[\frac{e^{-\xi x}}{-i\xi}\right]_{x=-a}^{x=a}$$

$$= \frac{1}{\sqrt{2\pi}(-i\xi)}(e^{-i\xi a} - e^{i\xi a}) = \sqrt{\frac{2}{\pi}}\, a\left(\frac{\sin(\xi a)}{\xi a}\right)$$

となる．（ちなみに，関数 $\frac{\sin x}{x}$ は sinc 関数とも呼ばれる関数である．）

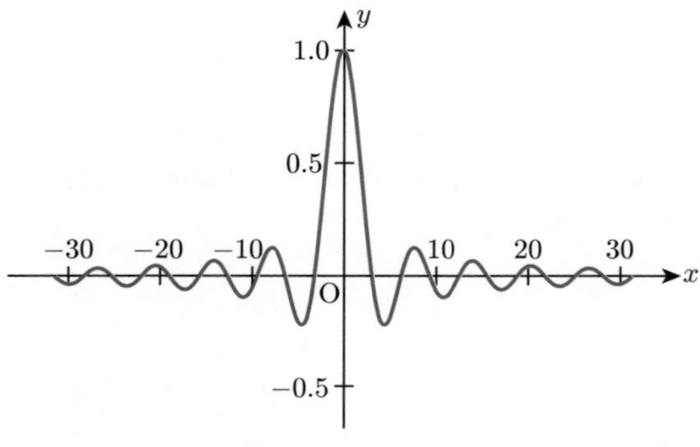

図 **9.1**　sinc 関数

■

例 9.2　$a > 0$ とし

$$g_a(x) = \begin{cases} a - |x| & (|x| \le a) \\ 0 & (|x| > a) \end{cases}$$

とする．このとき

$$\widehat{g_a}(\xi) = \sqrt{\frac{a^2}{2\pi}}\, a\left(\frac{\sin\left(\frac{\xi a}{2}\right)}{\frac{\xi a}{2}}\right)^2$$

となる．ただし，$\widehat{g_a}(0) = \sqrt{\frac{a^2}{2\pi}}\, a$．実際，$\xi \neq 0$ に対して，次を得る．

$$\begin{aligned}\widehat{g_a}(\xi) &= \frac{1}{\sqrt{2\pi}}\int_{-a}^{a}(a - |x|)e^{-i\xi x}\,dx \\ &= \frac{1}{\sqrt{2\pi}}\left(\int_{-a}^{0}(a + x)\frac{\partial}{\partial x}\left(\frac{1}{-i\xi}e^{-i\xi x}\right)dx\right. \\ &\qquad \left. + \int_{0}^{a}(a - x)\frac{\partial}{\partial x}\left(\frac{1}{-i\xi}e^{-i\xi x}\right)dx\right)\end{aligned}$$

$$= \frac{1}{\sqrt{2\pi}}\left(\left[(a+x)\frac{1}{-i\xi}e^{-i\xi x}\right]_{x=-a}^{x=0} + \frac{1}{i\xi}\int_{-a}^{0} e^{-i\xi x}\,dx \right.$$
$$\left. + \left[(a-x)\frac{1}{-i\xi}e^{-i\xi x}\right]_{x=0}^{x=a} - \frac{1}{i\xi}\int_{0}^{a} e^{-i\xi x}\,dx\right)$$
$$= \frac{1}{\sqrt{2\pi}(i\xi)}\left(-\frac{2}{i\xi} + \frac{1}{i\xi}(e^{-i\xi a} + e^{-\xi a})\right)$$
$$= \sqrt{\frac{2}{\pi}}\frac{1}{\xi^2}(1-\cos(\xi a)) = \sqrt{\frac{2}{\pi}}\frac{1}{\xi^2} \times 2\sin^2\left(\frac{a\xi}{2}\right)$$
$$= \sqrt{\frac{a^2}{2\pi}}\, a\left(\frac{\sin\left(\frac{\xi a}{2}\right)}{\frac{\xi a}{2}}\right)^2. \quad ■$$

例 9.3 $a > 0$ として，$k_a(x) := e^{-a|x|}$ とするとき，

$$\widehat{k_a}(\xi) = \frac{1}{\sqrt{2\pi}}\left(\frac{2a}{a^2+\xi^2}\right)$$

となる．実際，

$$\widehat{k_a}(\xi) = \frac{1}{\sqrt{2\pi}}\int_{-\infty}^{\infty} e^{-a|x|}e^{-i\xi x}\,dx$$
$$= \frac{1}{\sqrt{2\pi}}\left(\int_{-\infty}^{0} e^{(a-i\xi)x}\,dx + \int_{0}^{\infty} e^{-(a+i\xi)x}\,dx\right)$$
$$= \frac{1}{\sqrt{2\pi}}\left(\left[\frac{1}{a-i\xi}e^{(a-i\xi)x}\right]_{x=-\infty}^{x=0} + \left[\frac{-1}{a+i\xi}e^{-(a+i\xi)x}\right]_{x=0}^{x=\infty}\right)$$
$$= \frac{1}{\sqrt{2\pi}}\left(\frac{1}{a-i\xi} + \frac{1}{a+i\xi}\right)$$
$$= \frac{1}{\sqrt{2\pi}}\left(\frac{2a}{a^2+\xi^2}\right)$$

となる．■

例 9.4　$a>0$ として，$G_a(x) := e^{-ax^2}$ とおくとき，

$$\widehat{G_a}(\xi) = \frac{1}{\sqrt{2a}} e^{-\frac{\xi^2}{4a}}$$

が成り立つ．複素関数論における留数定理を用いて証明することもできるが，ここでは，積分記号下の微分法に関する定理を活用して計算してみよう．

$$\widehat{G_a}(\xi) = \frac{1}{\sqrt{2\pi}} \int_{-\infty}^{\infty} e^{-ax^2} e^{-i\xi x}\, dx$$

なので，積分記号下の微分と部分積分を用いて

$$\begin{aligned}
\frac{d}{d\xi}\widehat{G_a}(\xi) &= \frac{1}{\sqrt{2\pi}} \int_{-\infty}^{\infty} \frac{\partial}{\partial \xi}\left(e^{-ax^2} e^{-i\xi x}\right) dx \\
&= \frac{1}{\sqrt{2\pi}} \int_{-\infty}^{\infty} e^{-ax^2} (-ix) e^{-i\xi x}\, dx \\
&= \frac{1}{\sqrt{2\pi}} \int_{-\infty}^{\infty} e^{-i\xi x} \frac{i}{2a} \frac{\partial}{\partial x}\left(e^{-ax^2}\right) e^{-i\xi x}\, dx \\
&= \frac{1}{\sqrt{2\pi}} \frac{i}{2a} \left(-\int_{-\infty}^{\infty} e^{-ax^2} \frac{\partial}{\partial x}\left(e^{-i\xi x}\right) dx\right) \\
&= -\frac{1}{\sqrt{2\pi}} \frac{\xi}{2a} \int_{-\infty}^{\infty} e^{-ax^2} e^{-i\xi x}\, dx \\
&= -\frac{\xi}{2a} \widehat{G_a}(\xi)
\end{aligned}$$

となる．これは常微分方程式なので，解くことができて

$$\widehat{G_a}(\xi) = \widehat{G_a}(0) e^{-\frac{\xi^2}{4a}}$$

となる．ここで，変数変換 $y = \sqrt{a}\, x$ により

$$\widehat{G_a}(0) = \frac{1}{\sqrt{2\pi}} \int_{-\infty}^{\infty} e^{-ax^2}\, dx = \frac{1}{\sqrt{2\pi}} \int_{-\infty}^{\infty} e^{-y^2} \frac{dy}{\sqrt{a}} = \frac{1}{\sqrt{2a}}$$

となるので

$$\widehat{G_a}(\xi) = \frac{1}{\sqrt{2a}} e^{-\frac{\xi^2}{4a}}$$

を得る．■

9.2　フーリエ変換の基本的性質

ここでは，フーリエ変換の基本的性質について学ぶ．

命題 9.1　$f \in L^1(\mathbb{R})$ とする．

(1)　$a \in \mathbb{R}$ に対して，$f_a(x) := f(x-a)$ とするとき，次が成り立つ．

$$\widehat{f_a}(\xi) = e^{-ia\xi}\widehat{f}(\xi).$$

(2)　$a > 0$ に対して，$g_a(x) := f(ax)$ とするとき，次が成り立つ．

$$\widehat{g_a}(\xi) = \frac{1}{a}\widehat{f}\left(\frac{\xi}{a}\right).$$

証明　いずれも，単純な変数変換により得られる．

(1)

$$\begin{aligned}\widehat{f_a}(\xi) &= \frac{1}{\sqrt{2\pi}}\int_{-\infty}^{\infty} f(x-a)e^{-i\xi x}\,dx \\ &= \frac{1}{\sqrt{2\pi}}\int_{-\infty}^{\infty} f(y)e^{-i\xi(a+y)}\,dy = e^{-ia\xi}\widehat{f}(\xi).\end{aligned}$$

(2)

$$\begin{aligned}\widehat{g_a}(\xi) &= \frac{1}{\sqrt{2\pi}}\int_{-\infty}^{\infty} f(ax)e^{-i\xi x}\,dx \\ &= \frac{1}{\sqrt{2\pi}}\int_{-\infty}^{\infty} f(y)e^{-i\xi\left(\frac{y}{a}\right)}\frac{1}{a}\,dy \\ &= \frac{1}{a}\widehat{f}\left(\frac{\xi}{a}\right). \quad \blacksquare\end{aligned}$$

次は，フーリエ変換の有界性および連続性に関するものである．

命題 9.2　$f \in L^1(\mathbb{R})$ に対して，次が成り立つ．

(1)

$$|\widehat{f}(\xi)| \leq \frac{1}{\sqrt{2\pi}}\int_{-\infty}^{\infty}|f(x)|\,dx \quad (\xi \in \mathbb{R}).$$

(2)　さらに $f(x)$ は有界であるとするとき，$\widehat{f}(\xi)$ は連続関数となる．

証明 (1) 定義より

$$|\widehat{f}(\xi)| \leq \frac{1}{\sqrt{2\pi}} \int_{-\infty}^{\infty} |f(x)e^{-i\xi x}|\, dx = \frac{1}{\sqrt{2\pi}} \int_{-\infty}^{\infty} |f(x)|\, dx \quad (\xi \in \mathbb{R})$$

となる.

(2) 仮定より，ある $M > 0$ が存在して $|f(x)| \leq M$ $(x \in \mathbb{R})$ が成り立つ. $f \in L^1(\mathbb{R})$ と合わせて，このとき，連続関数の列 $\{f_n(x)\}_{n=1}^{\infty}$ で

$$|f_n(x)| \leq M \quad (n = 1, 2, \ldots,\, x \in \mathbb{R}), \quad \int_{-\infty}^{\infty} |f_n(x) - f(x)|\, dx \to 0 \quad (n \to \infty)$$

であって，さらに各 $f_n(x)$ はある有界区間の外ではゼロとなるようなものが存在することに注意しよう（補題 4.2 とその証明を参照）. このとき (1) より

$$|\widehat{f_n}(\xi) - \widehat{f}(\xi)| \leq \frac{1}{\sqrt{2\pi}} \int_{-\infty}^{\infty} |f_n(x) - f(x)|\, dx \quad (\xi \in \mathbb{R})$$

であることから，$\widehat{f_n}(\xi)$ は $\widehat{f}(\xi)$ に $\mathbb{R}$ 上で一様収束することとなる. 一方で，各 $n \in \mathbb{N}$ で

$$|\widehat{f_n}(\xi) - \widehat{f_n}(\xi')| \leq \frac{1}{\sqrt{2\pi}} \int_{-\infty}^{\infty} |e^{-i\xi x} - e^{-i\xi' x}|\, |f_n(x)|\, dx \quad (\xi, \xi' \in \mathbb{R})$$

となるが,

$$\begin{aligned} e^{-i\xi x} - e^{-i\xi' x} &= \int_0^1 \frac{d}{dt}\left(e^{-ix(\xi' + t(\xi - \xi'))}\right) dt \\ &= -ix \int_0^1 (\xi - \xi') e^{-ix(\xi' + t(\xi - \xi'))}\, dt \end{aligned}$$

より

$$|e^{-i\xi x} - e^{-i\xi' x}| \leq |x|\, |\xi - \xi'|$$

が成り立つ. よって

$$|\widehat{f_n}(\xi) - \widehat{f_n}(\xi')| \leq \frac{1}{\sqrt{2\pi}} |\xi - \xi'| \int_{-\infty}^{\infty} |x|\, |f_n(x)|\, dx \to 0 \quad (\xi' \to \xi)$$

となるので，$\widehat{f_n}(\xi)$ は ξ に関して連続関数となる. ここで，$f_n(x)$ はある有界区間の外ではゼロとなるようなものなので，$\int_{-\infty}^{\infty} |x|\, |f_n(x)|\, dx < \infty$ となることを用いた. 以上から，$\widehat{f}(\xi)$ も ξ に関して連続関数となることがわかる. ■

次は，フーリエ変換と微分の基本的関係である．

定理 9.1

(1)　$f(x)$ は C^1 級で，$f \in L^1(\mathbb{R})$ かつ $f' \in L^1(\mathbb{R})$ とするとき，次が成り立つ．

$$\widehat{f'}(\xi) = (i\xi)\widehat{f}(\xi).$$

一般に，$f(x)$ が C^k 級で，$f^{(j)} \in L^1(\mathbb{R})$ $(j = 0, 1, \ldots, k)$ なるとき，次が成り立つ．

$$\widehat{f^{(j)}}(\xi) = (i\xi)^j \widehat{f}(\xi) \quad (j = 0, 1, \ldots, k).$$

(2)　$f \in L^1(\mathbb{R})$ かつ $\int_{-\infty}^{\infty} |x|\,|f(x)|\,dx < \infty$ であるとき，$\widehat{f}(\xi)$ は C^1 級となり次が成り立つ．

$$\frac{d}{d\xi}\widehat{f}(\xi) = (\widehat{-ix)f}(x)(\xi).$$

さらに，$k=2,3,\ldots$ に対して $\int_{-\infty}^{\infty} |x|^k |f(x)|\,dx < \infty$ となるとき，$\widehat{f}(\xi)$ は C^k 級となり，次が成り立つ．

$$\frac{d^j}{d\xi^j}\widehat{f}(\xi) = (\widehat{-ix)^j f}(x)(\xi) \quad (j = 0, 1, 2, \ldots, k).$$

証明　(1)　付章 C の補題 C.1 を用いて部分積分することで

$$\begin{aligned}
\widehat{f'}(\xi) &= \frac{1}{\sqrt{2\pi}} \int_{-\infty}^{\infty} f'(x) e^{-i\xi x}\,dx \\
&= -\frac{1}{\sqrt{2\pi}} \int_{-\infty}^{\infty} f(x) \frac{\partial}{\partial x}\left(e^{-i\xi x}\right) dx \\
&= i\xi \frac{1}{\sqrt{2\pi}} \int_{-\infty}^{\infty} f(x) e^{-i\xi x}\,dx = (i\xi)\widehat{f}(\xi)
\end{aligned}$$

となる．後半は，この議論を繰り返せばよい．

(2)

$$\widehat{f}(\xi) = \frac{1}{\sqrt{2\pi}} \int_{-\infty}^{\infty} f(x) e^{-i\xi x}\,dx$$

に対して，積分記号下の微分ができて（定理 C.1 参照）

$$\frac{d}{d\xi}\widehat{f}(\xi) = \frac{1}{\sqrt{2\pi}}\int_{-\infty}^{\infty}\frac{\partial}{\partial\xi}\left(f(x)e^{-i\xi x}\right)dx$$
$$= \frac{1}{\sqrt{2\pi}}\int_{-\infty}^{\infty}(-ix)f(x)e^{-i\xi x}\,dx = \widehat{(-ix)f(x)}(\xi)$$

となる．後半は，仮定から，任意の $j = 1, 2, \ldots, k-1$ に対して，$|x|^j \leq 1 + |x|^k$ となることに注意すれば $\int_{-\infty}^{\infty}|x|^j|f(x)|\,dx < \infty$ となることもわかるので，上の議論によって結論を得ることができる．■

次は，2つの関数の**たたみ込み**

$$(f * g)(x) := \int_{-\infty}^{\infty} f(x-y)g(y)\,dy$$

とフーリエ変換の基本的関係である．

命題 9.3　$f, g \in L^1(\mathbb{R})$ であり，さらにある定数 M があって $|f(x)| \leq M$, $|g(x)| \leq M$ $(x \in \mathbb{R})$ を満たすとする．このとき，$(f * g)(x)$ は有界，連続かつ $f * g \in L^1(\mathbb{R})$ となる．

命題 9.3 の証明は，付章 D にゆずるが，これより次を得る．

定理 9.2　$f(x), g(x)$ は有界関数で，かつ $f, g \in L^1(\mathbb{R})$ ならば，次が成り立つ．

$$\widehat{f * g}(\xi) = \sqrt{2\pi}\widehat{f}(\xi)\widehat{g}(\xi).$$

証明　命題 9.3 より，$f * g \in L^1(\mathbb{R})$ となる．よって，また積分順序が交換可能であることを用いて

$$\widehat{f * g}(\xi) = \frac{1}{\sqrt{2\pi}}\int_{-\infty}^{\infty} e^{-i\xi x}(f * g)(x)\,dx$$
$$= \frac{1}{\sqrt{2\pi}}\int_{-\infty}^{\infty} e^{-i\xi x}\left(\int_{-\infty}^{\infty} f(x-y)g(y)\,dy\right)dx$$

$$= \frac{1}{\sqrt{2\pi}} \int_{-\infty}^{\infty} g(y) \left(\int_{-\infty}^{\infty} f(x-y) e^{-i\xi x}\, dx \right) dy$$

となる．ここで，$e^{-i\xi x} = e^{-i(x-y)\xi} e^{-iy\xi}$ なることを用いて

$$\begin{aligned} \widehat{f*g}(\xi) &= \frac{1}{\sqrt{2\pi}} \int_{-\infty}^{\infty} g(y) e^{-iy\xi} \left(\int_{-\infty}^{\infty} f(x-y) e^{-i\xi(x-y)}\, dx \right) dy \\ &= \frac{1}{\sqrt{2\pi}} \int_{-\infty}^{\infty} g(y) e^{-iy\xi} \left(\int_{-\infty}^{\infty} f(z) e^{-i\xi z}\, dz \right) dy \\ &= \sqrt{2\pi}\, \widehat{f}(\xi) \widehat{g}(\xi) \end{aligned}$$

を得る．■

例題 9.1

$a > 0$ に対して，次を示せ．

(1)

$$\frac{1}{\sqrt{2\pi}} \int_{-\infty}^{\infty} x e^{-a|x|} \sin(x\xi)\, dx = \sqrt{\frac{2}{\pi}} \frac{2a\xi}{(a^2+\xi^2)^2}.$$

(2)

$$\frac{1}{\sqrt{2\pi}} \int_{-\infty}^{\infty} x^2 e^{-a|x|} \cos(x\xi)\, dx = \sqrt{\frac{2}{\pi}} \frac{2a(a^2-2\xi^2)}{(a^2+\xi^2)^3}.$$

【解　答】 (1)　$f(x) := e^{-a|x|}$ に対して $\widehat{f}(\xi) = \sqrt{\frac{2}{\pi}} \frac{a}{a^2+\xi^2}$ であった．よって

$$(\widehat{-ix)f}(x)(\xi) = \frac{d}{d\xi} \widehat{f}(\xi) = \sqrt{\frac{2}{\pi}} \frac{-2a\xi}{(a^2+\xi^2)^2}$$

となる．すなわち

$$\frac{1}{\sqrt{2\pi}} \int_{-\infty}^{\infty} (-ix) e^{-a|x|} e^{-ix\xi}\, dx = -\sqrt{\frac{2}{\pi}} \frac{2a\xi}{(a^2+\xi^2)^2}$$

となる．$e^{-ix\xi} = \cos(x\xi) - i\sin(x\xi)$ なので示すべき式を得る．

(2)　公式 $(\widehat{-ix)^2 f}(x)(\xi) = \frac{d^2}{d\xi^2} \widehat{f}(\xi)$ を用いて

$$-\frac{1}{\sqrt{2\pi}}\int_{-\infty}^{\infty} x^2 e^{-a|x|}e^{-ix\xi}\,dx = \sqrt{\frac{2}{\pi}}\left(\frac{-2a}{(a^2+\xi^2)^2}+\frac{6a\xi^2}{(a^2+\xi^2)^3}\right)$$
$$= \sqrt{\frac{2}{\pi}}\left(\frac{-2a^3+4a\xi^2}{(a^2+\xi^2)^3}\right)$$

となり，示すべき式を得る．■

例題 9.2

$f(x) = (1-x^2)e^{-\frac{x^2}{2}}$ に対して，次を示せ．

$$\widehat{f}(\xi) = \xi^2 e^{-\frac{\xi^2}{2}}.$$

【解　答】 $g(x) = e^{-\frac{x^2}{2}}$ に対して，$\widehat{g}(\xi) = e^{-\frac{\xi^2}{2}}$ であった．よって

$$-\widehat{x^2 g(x)}(\xi) = (\widehat{-ix)^2 g}(x)(\xi) = \frac{d^2}{d\xi^2}\widehat{g}(\xi)$$
$$= \frac{d}{d\xi}\left(-\xi e^{-\frac{\xi^2}{2}}\right) = (-1+\xi^2)e^{-\frac{\xi^2}{2}}$$

となる．以上より

$$\widehat{f}(\xi) = (1-\widehat{x^2)g}(x)(\xi) = e^{-\frac{\xi^2}{2}} + (-1+\xi^2)e^{-\frac{\xi^2}{2}} = \xi^2 e^{-\frac{\xi^2}{2}}$$

を得る．

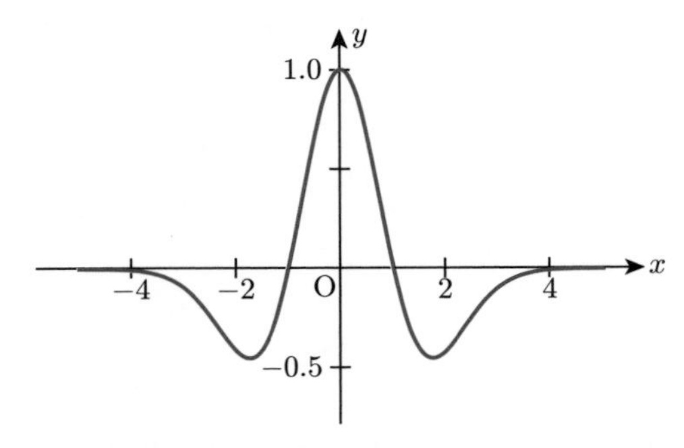

図 **9.2**　例題 9.2 の関数 $f(x)$

■

演習問題

1. 次の問いに答えよ．

(1) $g(x) := f(x)\sin x$ に対して，次を示せ．

$$\widehat{g}(\xi) = \frac{1}{2i}\left(\widehat{f}(\xi-1) - \widehat{f}(\xi+1)\right).$$

(2) $h(x) := f(x)\cos x$ に対して，次を示せ．

$$\widehat{h}(\xi) = \frac{1}{2}\left(\widehat{f}(\xi-1) + \widehat{f}(\xi+1)\right).$$

(3) $f(x) = e^{-|x|}\sin x$ に対して，そのフーリエ変換 $\widehat{f}(\xi)$ を求めよ．

2. $a > 0$ を定数とする．$g(x) = xe^{-a|x|}$ のフーリエ変換 $\widehat{g}(\xi)$ を求めよ．

3. $a > 0$ を定数とし，$f_a(x) := \frac{1}{x^2+a^2}$ とするとき，そのフーリエ変換を，次の手順で複素積分を用いて計算してみよ．

(1) $\xi > 0$ とし，複素関数

$$f(z) := \frac{e^{i\xi z}}{z^2+a^2} \quad (z \in \mathbb{C})$$

を考える．$R > a$ として，次の曲線 $C_R := C_{1,R} + C_{2,R}$

$$C_{1,R}\colon z(t) = t \quad (-R \le t \le R), \quad C_{2,R}\colon z(t) = Re^{it} \quad (0 \le t \le \pi)$$

に対して，次の複素積分を計算せよ．

$$\int_{C_R} f(z)\,dz.$$

(2) 次に

$$\left|\int_{C_{2,R}} f(z)\,dz\right| \to 0 \quad (R \to \infty)$$

なることを示すことで，次を示せ：

$$\widehat{f_a}(\xi) = \sqrt{\frac{\pi}{2}}\left(\frac{1}{a}\right)e^{-a|\xi|}.$$

4. $a > 0$, $b > 0$ に対して

$$g_{a,b}(x) := \frac{1}{(x^2+a^2)(x^2+b^2)}$$

とおくとき，フーリエ変換 $\widehat{g_{a,b}}(\xi)$ を求めよ．

5. $a > 0$ として，$f_a(x) := e^{-a|x|}$ とするとき，たたみ込み $g_a(x) := (f_a * f_a)(x)$ を求めよ．また，$\widehat{g_a}(\xi)$ を求めよ．

第10章
反転公式

この章では，フーリエ変換の反転公式について学ぶ．技術的な理由から，$f(x)$, $\widehat{f}(\xi)$ が有界，連続で，かつ $f, \widehat{f} \in L^1(\mathbb{R})$ という良い性質をもつような $f(x)$ に対してまず証明する．そのあとで，より一般の $f(x)$ に対する反転公式の証明を学ぶことにしよう．

10.1 反転公式（良い関数に対して）

まず良い関数のクラス $\mathcal{M}$ を次のように定義する．

定義 10.1（良い関数のクラス $\mathcal{M}$） 以下，関数 $f(x)$ が良い性質をもつという意味を，$f(x)$ も $\widehat{f}(\xi)$ も有界かつ連続関数であって，$f \in L^1(\mathbb{R})$ かつ $\widehat{f} \in L^1(\mathbb{R})$ が成り立つこととする．そのような良い性質をもつ関数 f 全体を $\mathcal{M}$ で表すこととしよう．

次の定理は $f(x)$ が良い性質をもつとき，反転公式が成り立つことを述べたものである．

定理 10.1（反転公式） $f \in \mathcal{M}$ とする．このとき，任意の $x \in \mathbb{R}$ に対して，次が成り立つ．

$$f(x) = \frac{1}{\sqrt{2\pi}} \int_{-\infty}^{\infty} \widehat{f}(\xi) e^{i\xi x}\, d\xi.$$

すなわち，$f(x) = \mathcal{F}^{-1}(\mathcal{F}f)(x)$ が成り立つことになり，これを**反転公式**と呼ぶ.

注意 **10.1** $f(x)$ が有界で，$f \in L^1(\mathbb{R})$ であるとき，命題 9.2 より $\widehat{f}(\xi)$ は有界かつ連続であることは既知である.

定理 10.1 の証明のために，まず次の補題を準備しておこう.

補題 10.1 $\varepsilon > 0$ をパラメータにもつ関数族 $\{\phi_\varepsilon(x)\}_{n=1}^{\infty}$ が，各 $\phi_\varepsilon(x)$ が有界関数で $\phi_\varepsilon \in L^1(\mathbb{R})$ であって，次の 2 条件を満たすものとする.

(i) $\phi_\varepsilon(x) \geq 0$ $(x \in \mathbb{R})$ かつ $\int_{-\infty}^{\infty} \phi_\varepsilon(x)\,dx = 1$.

(ii) 任意の $\delta > 0$ に対して，次が成り立つ.

$$\int_{|x| \geq \delta} \phi_\varepsilon(x)\,dx \to 0 \quad (\varepsilon \to 0).$$

このとき，有界かつ連続な関数 $f(x)$ に対して，次が成り立つ.

$$(f * \phi_\varepsilon)(x) \to f(x) \quad (\varepsilon \to 0) \quad (x \in \mathbb{R}).$$

証明 まず，ある定数 M があって，$|f(x)| \leq M$ $(x \in \mathbb{R})$ が成り立つ．任意の $x \in \mathbb{R}$ に対して，仮定の (i) より

$$(f * \phi_\varepsilon)(x) - f(x) = \int_{-\infty}^{\infty} (f(x-y) - f(x))\phi_\varepsilon(y)\,dy$$

となる．f の x での連続性より，任意の $\eta > 0$ に対して，ある $\delta > 0$ があって，$|y| < \delta$ ならば $|f(x-y) - f(x)| < \eta$ が成り立つ．よって

$$\begin{aligned}
&|(f * \phi_\varepsilon)(x) - f(x)| \\
&\leq \int_{|y|<\delta} |f(x-y) - f(x)|\,|\phi_\varepsilon(y)\,dy + \int_{|y|\geq\delta} |f(x-y) - f(x)|\phi_\varepsilon(y)\,dy \\
&\leq \eta \int_{|y|<\delta} \phi_\varepsilon(y)\,dy + 2M \int_{|y|\geq\delta} \phi_\varepsilon(y)\,dy \leq \eta + 2M \int_{|y|\geq\delta} \phi_\varepsilon(y)\,dy
\end{aligned}$$

を得る．仮定 (ii) より，ある $\varepsilon_0 > 0$ があって，$0 < \varepsilon < \varepsilon_0$ で

$$2M \int_{|y|\geq\delta} \phi_\varepsilon(y)\,dy \leq \eta$$

となる．以上より，$0 < \varepsilon < \varepsilon_0$ に対して $|(f * \phi_\varepsilon)(x) - f(x)| \leq 2\eta$ が成り立つことになる．これは，$(f * \phi_\varepsilon)(x) \to f(x)$ $(\varepsilon \to 0)$ を意味する．■

問 10.1
$$\phi_\varepsilon(x) := \frac{1}{\sqrt{2\pi}\varepsilon} e^{-\frac{x^2}{2\varepsilon^2}}$$
とするとき，関数族 $\{\phi_\varepsilon(x)\}_{\varepsilon>0}$ は，補題 10.1 の性質 (i) および (ii) を満たすことを示せ.

定理 10.1 の証明 （**Step 1**） まず，各 $x \in \mathbb{R}$ に対して，$\varepsilon > 0$ として
$$\frac{1}{\sqrt{2\pi}} \int_{-\infty}^{\infty} e^{i\xi x} e^{-\frac{\varepsilon^2\xi^2}{2}} \widehat{f}(\xi)\, d\xi \to f(x) \quad (\varepsilon \to 0) \tag{10.1}$$
が成り立つことを示す．実際，(10.1) の左辺は積分順序交換可能定理を用いて
$$\begin{aligned}
&\frac{1}{\sqrt{2\pi}} \int_{-\infty}^{\infty} e^{i\xi x} e^{-\frac{\varepsilon^2\xi^2}{2}} \widehat{f}(\xi)\, d\xi \\
&= \frac{1}{\sqrt{2\pi}} \int_{-\infty}^{\infty} e^{i\xi x} e^{-\frac{\varepsilon^2\xi^2}{2}} \left(\frac{1}{\sqrt{2\pi}} \int_{-\infty}^{\infty} f(y) e^{-i\xi y}\, dy \right) d\xi \\
&= \frac{1}{\sqrt{2\pi}} \int_{-\infty}^{\infty} f(y) \left(\frac{1}{\sqrt{2\pi}} \int_{-\infty}^{\infty} e^{-i\xi(y-x)} e^{-\frac{\varepsilon^2\xi^2}{2}}\, d\xi \right) dy
\end{aligned}$$
となるが，例 9.4 を $a = \frac{\varepsilon^2}{2}$ として適用することで
$$\frac{1}{\sqrt{2\pi}} \int_{-\infty}^{\infty} e^{-i\xi(y-x)} e^{-\frac{\varepsilon^2\xi^2}{2}}\, d\xi = \frac{1}{\sqrt{\varepsilon^2}} e^{-\frac{(y-x)^2}{2\varepsilon^2}}$$
となるので，
$$\phi_\varepsilon(x) := \frac{1}{\sqrt{2\pi}\varepsilon} e^{-\frac{x^2}{2\varepsilon^2}}$$
として，(10.1) の左辺は次のように書けることになる．
$$\int_{-\infty}^{\infty} f(y)\phi_\varepsilon(x-y)\, dy = (\phi_\varepsilon * f)(x) = (f * \phi_\varepsilon)(x).$$
ここで，関数族 $\{\phi_\varepsilon(x)\}_{\varepsilon>0}$ が補題 10.1 の性質 (i) および (ii) を満たす（問 10.1 を参照）．従って，補題 10.1 により，Step 1 の主張が得られる．

（**Step 2**） 次に，一方で
$$\frac{1}{\sqrt{2\pi}} \int_{-\infty}^{\infty} e^{i\xi x} e^{-\frac{\varepsilon^2\xi^2}{2}} \widehat{f}(\xi)\, d\xi \to \frac{1}{\sqrt{2\pi}} \int_{-\infty}^{\infty} e^{i\xi x} \widehat{f}(\xi)\, d\xi \quad (\varepsilon \to 0) \tag{10.2}$$

が成り立つことを示す．なぜなら，まず

$$\left|\frac{1}{\sqrt{2\pi}}\int_{-\infty}^{\infty} e^{i\xi x}e^{-\frac{\varepsilon^2\xi^2}{2}}\widehat{f}(\xi)\,d\xi - \frac{1}{\sqrt{2\pi}}\int_{-\infty}^{\infty} e^{i\xi x}\widehat{f}(\xi)\,d\xi\right|$$

$$\leq \frac{1}{\sqrt{2\pi}}\int_{-\infty}^{\infty}\left|e^{-\frac{\varepsilon^2\xi^2}{2}}-1\right|\,|\widehat{f}(\xi)|\,d\xi \tag{10.3}$$

であって，今，$\widehat{f}\in L^1(\mathbb{R})$ なので，任意の $\eta>0$ に対して，ある $R>0$ が存在して

$$\frac{1}{\sqrt{2\pi}}\int_{|\xi|\geq R}|\widehat{f}(\xi)|\,d\xi<\eta$$

が成立する．よって

$$\begin{aligned}
&|(10.3)\text{ の左辺}|\\
&\leq \frac{1}{\sqrt{2\pi}}\int_{|\xi|\leq R}\left|e^{-\frac{\varepsilon^2\xi^2}{2}}-1\right|\,|\widehat{f}(\xi)|\,d\xi + \frac{1}{\sqrt{2\pi}}\int_{|\xi|\geq R}|\widehat{f}(\xi)|\,d\xi\\
&\leq \frac{1}{\sqrt{2\pi}}\int_{|\xi|\leq R}\left|e^{-\frac{\varepsilon^2\xi^2}{2}}-1\right|\,|\widehat{f}(\xi)|\,d\xi + \eta
\end{aligned}$$

を得る．ここでまた $|e^{-x}-1|\leq x$ $(x\geq 0)$ に注意することで

$$\frac{1}{\sqrt{2\pi}}\int_{|\xi|\leq R}\left|e^{-\frac{\varepsilon^2\xi^2}{2}}-1\right|\,|\widehat{f}(\xi)|\,d\xi \leq \frac{1}{\sqrt{2\pi}}\frac{\varepsilon^2}{2}\int_{|\xi|\leq R}|\xi|^2|\widehat{f}(\xi)|\,d\xi$$

$$\leq \frac{1}{2\pi}\frac{\varepsilon^2}{2}K\int_{|\xi|\leq R}|\xi|^2\,d\xi \leq \frac{1}{2\pi}\varepsilon^2R^3K$$

と評価できる．ここで，$K:=\int_{-\infty}^{\infty}|f(x)|\,dx$ とし，命題 9.2 を用いた．よって，$\varepsilon_0>0$ を

$$\frac{1}{2\pi}\varepsilon_0^2R^3K<\eta$$

なるように十分小さくとれば，$0<\varepsilon<\varepsilon_0$ に対して

$$|(10.3)\text{ の左辺}|\leq 2\eta$$

となり，示すべき主張 (10.2) が得られた．以上，Step 1 および Step 2 の主張を合わせることで定理 10.1 が示されたことになる．■

例題 10.1

$$B_1(x) := \begin{cases} 1 & (0 \leq x \leq 1) \\ 0 & (x \in \mathbb{R} \setminus [0,1]) \end{cases}$$

とする.

(1) $B_2(x) := (B_1 * B_1)(x)$ とするとき

$$B_2(x) := \begin{cases} x & (0 \leq x < 1) \\ 2 - x & (1 \leq x \leq 2) \\ 0 & (x \in \mathbb{R} \setminus [0,2]) \end{cases}$$

となり，次が成り立つことを示せ.

$$B_2(x) = \frac{1}{2\pi} \int_{-\infty}^{\infty} e^{i(x-1)\xi} \left(\frac{\sin\left(\frac{\xi}{2}\right)}{\frac{\xi}{2}} \right)^2 d\xi.$$

(2) $B_3(x) := (B_2 * B_1)(x)$ とするとき

$$B_3(x) := \begin{cases} \frac{1}{2}x^2 & (0 \leq x < 1) \\ -\left(x - \frac{3}{2}\right)^2 + \frac{3}{4} & (1 \leq x < 2) \\ \frac{1}{2}(x-3)^2 & (2 \leq x \leq 3) \\ 0 & (x \in \mathbb{R} \setminus [0,3]) \end{cases}$$

となり，次が成り立つことを示せ.

$$B_3(x) = \frac{1}{2\pi} \int_{-\infty}^{\infty} e^{ix\xi} e^{-\frac{3}{2}i\xi} \left(\frac{\sin\left(\frac{\xi}{2}\right)}{\frac{\xi}{2}} \right)^3 d\xi.$$

特に，次を示せ.

$$\int_{-\infty}^{\infty} \left(\frac{\sin x}{x} \right)^3 dx = \frac{3}{4}\pi.$$

【解　答】 $B_2(x)$, $B_3(x)$ の具体的計算については，問としよう.

(1)

$$\widehat{B_1}(\xi) = \frac{1}{\sqrt{2\pi}} e^{-\frac{1}{2}i\xi} \left(\frac{\sin\left(\frac{\xi}{2}\right)}{\frac{\xi}{2}} \right)$$

より

$$\widehat{B_2}(\xi) = \sqrt{2\pi}(\widehat{B_1}(\xi))^2 = \frac{1}{\sqrt{2\pi}} e^{-i\xi} \left(\frac{\sin\left(\frac{\xi}{2}\right)}{\frac{\xi}{2}} \right)^2$$

となる．よって，$B_2(x)$ に対して，反転公式（定理 10.1）が適用できて示すべき式が得られる．また，

$$\widehat{B_3}(\xi) = \sqrt{2\pi}\widehat{B_2}(\xi)\widehat{B_1}(\xi) = \frac{1}{\sqrt{2\pi}} e^{-\frac{3}{2}i\xi} \left(\frac{\sin\left(\frac{\xi}{2}\right)}{\frac{\xi}{2}} \right)^3$$

となり，$B_3(x)$ に対して，反転公式（定理 10.1）が適用できて

$$\begin{aligned} B_3(x) &= \frac{1}{\sqrt{2\pi}} \int_{-\infty}^{\infty} e^{ix\xi} \widehat{B_3}(\xi)\, d\xi \\ &= \frac{1}{2\pi} \int_{-\infty}^{\infty} e^{ix\xi} e^{-\frac{3}{2}i\xi} \left(\frac{\sin\left(\frac{\xi}{2}\right)}{\frac{\xi}{2}} \right)^3 d\xi \end{aligned}$$

を得る．特に，$x = \frac{3}{2}$ として

$$B_3\left(\frac{3}{2}\right) = \frac{3}{4} = \frac{1}{2\pi} \int_{-\infty}^{\infty} \left(\frac{\sin\left(\frac{\xi}{2}\right)}{\frac{\xi}{2}} \right)^3 d\xi = \frac{1}{\pi} \int_{-\infty}^{\infty} \left(\frac{\sin x}{x} \right)^3 dx$$

となる．これより求める式を得る．

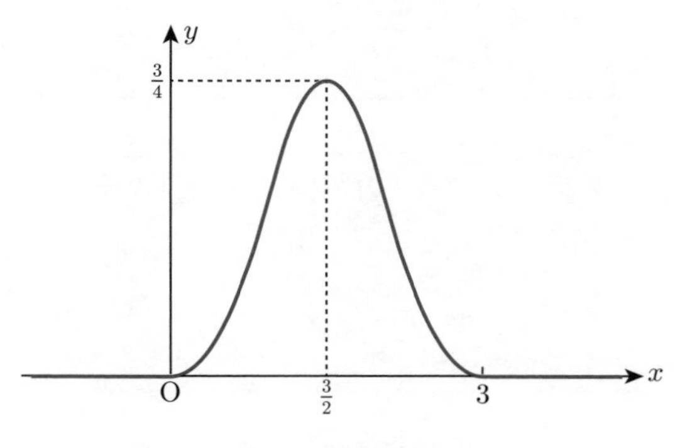

図 **10.1**　関数 $B_3(x)$

■

10.2 反転公式（一般の関数に対して）

定理 10.1 では，$f(x)$ が連続であることや $\widehat{f} \in L^1(\mathbb{R})$ であることなど，良い性質を満たすような $f(x)$ に対しての反転公式であったが，応用上は，もう少し一般的な $f(x)$ に対しても反転公式が成り立つことを知っていた方がよい．この節では，そのような一般の $f(x)$ に対する反転公式を紹介しよう．

定理 10.2（反転公式） $f(x)$ は $\mathbb{R}$ 上で有界かつ区分的 C^1 級の関数であって，さらに $f \in L^1(\mathbb{R})$ であるとする．このとき，任意の $x \in \mathbb{R}$ に対して，次が成り立つ．

$$\lim_{r\to\infty} \frac{1}{\sqrt{2\pi}} \int_{-r}^{r} e^{i\xi x} \widehat{f}(\xi)\, d\xi = \frac{1}{2}(f(x+0) + f(x-0)).$$

この証明のために，まず 2 つの補題を準備しよう．

補題 10.2 $r > 0$ に対して，次が成り立つ．

$$\int_0^{\infty} \frac{\sin(rx)}{x}\, dx = \frac{\pi}{2}.$$

これから，次も成り立つ．

$$\int_{-\infty}^{0} \frac{\sin(rx)}{x}\, dx = \frac{\pi}{2}.$$

補題 10.3（リーマン－ルベーグの補題） $f(x)$ は $\mathbb{R}$ 上で有界で，$f \in L^1(\mathbb{R})$ であるとする．このとき次が成り立つ．

$$\lim_{|r|\to\infty} \int_{-\infty}^{\infty} f(x) e^{irx} = 0.$$

補題 10.2 および 10.3 の証明は付章 D にゆずることにして，これらを認めて，定理 10.2 の証明をしてみよう．

定理 10.2 の証明　まず次に注意しよう（例 9.1 参照）.

$$\int_{-r}^{r} e^{i\xi(x-y)}\,d\xi = 2r\left(\frac{\sin r(x-y)}{r(x-y)}\right).$$

ここで，$x=y$ のときは，$2r$ として解釈できる．積分の順序交換により

$$\begin{aligned}\frac{1}{\sqrt{2\pi}}\int_{-r}^{r} e^{i\xi x}\widehat{f}(\xi)\,d\xi &= \frac{1}{2\pi}\int_{-r}^{r} e^{i\xi x}\left(\int_{-\infty}^{\infty} f(y)e^{-i\xi y}\,dy\right)d\xi\\ &= \frac{1}{2\pi}\int_{-\infty}^{\infty} f(y)\left(\int_{-r}^{r} e^{i\xi(x-y)}\,d\xi\right)dy\\ &= \frac{1}{2\pi}\int_{-\infty}^{\infty} f(y)(2r)\left(\frac{\sin(r(x-y))}{r(x-y)}\right)dy\\ &= \frac{1}{\pi}\int_{-\infty}^{\infty} f(x-z)\left(\frac{\sin(rz)}{z}\right)dz\end{aligned}$$

となる．ここで変数変換 $z=x-y$ を用いた．そこで，補題 10.2 を用いて

$$\begin{aligned}&\frac{1}{\sqrt{2\pi}}\int_{-r}^{r}\widehat{f}(\xi)e^{i\xi x}\,d\xi - \frac{1}{2}(f(x-0)+f(x+0))\\ &= \frac{1}{\pi}\int_{-\infty}^{\infty} f(x-z)\left(\frac{\sin(rz)}{z}\right)dz\\ &\quad - \frac{1}{\pi}f(x-0)\int_{0}^{\infty}\frac{\sin(rz)}{z}\,dz - \frac{1}{\pi}f(x+0)\int_{-\infty}^{0}\frac{\sin(rz)}{z}\,dz\\ &= \frac{1}{\pi}\int_{-\infty}^{0}(f(x-z)-f(x+0))\left(\frac{\sin(rz)}{z}\right)dz\\ &\quad + \frac{1}{\pi}\int_{0}^{\infty}(f(x-z)-f(x-0))\left(\frac{\sin(rz)}{z}\right)dz\end{aligned}$$

となる．よって，

$$I(r) := \int_{0}^{\infty}(f(x-z)-f(x-0))\left(\frac{\sin(rz)}{z}\right)dz$$

として，

$$I(r)\to 0 \quad (r\to\infty)$$

なることを示す．（もう 1 つの方も同様であることに注意して結論を得ることになる.）今，$K\geq 1$ として

$$\begin{aligned} I(r) &= \int_0^K (f(x-z) - f(x-0))\left(\frac{\sin(rz)}{z}\right) dz \\ &\quad + \int_K^\infty (f(x-z) - f(x-0))\left(\frac{\sin(rz)}{z}\right) dz \\ &:= J_{1,K}(r) + J_{2,K}(r) \end{aligned}$$

とおく．まず，$J_{2,K}(r)$ の評価から始める．$K \geq 1$ なので

$$\begin{aligned} &\left|\int_K^\infty f(x-z)\left(\frac{\sin(rz)}{z}\right) dz\right| \\ &\leq \int_K^\infty \left|\frac{f(x-z)}{z}\right| dz \\ &\leq \frac{1}{K}\int_K^\infty |f(x-z)|\, dz \end{aligned}$$

であって，$f \in L^1(\mathbb{R})$ なので，任意の $\varepsilon > 0$ に対して，ある K_0 があって，任意の $K \geq K_0$ に対して次が成り立つこととなる．

$$\int_K^\infty |f(x-z)|\, dz \leq \varepsilon.$$

また，

$$\int_K^\infty f(x-0)\frac{\sin(rz)}{z}\, dz = f(x-0)\int_{rK}^\infty \frac{\sin w}{w}\, dw$$

となるが，$\int_0^\infty \frac{\sin w}{w}\, dw$ が収束するので，$r \geq 1$ として，十分大きな L_0 があって，$K \geq L_0$ に対して

$$\left|\int_{rK}^\infty \frac{\sin w}{w}\, dw\right| < \varepsilon$$

となる．以上より，$r \geq 1$, $K \geq K_1 := \max(K_0, L_0)$ に対して

$$|J_{2,K}(r)| \leq \varepsilon + M\varepsilon$$

を得る．ここで $|f(x)| \leq M$ としてよいことを用いた．一方，

$$g(z) := \begin{cases} \frac{f(x-z)-f(x-0)}{z} & (0 < z < K_1) \\ 0 & (z \leq 0,\ z \geq K_1) \end{cases}$$

とおくと，

$$g(z) \to -f'(x-0) \quad (z > 0,\ z \to 0)$$

となり，$g(z)$ は有界な区分的連続関数であり，かつ $g \in L^1(\mathbb{R})$ であることに注意しよう．よって，リーマン−ルベーグの補題（補題 10.3）より

$$J_{1,K_1}(r) = \int_{-\infty}^{\infty} g(z) \sin(rz)\, dz \to 0 \quad (r \to \infty)$$

を得る．従って，ある $r_0 \geq 1$ があって，$r \geq r_0$ で $|J_{1,K_1}(r)| < \varepsilon$ が成り立つ．以上より，$r \geq r_0$ に対して

$$|I(r)| \leq \varepsilon + M\varepsilon$$

が成り立つことになり，これは $I(r) \to 0$ $(r \to \infty)$ を意味する．■

例題 10.2

$a > 0$ として次を示せ．

(1) $\displaystyle \int_0^{\infty} \frac{\cos(\xi x)}{a^2 + \xi^2}\, d\xi = \frac{\pi}{2a} e^{-a|x|}.$

(2) $\displaystyle \int_0^{\infty} \frac{\xi \sin(x\xi)}{a^2 + \xi^2}\, d\xi = \frac{\pi}{2} e^{-ax} \quad (x > 0).$

【解　答】 (1)　$k_a(x) := e^{-a|x|}$ に対して

$$\widehat{k_a}(\xi) = \sqrt{\frac{2}{\pi}} \frac{a}{a^2 + \xi^2}$$

であった．$k_a(x)$ は定理 10.1 の仮定を満たすので，定理 10.1 より

$$\begin{aligned} k_a(x) &= \frac{1}{\sqrt{2\pi}} \int_{-\infty}^{\infty} e^{i\xi x} \widehat{k_a}(\xi)\, d\xi \\ &= \frac{1}{\pi} \int_{-\infty}^{\infty} e^{i\xi x} \frac{a}{a^2 + \xi^2}\, d\xi \\ &= \frac{1}{\pi} \int_0^{\infty} (e^{i\xi x} + e^{-i\xi x}) \frac{a}{a^2 + \xi^2}\, d\xi \\ &= \frac{2}{\pi} \int_0^{\infty} \cos(\xi x) \frac{a}{a^2 + \xi^2}\, d\xi \end{aligned}$$

となる．

(2) まず

$$g_a(x) := \begin{cases} e^{-ax} & (x > 0) \\ -e^{ax} & (x < 0) \end{cases}$$

とするとき

$$\begin{aligned}
\widehat{g_a}(\xi) &= \frac{1}{\sqrt{2\pi}}\left(-\int_{-\infty}^{0} e^{(a-i\xi)x}\,dx + \int_0^\infty e^{-(a+i\xi)x}\,dx\right) \\
&= \frac{1}{\sqrt{2\pi}}\left(-\left[\frac{1}{a-i\xi}e^{(a-i\xi)x}\right]_{x=-\infty}^{x=0} - \left[\frac{1}{a+i\xi}e^{-(a+i\xi)x}\right]_{x=0}^{x=\infty}\right) \\
&= \frac{1}{\sqrt{2\pi}}\left(-\frac{1}{a-i\xi} + \frac{1}{a+i\xi}\right) \\
&= -\frac{2i}{\sqrt{2\pi}}\frac{\xi}{a^2+\xi^2}
\end{aligned}$$

となる．よって定理 10.2 の反転公式より

$$\begin{aligned}
\frac{1}{2}(g_a(x+0) + g_a(x-0)) &= \lim_{r\to\infty}\frac{1}{\sqrt{2\pi}}\int_{-r}^{r}\widehat{g_a}(\xi)e^{i\xi x}\,d\xi \\
&= -\frac{i}{\pi}\lim_{r\to\infty}\int_{-r}^{r}\left(\frac{\xi}{a^2+\xi^2}\right)i\sin(\xi x)\,d\xi \\
&= \frac{2}{\pi}\lim_{r\to\infty}\int_0^r\left(\frac{\xi}{\xi^2+a^2}\right)\sin(\xi x)\,d\xi
\end{aligned}$$

となる．特に，$x > 0$ のとき

$$e^{-ax} = \frac{2}{\pi}\int_0^\infty\left(\frac{\xi}{a^2+\xi^2}\right)\sin(\xi x)\,d\xi$$

を得る．■

演習問題

1. $N > 0$ を定数とし

$$f_N(x) := \begin{cases} 1 - \left|\frac{x}{N}\right| & (|x| \leq N) \\ 0 & (|x| > N) \end{cases}$$

とするとき，$f_N(x)$ のフーリエ変換 $\widehat{f_N}(\xi)$ を求めよ．また，反転公式を利用して，次の値を求めよ．

$$\int_{\infty}^{\infty} \left(\frac{\sin x}{x}\right)^2 dx.$$

2. $a > 0$ として，$f_a(x) := e^{-\frac{x^2}{a}}$ とおく．

(1) フーリエ変換 $\widehat{f_a}(\xi)$ に対して，次を確認せよ．（例 9.4 を活用してよい．）

$$\widehat{f_a}(\xi) = \sqrt{\frac{a}{2}}\, e^{-\frac{a}{4}\xi^2}.$$

(2) $a, b > 0$ として，$\widehat{f_a * f_b}(\xi)$ を計算し，反転公式を用いることで，$g(x) := (f_a * f_b)(x)$ を求めよ．

3. $a > 0$ を定数とし

$$f_a(x) := \begin{cases} 1 & (|x| \leq a) \\ 0 & (|x| > a) \end{cases}$$

とするとき，$f_a(x)$ のフーリエ変換 $\widehat{f_a}(\xi)$ は次であった：

$$\widehat{f_a}(\xi) = \sqrt{\frac{2}{\pi}}\, a\left(\frac{\sin(a\xi)}{a\xi}\right).$$

反転公式を用いて，次を求めよ．

$$G(x) := \int_{-\infty}^{\infty} \left(\frac{\sin \xi}{\xi}\right) \cos(\xi x)\, d\xi.$$

4.

$$g(x) := \begin{cases} 1 & (0 \leq x \leq 1) \\ -1 & (-1 \leq x < 0) \\ 0 & (|x| > 1) \end{cases}$$

とする．このとき，$\widehat{g}(\xi)$ を求めよ．さらに，反転公式を用いて，次を求めよ．

$$F(x) := \int_0^{\infty} \frac{1 - \cos \xi}{\xi} \sin(\xi x)\, d\xi.$$

第 11 章
フーリエ変換に対するパーセバルの等式

この章では，フーリエ級数でのパーセバルの等式との類似で，$f(x)$ とそのフーリエ変換 $\widehat{f}(\xi)$ とには，次の関係式が成り立つことを学ぶ.

$$\int_{-\infty}^{\infty} |f(x)|^2 \, dx = \int_{-\infty}^{\infty} |\widehat{f}(\xi)|^2 \, d\xi.$$

反転公式のときと同様で，最初に良い性質をもつ $f \in \mathcal{M}$ に対して証明し，そのあとでより一般の $f(x)$ に対して成り立つことを学ぶことにする.

11.1　パーセバルの等式（良い関数に対して）

まず，次の補題に注意しよう.

補題 11.1　$f, g \in L^1(\mathbb{R})$ ならば，次が成り立つ.

$$\int_{-\infty}^{\infty} f(x)\widehat{g}(x) \, dx = \int_{-\infty}^{\infty} \widehat{f}(\xi) g(\xi) \, d\xi.$$

証明　定義と積分順序の交換により

$$\begin{aligned}
\int_{-\infty}^{\infty} f(x)\widehat{g}(x) \, dx &= \int_{-\infty}^{\infty} f(x) \left(\frac{1}{\sqrt{2\pi}} \int_{-\infty}^{\infty} g(\xi) e^{-i\xi x} \, d\xi \right) dx \\
&= \int_{-\infty}^{\infty} g(\xi) \left(\frac{1}{\sqrt{2\pi}} \int_{-\infty}^{\infty} f(x) e^{-i\xi x} \, dx \right) d\xi \\
&= \int_{-\infty}^{\infty} \widehat{f}(\xi) g(\xi) \, d\xi
\end{aligned}$$

となる. ■

良い性質をもつ $f, g \in \mathcal{M}$ に対して，次の**パーセバルの等式**（**プランシュレルの定理**ともいう）が成り立つ．

定理 11.1（**パーセバルの等式**）　$f, g \in \mathcal{M}$ とするとき，次が成り立つ．

$$\int_{-\infty}^{\infty} f(x)\overline{g(x)}\,dx = \int_{-\infty}^{\infty} \widehat{f}(\xi)\overline{\widehat{g}(\xi)}\,d\xi.$$

特に，$f \in \mathcal{M}$ に対して，次が成り立つ．

$$\int_{-\infty}^{\infty} |f(x)|^2\,dx = \int_{-\infty}^{\infty} |\widehat{f}(\xi)|^2\,d\xi.$$

証明　まず，$f, h \in \mathcal{M}$ ならば，$f, h \in L^1(\mathbb{R})$ なので，補題 11.1 より次が成り立つ．

$$\int_{-\infty}^{\infty} f(x)\widehat{h}(x)\,dx = \int_{-\infty}^{\infty} \widehat{f}(y)h(y)\,dy. \tag{11.1}$$

そこで，$g \in \mathcal{M}$ に対して，$\widehat{h}(x) = \overline{g(x)}$ となるような $h \in \mathcal{M}$ を定めたい．ここで $g \in \mathcal{M}$ に対しては，反転公式（定理 10.1）より

$$g(x) = \frac{1}{\sqrt{2\pi}}\int_{-\infty}^{\infty} e^{ix\xi}\widehat{g}(\xi)\,d\xi$$

であった．よって $h(y) := \overline{\widehat{g}(y)}$ とおくと

$$\begin{aligned}\overline{g(x)} &= \frac{1}{\sqrt{2\pi}}\int_{-\infty}^{\infty} e^{-ix\xi}\overline{\widehat{g}(\xi)}\,d\xi \\ &= \frac{1}{\sqrt{2\pi}}\int_{-\infty}^{\infty} e^{-ix\xi}h(\xi)\,d\xi = \widehat{h}(x)\end{aligned}$$

となる．また，$g \in \mathcal{M}$ から $h \in \mathcal{M}$ であることがわかる．よって，$h(y) = \overline{\widehat{g}(y)}$ および $\widehat{h}(x) = \overline{g(x)}$ を (11.1) に代入して

$$\int_{-\infty}^{\infty} f(x)\overline{g(x)}\,dx = \int_{-\infty}^{\infty} \widehat{f}(y)\overline{\widehat{g}(y)}\,dy$$

を得る．■

定理 11.1 から直ちに次を得る.

系 11.1　$f \in \mathcal{M}$ に対して，次が成り立つ.

$$\int_{-\infty}^{\infty} |f(x)|^2 \, dx = \int_{-\infty}^{\infty} |\widehat{f}(\xi)|^2 \, d\xi.$$

例題 11.1

$$f(x) = \begin{cases} 1 - |x| & (|x| \leq 1) \\ 0 & (|x| \geq 1) \end{cases}$$

に対して，$f \in \mathcal{M}$ を示し，次を計算せよ.

$$\int_{-\infty}^{\infty} \left(\frac{\sin x}{x} \right)^4 dx.$$

【解　答】

$$\widehat{f}(\xi) = \frac{1}{\sqrt{2\pi}} \left(\frac{\sin\left(\frac{\xi}{2}\right)}{\frac{\xi}{2}} \right)^2$$

であることから，$\widehat{f}(\xi)$ が有界，連続かつ $\widehat{f} \in L^1(\mathbb{R})$ となることがわかるので $f \in \mathcal{M}$ となる．よって，系 11.1 より

$$\begin{aligned} \frac{2}{3} = \int_{-\infty}^{\infty} |f(x)|^2 \, dx &= \int_{-\infty}^{\infty} |\widehat{f}(\xi)|^2 \, d\xi \\ &= \frac{1}{2\pi} \int_{-\infty}^{\infty} \left(\frac{\sin\left(\frac{\xi}{2}\right)}{\frac{\xi}{2}} \right)^4 d\xi \\ &= \frac{1}{\pi} \int_{-\infty}^{\infty} \left(\frac{\sin x}{x} \right)^4 dx \end{aligned}$$

となる．以上より

$$\int_{-\infty}^{\infty} \left(\frac{\sin x}{x} \right)^4 dx = \frac{2}{3}\pi$$

を得る．■

11.2 パーセバルの等式（一般の関数に対して）

具体的な例で，$a > 0$ として

$$f_a(x) := \begin{cases} 1 & (|x| \le a) \\ 0 & (|x| > a) \end{cases}$$

のとき，

$$\widehat{f_a}(\xi) = \sqrt{\frac{2}{\pi}}\, a\left(\frac{\sin(a\xi)}{a\xi}\right)$$

であった．このとき，$f_a(x)$ は不連続であるし，また

$$\int_{-\infty}^{\infty} |\widehat{f_a}(\xi)|\, d\xi = \sqrt{\frac{2}{\pi}}\, a \int_{-\infty}^{\infty} \left|\frac{\sin(a\xi)}{a\xi}\right| d\xi = \infty$$

となるので，$f_a \notin \mathcal{M}$ であるが，

$$\int_{-\infty}^{\infty} |\widehat{f_a}(\xi)|^2\, d\xi < \infty$$

となる．このような場合も含めたような，次の一般的な**パーセバルの等式**（**プランシュレルの定理**）が成り立つ．

定理 11.2（パーセバルの等式） $f(x)$，$g(x)$ は有界関数で，かつ $f, g \in L^1(\mathbb{R})$ とし，さらに $\widehat{f}, \widehat{g} \in L^2(\mathbb{R})$ とする．このとき，次が成り立つ．

$$\int_{-\infty}^{\infty} f(x)\overline{g(x)}\, dx = \int_{-\infty}^{\infty} \widehat{f}(\xi)\overline{\widehat{g}(\xi)}\, d\xi.$$

特に，$f(x)$ は有界，かつ $f \in L^1(\mathbb{R})$ とし，さらに $\widehat{f} \in L^2(\mathbb{R})$ ならば，次が成り立つ．

$$\int_{-\infty}^{\infty} |f(x)|^2\, dx = \int_{-\infty}^{\infty} |\widehat{f}(\xi)|^2\, d\xi.$$

注意 11.1 $f(x)$ は有界関数なので，ある $M > 0$ があって $|f(x)| \le M \ (x \in \mathbb{R})$ が成り立つので

$$\int_{-\infty}^{\infty} |f(x)|^2\, dx \le M \int_{-\infty}^{\infty} |f(x)|\, dx < \infty$$

となることから，$f \in L^2(\mathbb{R})$ となることに注意されたい．

定理11.2の証明に，たたみ込みに関する2つの補題を用いる．

補題11.2 $f(x)$, $g(x)$ は有界関数で，$f, g \in L^1(\mathbb{R})$ であるとき，次が成り立つ．

$$\|f * g\|_{L^2(\mathbb{R})} \leq \|f\|_{L^1(\mathbb{R})}\|g\|_{L^2(\mathbb{R})}.$$

証明 $x \in \mathbb{R}$ に対して，コーシー－シュワルツの不等式より

$$\begin{aligned}
|(f * g)(x)| &= \left|\int_{-\infty}^{\infty} f(x-y)g(y)\,dy\right| \\
&\leq \int_{-\infty}^{\infty} |f(x-y)g(y)|\,dy \\
&= \int_{-\infty}^{\infty} \sqrt{|f(x-y)|}\left(\sqrt{|f(x-y)|}\,|g(y)|\right)dy \\
&\leq \left(\int_{-\infty}^{\infty} |f(x-y)|\,dy\right)^{\frac{1}{2}}\left(\int_{-\infty}^{\infty} |f(x-y)|\,|g(y)|^2\,dy\right)^{\frac{1}{2}} \\
&= \|f\|_{L^1(\mathbb{R})}^{\frac{1}{2}}\left(\int_{-\infty}^{\infty} |f(x-y)|\,|g(y)|^2\,dy\right)^{\frac{1}{2}}
\end{aligned}$$

を得る．ここで，平行移動による変数変換で

$$\int_{-\infty}^{\infty} |f(x-y)|\,dy = \int_{-\infty}^{\infty} |f(z)|\,dz = \|f\|_{L^1(\mathbb{R})}$$

であることを用いた．よって

$$\begin{aligned}
\int_{-\infty}^{\infty} |(f * g)(x)|^2\,dx &\leq \|f\|_{L^1(\mathbb{R})} \int_{-\infty}^{\infty}\left(\int_{-\infty}^{\infty} |f(x-y)|\,|g(y)|^2\,dy\right)dx \\
&= \|f\|_{L^1(\mathbb{R})} \int_{-\infty}^{\infty}\left(\int_{-\infty}^{\infty} |f(x-y)|\,dx\right)|g(y)|^2\,dy \\
&= \|f\|_{L^1(\mathbb{R})}^2\|g\|_{L^2(\mathbb{R})}^2
\end{aligned}$$

が得られる．ここで，積分順序の交換を行った．従って，結論を得る．■

もう1つの補題を述べるために，$t>0$ をパラメータにもつ次の関数 $W_t(x)$ を定義しておく．

$$W_t(x) := \frac{1}{\sqrt{4\pi t}} e^{-\frac{x^2}{4t}} \quad (t>0,\ x\in\mathbb{R}).$$

この関数 $W_t(x)$ は後で熱方程式の基本解（**熱核**ともいう）として現れるものである．

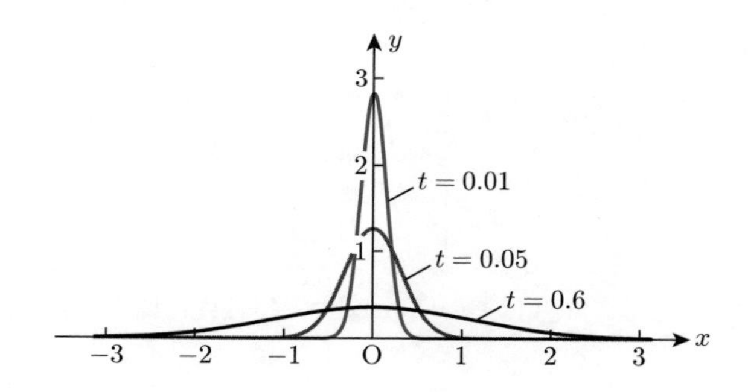

図 **11.1**　熱核 $W_t(x)$ ($t=0.01$, $t=0.05$, $t=0.6$)

補題 11.3

(1)　$h\in C_0(\mathbb{R})$ として，$h(x)\equiv 0$ ($|x|\geq R$) とする．このとき次が成り立つ．

$$\max_{|x|\leq 2R} |(W_t * h)(x) - h(x)| \to 0 \quad (t\to 0).$$

(2)　$g(x)$ は有界関数で，かつ $g\in L^1(\mathbb{R})$ であるとき，次が成り立つ．

$$\|(W_t * g) - g\|_{L^2(\mathbb{R})} \to 0 \quad (t\to 0).$$

この補題 11.3 の証明は，付章 D にゆずることにして，これを認めて，定理 11.2 の証明を行う．

定理 11.2 の証明　$f(x)$, $g(x)$ は有界関数で，$f,g\in L^1(\mathbb{R})$ とする．

(**Step 1**)　ここで，$W_t\in L^1(\mathbb{R})$ であって，例 9.4 において $a=\frac{1}{4t}$ として

$$\widehat{W_t}(\xi) = \frac{1}{\sqrt{4\pi t}} \times \sqrt{2t}\, e^{-t\xi^2} = \frac{1}{\sqrt{2\pi}} e^{-t\xi^2}$$

となるので，定理 9.2 より

$$\widehat{(W_t * f)}(\xi) = \sqrt{2\pi}\,\widehat{W_t}(\xi)\widehat{f}(\xi) = e^{-t\xi^2}\widehat{f}(\xi)$$

を得る．このことや命題 9.3 などから，$(W_t * f) \in \mathcal{M}$ であることがわかる．従って，反転公式（定理 10.1）より

$$(W_t * f)(x) = \frac{1}{\sqrt{2\pi}}\int_{-\infty}^{\infty} e^{i\xi x}\widehat{(W_t * f)}(\xi)\,d\xi$$

となる．これより

$$\begin{aligned}\overline{(W_t * f)}(x) &= \frac{1}{\sqrt{2\pi}}\int_{-\infty}^{\infty} e^{-i\xi x}e^{-t\xi^2}\overline{\widehat{f}(\xi)}\,d\xi \\ &= \mathcal{F}\left[e^{-t\xi^2}\overline{\widehat{f}(\xi)}\right](x)\end{aligned}$$

となる．ここで，$e^{-t\xi^2}\overline{\widehat{f}(\xi)}$ は ξ の関数として $L^1(\mathbb{R})$ に属するので，補題 11.1 より

$$\begin{aligned}\int_{-\infty}^{\infty} f(x)\overline{(W_t * g)}(x)\,dx &= \int_{-\infty}^{\infty} f(x)\mathcal{F}\left[e^{-t\xi^2}\overline{\widehat{g}(\xi)}\right](x)\,dx \\ &= \int_{-\infty}^{\infty} \widehat{f}(\xi)\left(e^{-t\xi^2}\overline{\widehat{g}(\xi)}\right)d\xi \qquad (11.2)\end{aligned}$$

を得る．

（**Step 2**） 以下，(11.2) の両辺の項の $t \to 0$ での極限を調べることで証明が完成することとなる．まず，(11.2) の左辺に対しては，

$$\int_{-\infty}^{\infty} f(x)\overline{(W_t * g)}(x)\,dx \to \int_{-\infty}^{\infty} f(x)\overline{g(x)}\,dx \quad (t \to 0)$$

が成り立つ．なぜなら，コーシー－シュワルツの不等式と補題 11.3 により

$$\begin{aligned}&\left|\int_{-\infty}^{\infty} f(x)\overline{(W_t * g)}(x)\,dx - \int_{-\infty}^{\infty} f(x)\overline{g(x)}\,dx\right| \\ &\le \|f\|_{L^2(\mathbb{R})}\|(W_t * g) - g\|_{L^2(\mathbb{R})} \to 0 \quad (t \to 0)\end{aligned}$$

となるからである．一方，(11.2) の右辺に対しては，

$$\int_{-\infty}^{\infty} e^{-t\xi^2}\widehat{f}(\xi)\overline{\widehat{g}(\xi)}\,d\xi \to \int_{-\infty}^{\infty} \widehat{f}(\xi)\overline{\widehat{g}(\xi)}\,d\xi \quad (t \to 0)$$

が成り立つことを示せれば，定理 11.2 の証明ができたこととなるが，

$$\left|\int_{-\infty}^{\infty} e^{-t\xi^2}\widehat{f}(\xi)\overline{\widehat{g}(\xi)}\,d\xi - \int_{-\infty}^{\infty}\widehat{f}(\xi)\overline{\widehat{g}(\xi)}\,d\xi\right|$$
$$\le \left(\int_{-\infty}^{\infty}|\widehat{f}(\xi)|^2\,d\xi\right)^{\frac{1}{2}}\left(\int_{-\infty}^{\infty}|e^{-t\xi^2}-1|^2|\widehat{g}(\xi)|^2\,d\xi\right)^{\frac{1}{2}}$$

より

$$\int_{-\infty}^{\infty}|e^{-t\xi^2}-1|^2|\widehat{g}(\xi)|^2\,d\xi \to 0 \quad (t\to 0) \tag{11.3}$$

を示せばよい．以下，(11.3) を示す．まず，任意の $R>0$ に対して

$$\left|\int_{-\infty}^{\infty}|e^{-t\xi^2}-1|^2|\widehat{g}(\xi)|^2\,d\xi\right|$$
$$\le \int_{|\xi|\ge R}|e^{-t\xi^2}-1|^2|\widehat{g}(\xi)|^2\,d\xi + \int_{|\xi|\le R}|e^{-t\xi^2}-1|^2|\widehat{g}(\xi)|^2\,d\xi$$
$$\le \int_{|\xi|\ge R}|\widehat{g}(\xi)|^2\,d\xi + \int_{|\xi|\le R}|e^{-t\xi^2}-1|\,|\widehat{g}(\xi)|^2\,d\xi$$

と評価できることに注意しよう．そこで，仮定の $\widehat{g}\in L^2(\mathbb{R})$ より，任意の $\eta>0$ に対して，ある $R_0>0$ があって

$$\int_{|\xi|\ge R_0}|\widehat{g}(\xi)|^2\,d\xi < \eta$$

が成り立つことになる．ここで，平均値の定理から不等式

$$|e^{-t\xi^2}-1| \le t\xi^2 \quad (\xi\in\mathbb{R},\, t>0)$$

が成り立つことに注意する．従って

$$\int_{|\xi|\le R_0}|e^{-t\xi^2}-1|\,|\widehat{g}(\xi)|^2\,d\xi \le t\int_{|\xi|\le R_0}\xi^2|\widehat{g}(\xi)|^2\,d\xi$$

となるが，

$$t_0\int_{|\xi|\le R_0}\xi^2|\widehat{g}(\xi)|^2\,d\xi < \eta$$

であるように十分小さな $t_0>0$ をとることにより，$0<t<t_0$ なる t に対して

$$\int_{|\xi|\le R_0}|e^{-t\xi^2}-1|\,|\widehat{g}(\xi)|^2\,d\xi < \eta$$

が成り立つことになる．以上を総合して，結局，$0 < t < t_0$ に対して

$$\int_{-\infty}^{\infty} |e^{-t\xi^2} - 1|^2 |\widehat{g}(\xi)|^2 \, d\xi \leq 2\eta$$

が成り立つこととなる．このことは，(11.3) が示されたことになる．■

例題 11.2

この節の最初に出てきた関数 $f_a(x)$ にパーセバルの等式（定理 11.2）を適用して，次を計算せよ．

$$\int_{-\infty}^{\infty} \left(\frac{\sin x}{x} \right)^2 dx.$$

【解　答】

$$\int_{-\infty}^{\infty} |f_a(x)|^2 \, dx = 2a.$$

また

$$\int_{-\infty}^{\infty} |\widehat{f_a}(\xi)|^2 \, d\xi = \frac{2}{\pi} a^2 \int_{-\infty}^{\infty} \left| \frac{\sin(a\xi)}{a\xi} \right|^2 d\xi$$

$$= \frac{2}{\pi} a \int_{\infty}^{\infty} \left| \frac{\sin x}{x} \right|^2 dx$$

となる．よって，定理 11.2 より

$$2a = \frac{2}{\pi} a \int_{\infty}^{\infty} \left| \frac{\sin x}{x} \right|^2 dx$$

となるので，次を得る．

$$\int_{\infty}^{\infty} \left| \frac{\sin x}{x} \right|^2 dx = \pi. \quad ■$$

演習問題

1. 次の関数に対して，$f \in L^1(\mathbb{R})$ であるか，$f \in L^2(\mathbb{R})$ であるか述べ，簡単にその理由を述べよ．

(1) $f(x) = \dfrac{1-\cos x}{x^2}$.

(2) $f(x) = \dfrac{x}{1+x^2}$.

(3)

$$f(x) = \begin{cases} \dfrac{\sin(\pi x)}{1-x^2} & (|x| \neq 1) \\ \dfrac{\pi}{2} & (|x| = 1). \end{cases}$$

2. (1) 任意の自然数 n に対して，次を示せ．

$$\int_{(n-1)\pi}^{n\pi} \left| \frac{\sin x}{x} \right| dx \geq \frac{2}{n\pi}.$$

(2) 次を示せ．

$$\int_0^\infty \left| \frac{\sin x}{x} \right| dx = \infty.$$

3. $a, b > 0$ として，$k_a(x) = e^{-a|x|}$ に対してフーリエ変換のパーセバルの等式（プランシュレルの定理）を用いて次の値を求めよ．

$$\int_{-\infty}^\infty \frac{1}{(a^2+\xi^2)(b^2+\xi^2)} \, d\xi.$$

4. $a, b > 0$ として，

$$f_a(x) := \begin{cases} 1 & (|x| \leq a) \\ 0 & (|x| > a) \end{cases}$$

に対してフーリエ変換のパーセバルの等式（プランシュレルの定理）を用いて次の値を求めよ．

$$\int_{-\infty}^\infty \frac{\sin(a\xi)\sin(b\xi)}{\xi^2} \, d\xi.$$

5. $a > 0$ として，第 9 章の演習 2（例題 9.1 も参照）の $g(x) = xe^{-a|x|}$ に対するフーリエ変換の結果を用いて，次の値を求めよ．

$$\int_{-\infty}^\infty \frac{\xi^2}{(\xi^2+a^2)^4} \, d\xi.$$

6. (1) $g(x)$ は $\mathbb{R}$ 上の連続関数で，$\int_{\mathbb{R}}|g(x)|^2\,dx<\infty$ かつ $\int_{\mathbb{R}}|xg(x)|^2\,dx<\infty$ なるとき，次の不等式が成り立つことを示せ．

$$\int_{\mathbb{R}}|g(x)|\,dx\le\sqrt{2\pi}\left(\int_{\mathbb{R}}|g(x)|^2\,dx\right)^{\frac{1}{2}}\left(\int_{\mathbb{R}}|xg(x)|^2\,dx\right)^{\frac{1}{2}}.$$

Hint: $a,b>0$ に対して

$$|g(x)|=\left((a+b|x|^2)^{\frac{1}{2}}|g(x)|\right)\left(\frac{1}{(1+b|x|^2)^{\frac{1}{2}}}\right)$$

として，コーシー－シュワルツの不等式を用いて評価し，$a,b>0$ として右辺の積分量を最小にするような最適な定数を選ぶという方針を試みよ．

(2) $f\in C^1(\mathbb{R})$ で，$f(x)$ も $f'(x)$ およびフーリエ変換 $\widehat{f}(\xi)$ も，遠方で十分早く減衰するものとして，次の不等式を示せ．

$$\int_{\mathbb{R}}|\widehat{f}(\xi)|\,d\xi\le\sqrt{2\pi}\left(\int_{\mathbb{R}}|f(x)|^2\,dx\right)^{\frac{1}{2}}\left(\int_{\mathbb{R}}|f'(x)|^2\,dx\right)^{\frac{1}{2}}.$$

7. (1) $u\in C^1(\mathbb{R})$ で，$u(x)$, $u'(x)$ およびフーリエ変換 $\widehat{u}(\xi)$ も遠方で十分早く減衰するものとして，次の不等式を示せ．

$$\int_{\mathbb{R}}|u(x)|^2\,dx\le 2\left(\int_{\mathbb{R}}|xu(x)|^2\,dx\right)^{\frac{1}{2}}\left(\int_{\mathbb{R}}|\xi\widehat{u}(\xi)|^2\,d\xi\right)^{\frac{1}{2}}.$$

Hint: $\int_{\mathbb{R}}|u(x)|^2\,dx=\int_{\mathbb{R}}|u(x)|^2(x)'\,dx$ に注意して，部分積分せよ．

(2) 同じ仮定の下，任意の $x_0,\xi_0\in\mathbb{R}$ に対して，次の不等式を示せ．

$$\int_{\mathbb{R}}|u(x)|^2\,dx\le 2\left(\int_{\mathbb{R}}|(x-x_0)u(x)|^2\,dx\right)^{\frac{1}{2}}\left(\int_{\mathbb{R}}|(\xi-\xi_0)\widehat{u}(\xi)|^2\,d\xi\right)^{\frac{1}{2}}.$$

Hint: $u_{x_0,\xi_0}(x):=e^{-ix\xi_0}u(x+x_0)$ を考えてみよ．

8. $f\in C^1(\mathbb{R})$ であって，ある $R>0$ があって，$f(x)=0$ $(|x|\ge R)$ かつ $\widehat{f}(\xi)=0$ $(|\xi|\ge R)$ が成り立つとする．このとき，$f(x)=0$ $(x\in\mathbb{R})$ となることを説明せよ．

Hint: $L>R$ なる $L>0$ をとって考えると，$f(x)$ の周期 $2L$ のフーリエ係数 $c_n[f]$ は，その定義と $\widehat{f}(\xi)$ に対する仮定から，$c_n[f]=0$ $(|n|>L)$ となることに注意しよう．このことと，$f(x)$ に対する仮定から $f(x)=0$ が導かれる．

第 12 章

$\mathbb{R}$ 上の熱方程式

第 7 章では，有限の長さをもつ針金上の熱伝導現象を記述する熱方程式の初期値・境界値問題の解法を学んだ．ここでは，無限の長さをもつ針金上の熱伝導現象を記述する熱方程式の初期値問題を扱い，フーリエ変換の応用として熱核を用いた解の表現式を求めてみよう．

12.1 熱方程式の初期値問題

ここでは，次の $\mathbb{R}$ 上の熱方程式の初期値問題を考える．

$$\frac{\partial u}{\partial t}(x,t) = D\frac{\partial^2 u}{\partial x^2}(x,t) \quad (-\infty < x < \infty,\ t > 0), \tag{12.1}$$

$$u(x,0) = u_0(x) \quad (-\infty < x < \infty) \tag{12.2}$$

ここで $D > 0$ は拡散定数，$u_0(x)$ は初期温度分布を表す．最初に発見的考察として，求める解 $u(x,t)$ が十分良い性質をもつと仮定して，フーリエ変換を用いて，解がどう求まるべきかを見てみよう．x 変数に関するフーリエ変換を用いて，

$$U(\xi,t) = \widehat{u(\,\cdot\,,t)}(\xi) = \frac{1}{\sqrt{2\pi}}\int_{-\infty}^{\infty} u(x,t)e^{-i\xi x}\,dx$$

とおくと，

$$\begin{aligned}\frac{\partial U}{\partial t}(\xi,t) &= \frac{1}{\sqrt{2\pi}}\int_{-\infty}^{\infty}\frac{\partial u}{\partial t}(x,t)e^{-i\xi x}\,dx = \frac{D}{\sqrt{2\pi}}\int_{-\infty}^{\infty}\frac{\partial^2 u}{\partial x^2}(x,t)e^{-i\xi x}\,dx \\ &= D\widehat{\frac{\partial^2 u}{\partial x^2}(\,\cdot\,,t)}(\xi) = D(i\xi)^2\widehat{u(\,\cdot\,,t)}(\xi) = -D\xi^2U(\xi,t)\end{aligned}$$

および

$$U(\xi,0)=\frac{1}{\sqrt{2\pi}}\int_{-\infty}^{\infty}u(x,0)e^{-i\xi x}\,dx=\widehat{u_0}(\xi)$$

を満たすべきであることがわかる．各 ξ を固定したときの，この t に関する常微分方程式を解くことで $U(\xi,t)=\widehat{u_0}(\xi)e^{-D\xi^2 t}$ を得る．ここで，

$$K_D(x,t):=\frac{1}{\sqrt{4\pi Dt}}e^{-\frac{x^2}{4Dt}}\quad(x\in\mathbb{R},\,t>0)$$

とおくと，$\widehat{K_D(\,\cdot\,,t)}(\xi)=\frac{1}{\sqrt{2\pi}}e^{-\xi^2 Dt}$ であったことを思い出すと，

$$\widehat{u(\,\cdot\,,t)}(\xi)=U(\xi,t)=\sqrt{2\pi}\,\widehat{K_D(\,\cdot\,,t)}(\xi)\widehat{u_0}(\xi)=\mathcal{F}(K_D(\,\cdot\,,t)*u_0)(\xi)$$

となる．よって，反転公式（定理10.1）を用いることで

$$u(x,t)=(K_D(\,\cdot\,,t)*u_0)(x)=\int_{-\infty}^{\infty}K_D(x-y,t)u_0(y)\,dy\quad(12.3)$$

となるべきであることがわかる．$K_D(x,t)$ は熱方程式 (12.1) の**基本解**あるいは**熱核**とも呼ばれるものである．

初期温度分布 u_0 に微分可能性や可積分性などを仮定すれば，上記の議論を逆にたどることで，(12.3) で与えられる $u(x,t)$ が初期値問題の解を与えることはわかるが（ただし，初期条件は $\lim_{t\to 0}u(x,t)=u_0(x)$ の意味で），もう少し緩い条件のもとで，次が成り立つ．

定理 12.1 $u_0(x)$ は ℝ 上，有界かつ連続な関数とする．このとき，$x\in\mathbb{R}$, $t>0$ において

$$u(x,t)=\int_{-\infty}^{\infty}K_D(x-y,t)u_0(y)\,dy$$

で定義される関数 $u(x,t)$ は，$t>0$ において，t および x に関して何回でも微分可能となり，各偏導関数は全て $\mathbb{R}\times(0,\infty)$ において連続となって

$$\frac{\partial u}{\partial t}(x,t)=D\frac{\partial^2 u}{\partial x^2}(x,t)\quad(x\in\mathbb{R},\,t>0)$$

を満たす．さらに，

$$\lim_{t\to 0} u(x,t) = u_0(x) \quad (x \in \mathbb{R})$$

を満たす．この収束は，任意の $L > 0$ に対して，各有界区間 $I_L := [-L, L]$ 上で $x \in I_L$ に関して一様収束となる．このことから，$u(x,0) := \lim_{t\to 0} u(x,t)$ $(x \in \mathbb{R})$ とおくことで，$u \in C(\mathbb{R} \times [0,\infty))$ となる．また，$|u_0(x)| \leq M$ $(x \in \mathbb{R})$ の下で，次が成り立つ：

$$|u(x,t)| \leq M \quad (x \in \mathbb{R},\, t \geq 0).$$

注意 12.1　$u \in C(\mathbb{R} \times [0,\infty))$, $\frac{\partial u}{\partial t}, \frac{\partial u}{\partial x}, \frac{\partial^2 u}{\partial x^2} \in C(\mathbb{R} \times (0,\infty))$ であって，$|u(x,t)| \leq M$ $(x \in \mathbb{R}, t \geq 0)$ なるような解 $u(x,t)$ はただ1つしかないこと，従って上記の解に限ることがわかるが，次節で最大値原理を用いて説明する．

注意 12.2　定理 12.1 で述べたように，初期温度分布 $u_0(x)$ がなめらかでなくても，任意の $t > 0$ での温度分布 $u(x,t)$ はなめらかになるという性質をもつ．このことを熱方程式の解は**平滑化効果**をもつという．また初期温度分布 $u_0(x)$ が遠くで減衰しており

$$A := \int_{-\infty}^{\infty} |u_0(x)|\, dx < \infty$$

なる性質をもつ場合には，解 $u(x,t)$ は上記の解の表現より次の評価を満たすことになる．

$$|u(x,t)| \leq \frac{A}{\sqrt{4\pi D t}} \quad (t > 0,\, x \in \mathbb{R}).$$

特に，$|u(x,t)| \to 0$ $(t \to \infty)$ が成り立つ．

注意 12.3　熱源がある場合などの非斉次項をもつ熱方程式の初期値問題

$$\frac{\partial u}{\partial t}(x,t) = D\frac{\partial^2 u}{\partial x^2}(x,t) + h(x,t) \quad (-\infty < x < \infty,\, t > 0),$$

$$u(x,0) = u_0(x) \quad (-\infty < x < \infty)$$

の解の表現も，フーリエ変換を用いた同様の考察により，$u_0(x)$ と $h(x,t)$ に関する適当な仮定のもとに，次で与えられることがわかる．

$$u(x,t) = \int_{-\infty}^{\infty} K_D(x-y,t)u_0(y)\, dy + \int_0^t \left(\int_{-\infty}^{\infty} K_D(x-y,t-s)h(y,s)\, dy \right) ds.$$

定理 12.1 の証明のための準備として，次を準備しておく．

補題 12.1　次が成り立つ．

(1)
$$\int_{-\infty}^{\infty} K_D(x,t)\,dx = 1 \quad (t>0).$$

(2)　任意の $\delta>0$ に対して，
$$\int_{|x|\ge\delta} K_D(x,t)\,dx \to 0 \quad (t\to 0).$$

(3)
$$\frac{\partial K_D}{\partial t}(x,t) = D\frac{\partial^2 K_D}{\partial x^2}(x,t) \quad (x\in\mathbb{R},\ t>0).$$

問 **12.1**　補題 12.1 を確かめよ．

定理 12.1 の証明　仮定より，ある $M>0$ があって $|u_0(x)|\le M$ $(x\in\mathbb{R})$ が成り立つ．

（**Step 1**）　まず，$t>0$ において，$u(x,t)$ は t および x に関して何回でも微分できて

$$\frac{\partial u}{\partial t}(x,t) = \int_{-\infty}^{\infty}\left(\frac{\partial}{\partial t}K_D(x-y,t)\right)u_0(y)\,dy, \tag{12.4}$$

$$\frac{\partial u}{\partial x}(x,t) = \int_{-\infty}^{\infty}\left(\frac{\partial}{\partial x}K_D(x-y,t)\right)u_0(y)\,dy, \tag{12.5}$$

$$\frac{\partial^2 u}{\partial x^2}(x,t) = \int_{-\infty}^{\infty}\left(\frac{\partial^2}{\partial x^2}K_D(x-y,t)\right)u_0(y)\,dy \tag{12.6}$$

が成り立つことを，積分記号下の微分可能定理を用いて示す．どれも同様なので，(12.4) だけ示してみよう．$x_0\in\mathbb{R}$, $t_0>0$ を任意に固定して，

$$\frac{\partial u}{\partial t}(x_0,t)\bigg|_{t=t_0} = \int_{-\infty}^{\infty}\left(\frac{\partial}{\partial t}K_D(x_0-y,t)\bigg|_{t=t_0}\right)u_0(y)\,dy$$

を示せばよい．そのためには，例えば $I_{t_0} := \left[\frac{t_0}{2}, 2t_0\right]$ として

$$\left|\frac{\partial K_D}{\partial t}(x_0-y,t)\right||u_0(y)| \le g(y) \quad (y\in\mathbb{R},\ t\in I_{t_0})$$

であって，かつ $\displaystyle\int_{-\infty}^{\infty} g(y)\,dy < \infty$ となるような関数 $g(y)$ の存在を確かめれば

よい．実際，

$$\frac{\partial K_D}{\partial t}(x_0-y,t)=\frac{1}{\sqrt{4\pi D}}\left(-\frac{1}{2t^{\frac{3}{2}}}+\frac{|x_0-y|^2}{4Dt^2}\right)e^{-\frac{|x_0-y|^2}{4Dt}}$$

なので，

$$\left|\frac{\partial K_D}{\partial t}(x_0-y,t)\right||u_0(y)|\le\frac{M}{\sqrt{4\pi D}}\left(\frac{1}{2\left(\frac{t_0}{2}\right)^{\frac{3}{2}}}+\frac{|x_0-y|^2}{4D\left(\frac{t_0}{2}\right)^2}\right)e^{-\frac{|x_0-y|^2}{4D(2t_0)}}$$
$$:=g(y)\quad (y\in\mathbb{R},\ t\in I_{t_0})$$

として，$\int_{-\infty}^{\infty}g(y)\,dy<\infty$ であることがわかる．以上によって，(12.4) が正しいことが確かめられた．よって，補題 12.1 と合わせて，次を得る．

$$\frac{\partial u}{\partial t}(x,t)-D\frac{\partial^2 u}{\partial x^2}(x,t)$$
$$=\int_{-\infty}^{\infty}\left(\frac{\partial}{\partial t}K_D(x-y,t)-D\frac{\partial^2}{\partial x^2}K_D(x-y,t)\right)u_0(y)\,dy=0.$$

(**Step 2**)

$$\lim_{t\to 0}u(x,t)=u_0(x)\quad (x\in\mathbb{R})$$

となることは，補題 12.1 を用いることで以前の第 6 章の補題 6.1 を用いた定理 6.1 での議論と同様である．ここでは，さらに強い主張として，$I_L:=[-L,L]$ として次が成り立つことを確認しておこう．

$$\max_{x\in I_L}|u(x,t)-u_0(x)|\to 0\quad (t\to 0).\tag{12.7}$$

そのために，u_0 は $I_{2L}:=[-2L,2L]$ で一様連続であることを用いる．つまり，任意の $\varepsilon>0$ に対して，ある $\delta\in(0,L)$ があって，$|x-y|<\delta,\ x,y\in I_{2L}$ ならば，$|u_0(x)-u_0(y)|<\varepsilon$ が成り立つとしてよい．このとき，

$$\begin{aligned}u(x,t)-u_0(x)&=\int_{-\infty}^{\infty}K_D(x-y,t)(u_0(y)-u_0(x))\,dy\\&=\int_{-\infty}^{\infty}K_D(z,t)(u_0(x-z)-u_0(x))\,dz\\&=\int_{|z|<\delta}K_D(z,t)(u_0(x-z)-u_0(x))\,dz\\&\quad+\int_{|z|\ge\delta}K_D(z,t)(u_0(x-z)-u_0(x))\,dz\end{aligned}$$

として，$x \in I_L$ に対して

$$\begin{aligned}
|u(x,t) - u_0(x)| &\leq \int_{|z|<\delta} K_D(z,t)|u_0(x-z) - u_0(x)|\,dz \\
&\quad + \int_{|z|\geq\delta} K_D(z,t)|u_0(x-z) - u_0(x)|\,dz \\
&\leq \varepsilon \int_{|z|<\delta} K_D(z,t)\,dz + 2M \int_{|z|\geq\delta} K_D(z,t)\,dz \\
&\leq \varepsilon + 2M \int_{|z|\geq\delta} K_D(z,t)\,dz
\end{aligned}$$

となる．よって

$$\max_{x\in I_L}|u(x,t) - u_0(x)| \leq \varepsilon + 2M \int_{|z|\geq\delta} K_D(z,t)\,dz$$

を得る．ここで補題 12.1 より，ある $t_0 > 0$ があって，$0 < t < t_0$ で

$$2M \int_{|z|\geq\delta} K_D(z,t)\,dz < \varepsilon$$

が成り立つ．以上より，$0 < t < t_0$ において

$$\max_{x\in I_L}|u(x,t) - u_0(x)| \leq 2\varepsilon$$

となることがわかるので，(12.7) が示されたことになる．最後に，

$$u(x,0) := \lim_{t\to 0} u(x,t) = u_0(x)$$

とおくことで，

$$u \in C(\mathbb{R} \times [0,\infty))$$

となることを確認しておこう．実際，$(y,s) \to (x_0,0)$ として，$u(y,s) \to u(x_0,0)$ となることを示す．$x_0 \in I_{\frac{L}{2}}$, $y \in I_L$ としてよいので，(12.7) より

$$\begin{aligned}
&|u(y,s) - u(x_0,0)| \leq |u(y,s) - u(y,0)| + |u(y,0) - u(x_0,0)| \\
&\leq \max_{z\in I_L}|u(z,s) - u(z,0)| + |u_0(y) - u_0(x_0)| \to 0 \quad ((y,s) \to (x_0,0))
\end{aligned}$$

を得る．■

例題 12.1

$$\frac{\partial u}{\partial t}(x,t) = \frac{\partial^2 u}{\partial x^2}(x,t) \quad (-\infty < x < \infty,\, t > 0),$$
$$u(x,0) = \sin x \quad (-\infty < x < \infty)$$

の解を求めよ.

【解　答】 $\sin y = \frac{1}{2i}(e^{iy} - e^{-iy})$, および変数変換 $z := y - x$ により

$$\begin{aligned}
u(x,t) &= \frac{1}{\sqrt{4\pi t}}\int_{-\infty}^{\infty} e^{-\frac{(x-y)^2}{4t}} \sin y\, dy \\
&= \frac{1}{2i}\frac{1}{\sqrt{4\pi t}}\int_{-\infty}^{\infty} e^{-\frac{(x-y)^2}{4t}} (e^{iy} - e^{-iy})\, dy \\
&= \frac{1}{2i}\frac{1}{\sqrt{4\pi t}}\int_{-\infty}^{\infty} e^{-\frac{z^2}{4t}} (e^{i(z+x)} - e^{-i(z+x)})\, dz \\
&= \frac{1}{2i}\frac{1}{\sqrt{4\pi t}}\int_{-\infty}^{\infty} e^{-\frac{z^2}{4t}} (e^{i(z+x)} - e^{-i(z+x)})\, dz \\
&= \frac{\sqrt{2\pi}}{2i}\left\{ e^{ix}\frac{1}{\sqrt{2\pi}}\int_{-\infty}^{\infty}\left(\frac{1}{\sqrt{4\pi t}}e^{-\frac{z^2}{4t}}\right)e^{iz}\, dz \right. \\
&\qquad \left. - e^{-ix}\frac{1}{\sqrt{2\pi}}\int_{-\infty}^{\infty}\left(\frac{1}{\sqrt{4\pi t}}e^{-\frac{z^2}{4t}}\right)e^{-iz}\, dz \right\}
\end{aligned}$$

となる. ここで,

$$\frac{1}{\sqrt{4\pi t}}\widehat{e^{-\frac{x^2}{4t}}}(\xi) = \frac{1}{\sqrt{2\pi}}e^{-\xi^2 t}$$

であったので,

$$u(x,t) = \frac{\sqrt{2\pi}}{2i}\left(e^{ix}\frac{1}{\sqrt{2\pi}}e^{-t} - e^{-ix}\frac{1}{\sqrt{2\pi}}e^{-t}\right) = e^{-t}\sin x$$

を得る. ■

例題 12.2

$a(x)$ は半無限区間 $[0,\infty)$ 上で有界，連続かつ $a(0)=0$ を満たすものとする．このとき，初期値・境界値問題：

$$\begin{aligned}&\frac{\partial u}{\partial t}(x,t)=D\frac{\partial^2 u}{\partial x^2}(x,t)\quad(0<x<\infty,\ t>0),\\&u(x,0)=a(x)\quad(0\le x<\infty),\\&u(0,t)=0\quad(t\ge 0)\end{aligned}$$

の有界な解は

$$u(x,t)=\frac{1}{\sqrt{4\pi Dt}}\int_0^\infty\left(e^{-\frac{(x-y)^2}{4Dt}}-e^{-\frac{(x+y)^2}{4Dt}}\right)a(y)\,dy$$

で与えられることを示せ.

【解　答】

$$\widetilde{a}(x):=\begin{cases}a(x)&(x\ge 0)\\-a(-x)&(x<0)\end{cases}$$

とすると，$\widetilde{a}(x)$ は ℝ 上で有界で連続な関数なので

$$\widetilde{u}(x,t):=\frac{1}{\sqrt{4\pi Dt}}\int_{-\infty}^\infty e^{-\frac{(x-y)^2}{4Dt}}\widetilde{a}(y)\,dy$$

は，$\widetilde{u}(x,0):=\lim_{t\to 0}\widetilde{u}(x,t)=\widetilde{a}(x)$ を満たす ℝ 上の熱方程式の解となる．また $\widetilde{a}(y)$ は奇関数なので

$$\widetilde{u}(0,t)=\frac{1}{\sqrt{4\pi Dt}}\int_{-\infty}^\infty e^{-\frac{y^2}{4Dt}}\widetilde{a}(y)\,dy=0$$

も満たす．よって，$\widetilde{u}(x,t)$ を $x\ge 0$ に制限したものが初期値・境界値問題の解となることがわかるが，

$$\widetilde{u}(x,t)=\frac{1}{\sqrt{4\pi Dt}}\left(\int_{-\infty}^0 e^{-\frac{(x-y)^2}{4Dt}}\widetilde{a}(y)\,dy+\int_0^\infty e^{-\frac{(x-y)^2}{4Dt}}\widetilde{a}(y)\,dy\right)$$

であって，

$$\int_{-\infty}^0 e^{-\frac{(x-y)^2}{4Dt}}\widetilde{a}(y)\,dy=-\int_{-\infty}^0 e^{-\frac{(x-y)^2}{4Dt}}a(-y)\,dy=-\int_0^\infty e^{-\frac{(x+y)^2}{4Dt}}a(y)\,dy$$

となり，結論を得る．（一意性は，次節の最大値原理からわかる.）■

12.2　最大値原理と解の一意性

第 7 章において有界区間における最大値原理について学んだことを思い出しておこう．ここでは，非有界区間 $\mathbb{R}$ とか $\mathbb{R}_+ := [0, \infty)$ 等でも成り立つ次の**最大値原理**を紹介しておこう．

定理 12.2（**最大値原理**）　$T > 0$ として，$a(x,t)$ は $a \in C(\mathbb{R} \times [0,T])$ であって，ある定数 A が存在して $|a(x,t)| \leq A$ $((x,t) \in \mathbb{R} \times [0,T])$ を満たすとし，$z(x,t)$ は，$z \in C(\mathbb{R} \times [0,T])$ であって，$\frac{\partial z}{\partial t}$，$\frac{\partial z}{\partial x}$，$\frac{\partial^2 z}{\partial x^2}$ は $\mathbb{R} \times (0,T]$ で連続であるとする．さらに

$$\frac{\partial z}{\partial t}(x,t) \leq D\frac{\partial^2 z}{\partial x^2}(x,t) + a(x,t)z(x,t) \quad (x \in \mathbb{R},\ t \in (0,T])$$

を満たし，ある定数 $M > 0$ があって

$$|z(x,t)| \leq M \quad (x \in \mathbb{R},\ t \in [0,T])$$

を満たすものとする．このとき，$z(x,0) \leq 0$ $(x \in \mathbb{R})$ ならば，次が成り立つ：

$$z(x,t) \leq 0 \quad (x \in \mathbb{R},\ t \in [0,T]).$$

証明　第 7 章の最大値原理の証明と同様，

$$a(x,t) \leq 0 \quad ((x,t) \in \mathbb{R} \times [0,T])$$

の場合に示せばよいことに注意しよう．以下，$a(x,t) \leq 0$ $((x,t) \in \mathbb{R} \times [0,T])$ として主張を示そう．勝手な定数 $L > 0$ に対して，関数

$$w(x,t) := \frac{2M}{L^2}\left(\frac{x^2}{2} + Dt\right)$$

を考えると，計算により

$$\frac{\partial w}{\partial t}(x,t) = D\frac{\partial^2 w}{\partial x^2}(x,t) \geq D\frac{\partial^2 w}{\partial x^2}(x,t) + a(x,t)w(x,t)$$

を満たすことがわかる．従って，区間 $x \in [-L, L]$ で，

$$Q_T := [-L, L] \times [0, T],$$

$$\Gamma := \{(x,0) \mid x \in [-L,L]\} \cup \{(-L,t) \mid 0 \leq t \leq T\} \cup \{(L,t) \mid 0 \leq t \leq T\}$$

として第7章の補題7.1（最大値原理）を $u(x,t) := z(x,t) - w(x,t)$ として適用できる．仮定から

$$z(x,0) \leq 0 \leq w(x,0) \quad (x \in [-L,L])$$

および

$$z(\pm L,t) \leq M \leq w(\pm L,t) \quad (t \in [0,T])$$

であるので，

$$u(x,t) = z(x,t) - w(x,t) \leq 0 \quad ((x,t) \in \Gamma)$$

となり，$u(x,t) \leq 0$ $((x,t) \in Q_T)$ を得る．すなわち，

$$z(x,t) \leq w(x,t) \quad (x \in [-L,L],\, t \in [0,T])$$

が成り立つことがわかる．ここで，任意の $(x_0,t_0) \in \mathbb{R} \times (0,T]$ をとり，$L > 0$ を十分大きくとって

$$(x_0,t_0) \in [-L,L] \times (0,T]$$

なるようにできる．よって

$$z(x_0,t_0) \leq w(x_0,t_0) = \frac{2M}{L^2}\left(\frac{x_0^2}{2} + Dt_0\right)$$

が成り立つこととなる．このような L はいくらでも大きく選ぶことができるので $L \to \infty$ とすることで，上式の右辺は0に収束する．よって

$$z(x_0,t_0) \leq 0$$

となる．(x_0,t_0) は任意なので結論を得る． ■

注意 12.4 上記の最大値原理より，有界な解の一意性が従うことになる．例題12.2の場合には，上記の証明で $[0,L] \times [0,T]$ を考えることで，同様の最大値原理が得られ，従ってまた解の一意性が成り立つことがわかることになる．

演習問題

1. $a > 0$ を定数として，初期値 $u(x,0) = f(x)$ に対する次の熱方程式の初期値問題の解をそれぞれ求めよ.

$$\frac{\partial u}{\partial t}(x,t) = \frac{\partial^2 u}{\partial x^2}(x,t) \quad (-\infty < x < \infty,\ t > 0).$$

(1) $f(x) = \cos(ax)$.

(2) $f(x) = \sin^2 x$.

2. $a(x)$ は有界連続であって，さらに次を満たすとする.

$$\int_{-\infty}^{\infty} |a(x)|^2 \, dx < \infty.$$

このとき次の熱方程式の初期値問題

$$\frac{\partial u}{\partial t}(x,t) = \frac{\partial^2 u}{\partial x^2}(x,t) \quad (-\infty < x < \infty,\ t > 0),$$

$$u(x,0) = a(x) \quad (-\infty < x < \infty)$$

の有界な解を $u(x,t)$ とする.

(1) ある定数 C が存在して，次を満たすことを示せ.

$$|u(x,t)| \leq \frac{C}{t^{\frac{1}{4}}} \quad (-\infty < x < \infty,\ t > 0).$$

(2) 次を示せ.

$$\int_{-\infty}^{\infty} |u(x,t)|^2 \, dx \leq \int_{-\infty}^{\infty} |a(x)|^2 \, dx \quad (t > 0).$$

3. $D > 0$ とし，$a(x)$ は $x \in [0,\infty)$ において，有界かつ連続であるとする．このとき，次の半無限区間 $[0,\infty)$ での熱方程式の初期値・境界値問題の解 $u(x,t)$ の表現を求めたい.

$$\frac{\partial u}{\partial t}(x,t) = D\frac{\partial^2 u}{\partial x^2}(x,t) \quad (0 < x < \infty,\ t > 0),$$

$$\frac{\partial u}{\partial x}(0,t) = 0 \quad (t > 0), \quad u(x,0) = a(x) \quad (0 < x < \infty).$$

そこで，$\widetilde{a}(x)$ を $a(x)$ の $\mathbb{R}$ 上への偶関数拡張として，

$$\widetilde{u}(x,t) = \frac{1}{\sqrt{4\pi Dt}} \int_{-\infty}^{\infty} e^{-\frac{|x-y|^2}{4Dt}} \widetilde{a}(y) \, dy$$

を考えることで，上記の初期値・境界値問題の解 $u(x,t)$ の解の表現を求めよ.

4. $D > 0$ とし，$b, c \in \mathbb{R}$ を定数とする．$g(x)$ を $\mathbb{R}$ 上の有界で連続な関数として，次の熱方程式の初期値問題の解 $u(x,t)$ の表現を求めたい．

$$\frac{\partial u}{\partial t}(x,t) = D\frac{\partial^2 u}{\partial x^2}(x,t) + b\frac{\partial u}{\partial x}(x,t) + cu(x,t) \quad (x \in \mathbb{R},\ t > 0),$$

$$u(x,0) = g(x) \quad (x \in \mathbb{R}).$$

(1) h, k を定数として，$v(x,t) := u(x,t)e^{hx+kt}$ として，$v(x,t)$ が

$$\frac{\partial v}{\partial t}(x,t) = D\frac{\partial^2 v}{\partial x^2}(x,t) \quad (x \in \mathbb{R},\ t > 0)$$

を満たすように，h および k を D, b, c を用いてそれぞれ求めよ．

(2) (1) を利用して，最初の初期値問題の解 $u(x,t)$ の表現を求めよ．

(3) $|g(x)| \leq M$ $(x \in \mathbb{R})$ として，次の評価を示せ．

$$|u(x,t)| \leq Me^{ct} \quad (x \in \mathbb{R},\ t > 0).$$

第 13 章
$\mathbb{R}$ 上の波動方程式

この章では，無限に長い弦の振動や波の伝搬を記述する波動方程式の初期値問題の解の表現（ダランベールの公式）をフーリエ変換を応用して求めてみる．波は初期変位と初期速度に応じて，波の形を変えずに一定の速度で進行波として伝搬することになる．

13.1　1 次元波動方程式のダランベールの公式

空間 1 次元において，場所 $x \in \mathbb{R}$，時刻 $t \in \mathbb{R}$ での弦の変位 $u(x,t)$ は，初期時刻 $t=0$ での初期変位 $f(x)$ と初期速度 $g(x)$ として，以下を満たすことになる．

$$\frac{\partial^2 u}{\partial t^2}(x,t) = c^2 \frac{\partial^2 u}{\partial x^2}(x,t) \quad (-\infty < x < \infty,\ 0 < t < \infty),$$
$$u(x,0) = f(x), \quad \frac{\partial u}{\partial t}(x,0) = g(x) \quad (-\infty < x < \infty).$$

ここで，$c > 0$ は定数で波の伝搬速度を表している．まず，この初期値問題の解 $u(x,t)$ をフーリエ変換を用いて，発見的に求めてみよう．解 $u(x,t)$ に対して，x に関するフーリエ変換をとったものを $\widehat{u(\,\cdot\,,t)}(\xi)$ と書くことにすると，波動方程式より

$$\widehat{\frac{\partial^2 u}{\partial t^2}}(\,\cdot\,,t)(\xi) = \frac{\partial^2}{\partial t^2}\widehat{u(\,\cdot\,,t)}(\xi) = -c^2\xi^2\widehat{u(\,\cdot\,,t)}(\xi)$$

を得る．ここで t に関する積分記号下の微分公式を用いた．一方，初期条件より

$$\widehat{u(\,\cdot\,,0)}(\xi) = \widehat{f}(\xi), \quad \frac{\partial}{\partial t}\widehat{u(\,\cdot\,,0)}(\xi) = \widehat{g}(\xi)$$

となる．$\xi \neq 0$ を固定したとき，最初の式は $\widehat{u(\,\cdot\,,t)}(\xi)$ に対する t の常微分方程式であるので，t によらない定数 A, B を用いて

$$\widehat{u(\,\cdot\,,t)}(\xi) = A\cos(c|\xi|t) + B\sin(c|\xi|t)$$

と書けることになる．さらに初期条件から

$$\widehat{f}(\xi) = A, \quad \widehat{g}(\xi) = Bc|\xi|$$

となるので，結局

$$\begin{aligned}\widehat{u(\,\cdot\,,t)}(\xi) &= \widehat{f}(\xi)\cos(c|\xi|t) + \frac{\widehat{g}(\xi)}{c|\xi|}\sin(c|\xi|t)\\ &= \widehat{f}(\xi)\cos(c\xi t) + \frac{\widehat{g}(\xi)}{c\xi}\sin(c\xi t) \quad (\xi \neq 0)\end{aligned}$$

を満たすべきであることがわかる．従って，反転公式より

$$u(x,t) = \frac{1}{\sqrt{2\pi}}\lim_{N\to\infty}\int_{-N}^{N}\left(\widehat{f}(\xi)\cos(c\xi t) + \frac{\widehat{g}(\xi)}{c\xi}\sin(c\xi t)\right)e^{i\xi x}\,d\xi$$

となる．ここで，

$$\begin{aligned}&\frac{1}{\sqrt{2\pi}}\int_{-N}^{N}\widehat{f}(\xi)\cos(c\xi t)e^{i\xi x}\,d\xi\\ &= \frac{1}{\sqrt{2\pi}}\int_{-N}^{N}\widehat{f}(\xi)\frac{1}{2}(e^{ic\xi t} + e^{-ic\xi t})e^{i\xi x}\,d\xi\\ &= \frac{1}{\sqrt{2\pi}}\int_{-N}^{N}\widehat{f}(\xi)\frac{1}{2}(e^{i\xi(x+ct)} + e^{i\xi(x-ct)})\,d\xi\\ &\to \frac{1}{2}(f(x+ct) + f(x-ct)) \quad (N\to\infty)\end{aligned}$$

であり，

$$\begin{aligned}&\frac{1}{\sqrt{2\pi}}\int_{-N}^{N}\frac{\widehat{g}(\xi)}{c\xi}\sin(c\xi t)e^{i\xi x}\,d\xi\\ &= \frac{1}{\sqrt{2\pi}}\int_{-N}^{N}\frac{\widehat{g}(\xi)}{c\xi}\frac{1}{2i}(e^{ic\xi t} - e^{-ic\xi t})e^{i\xi x}\,d\xi\\ &= \frac{1}{\sqrt{2\pi}}\frac{1}{2c}\int_{-N}^{N}\widehat{g}(\xi)\left(\frac{e^{i\xi(x+ct)} - e^{i\xi(x-ct)}}{i\xi}\right)d\xi\end{aligned}$$

$$
\begin{aligned}
&= \frac{1}{\sqrt{2\pi}}\frac{1}{2c}\int_{-N}^{N}\widehat{g}(\xi)\left(\int_{x-ct}^{x+ct} e^{i\xi y}\,dy\right)d\xi \\
&= \frac{1}{2c}\int_{x-ct}^{x+ct}\frac{1}{\sqrt{2\pi}}\left(\int_{-N}^{N}\widehat{g}(\xi)e^{i\xi y}\,d\xi\right)dy \\
&\to \frac{1}{2c}\int_{x-ct}^{x+ct} g(y)\,dy \quad (N \to \infty)
\end{aligned}
$$

となることに注意しよう．以上より，

$$
u(x,t) = \frac{1}{2}(f(x+ct)+f(x-ct)) + \frac{1}{2c}\int_{x-ct}^{x+ct} g(y)\,dy \tag{13.1}
$$

が得られる．これは，**ダランベールの公式**と呼ばれるものである．今

$$
F(z) := \frac{1}{2}f(z) + \frac{1}{2c}\int_{0}^{z} g(y)\,dy, \quad G(z) := \frac{1}{2}f(z) + \frac{1}{2c}\int_{z}^{0} g(y)\,dy
$$

とおくとき，ダランベールの公式は

$$
u(x,t) = F(x+ct) + G(x-ct)
$$

と表すことができる．このとき，$F(x+ct)$ は $F(z)$ という波の形を変えず，速度 c のスピードで左方向に進行する波を表しており，$G(x-ct)$ は $G(z)$ という波の形を変えず，速度 c のスピードで右方向に進行する波を表しているので，**進行波解**ということもある．

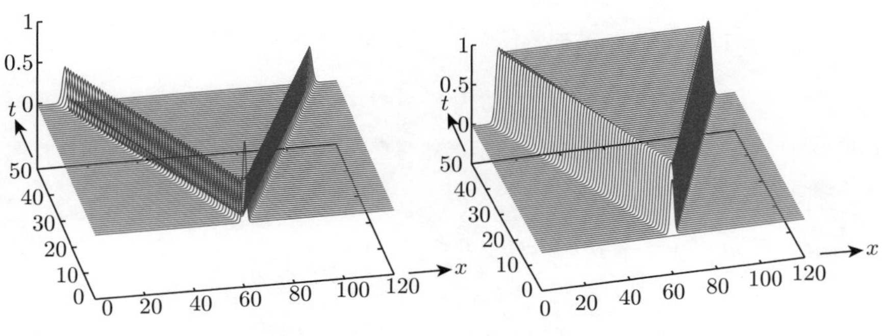

図 **13.1**　$f(x) = \exp(-(x-60)^2)$，$g(x) = 0$ での進行波解

図 **13.2**　$f(x) = 0$，$g(x) = \exp(-(x-60)^2)$ での進行波解

定理 13.1 初期条件は $f \in C^2(\mathbb{R})$, $g \in C^1(\mathbb{R})$ を満たすとする．このとき，(13.1) で与えられる $u(x,t)$ は $u \in C^2(\mathbb{R} \times [0,\infty))$ となり，1次元波動方程式の初期値問題の（ただ1つの）解となる．

証明 (13.1) はフーリエ変換を用いて発見的に求めたものであるが，実際，与えられた仮定 $f \in C^2(\mathbb{R})$, $g \in C^1(\mathbb{R})$ の下で，$u \in C^2(\mathbb{R} \times [0,\infty))$ となり，合成関数の微分法などにより，波動方程式を満たすことを確かめることは容易である．特に，

$$\frac{\partial u}{\partial t}u(x,t) = \frac{1}{2}(cf'(x+ct) - cf'(x-ct)) + \frac{1}{2}(g(x+ct) + g(x-ct))$$

なので，$\frac{\partial u}{\partial t}(x,0) = g(x)$ を満たすこともわかる．解の一意性は，次節のエネルギー不等式よりわかる．■

注意 **13.1** 変数変換 $\xi := x+ct$, $\eta := x-ct$ によって，波動方程式を

$$U(\xi,\eta) := u(x,t) = u\left(\frac{1}{2}(\xi+\eta), \frac{1}{2c}(\xi-\eta)\right)$$

の満たすべき偏微分方程式に書き直すことで，ダランベールの公式および解の一意性を得ることもできるがここでは省略する．

注意 **13.2** 外力がある場合などの非斉次項をもつ波動方程式の初期値問題

$$\frac{\partial^2 u}{\partial t^2}(x,t) = c^2\frac{\partial^2 u}{\partial x^2}(x,t) + h(x,t) \quad (-\infty < x < \infty,\ t > 0),$$
$$u(x,0) = f(x), \quad \frac{\partial u}{\partial t}(x,0) = g(x) \quad (-\infty < x < \infty)$$

の解の表現も，フーリエ変換を用いた同様の考察により，$f(x)$, $g(x)$ と $h(x,t)$ に関する適当な仮定のもとに，

$$u(x,t) = \frac{1}{2}(f(x-ct) + f(x+ct)) + \frac{1}{2c}\int_{x-ct}^{x+ct} g(y)\,dy$$
$$+ \frac{1}{2c}\int_0^t \left(\int_{x-c(t-s)}^{x+c(t-s)} h(y,s)\,dy\right) ds$$

で与えられることがわかる．

13.2　エネルギー不等式

$(x_0, t_0) \in \mathbb{R} \times (0, \infty)$ として，$0 \le t \le t_0$ に対して，次のエネルギーを考える．

$$E(t) := \frac{1}{2}\int_{D(t)} \left\{ \frac{1}{c^2}\left(\frac{\partial u}{\partial t}(x,t)\right)^2 + \left(\frac{\partial u}{\partial x}(x,t)\right)^2 \right\} dx.$$

ここで，積分領域 $D(t)$ は次で定義される区間である．

$$D(t) := \{x \in \mathbb{R} \mid |x - x_0| \le c(t_0 - t)\}.$$

つまり，

$$E(t) = \frac{1}{2}\int_{x_0 - c(t_0 - t)}^{x_0 + c(t_0 - t)} \left\{ \frac{1}{c^2}\left(\frac{\partial u}{\partial t}(x,t)\right)^2 + \left(\frac{\partial u}{\partial x}(x,t)\right)^2 \right\} dx$$

と書くことができる．

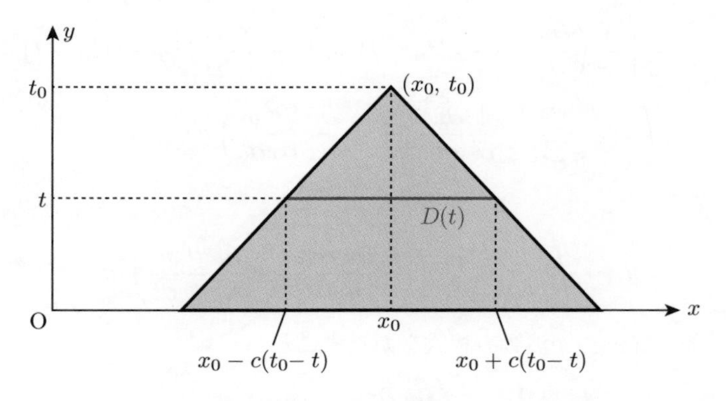

図 **13.3**　与えられた点 (x_0, t_0) に付随する積分領域 $D(t)$

補題 13.1（エネルギー不等式） $u \in C^2(\mathbb{R} \times [0, \infty))$ が 1 次元波動方程式を満たすとき，次が成り立つ．

$$E(t) \leq E(0) \quad (0 \leq t \leq t_0).$$

証明 一般に，微分可能な $\alpha(t)$ と C^1 級の $f(x,t)$ に対して

$$F(t) := \int_0^{\alpha(t)} f(x,t)\,dx$$

と定義するとき，$F(t)$ に対しての微分公式：

$$F'(t) = \alpha'(t) f(\alpha(t), t) + \int_0^{\alpha(t)} \frac{\partial f}{\partial t}(x,t)\,dx$$

が成り立つことに注意しよう．よって，

$$\begin{aligned}
E'(t) = &-\frac{c}{2}\left\{\frac{1}{c^2}\left(\frac{\partial u}{\partial t}(x_0 + c(t_0 - t), t)\right)^2 + \left(\frac{\partial u}{\partial x}(x_0 + c(t_0 - t), t)\right)^2\right\} \\
&- \frac{c}{2}\left\{\frac{1}{c^2}\left(\frac{\partial u}{\partial t}(x_0 - c(t_0 - t), t)\right)^2 + \left(\frac{\partial u}{\partial x}(x_0 - c(t_0 - t), t)\right)^2\right\} \\
&+ \int_{x_0 - c(t_0 - t)}^{x_0 + c(t_0 - t)} \left(\frac{1}{c^2}\frac{\partial u}{\partial t}\frac{\partial^2 u}{\partial t^2} + \frac{\partial u}{\partial x}\frac{\partial^2 u}{\partial x \partial t}\right) dx
\end{aligned}$$

となる．ここで，

$$J := \int_{x_0 - c(t_0 - t)}^{x_0 + c(t_0 - t)} \left(\frac{1}{c^2}\frac{\partial u}{\partial t}\frac{\partial^2 u}{\partial t^2} + \frac{\partial u}{\partial x}\frac{\partial^2 u}{\partial x \partial t}\right) dx$$

とおくとき，$u(x,t)$ が波動方程式を満たすことから

$$\begin{aligned}
J &= \int_{x_0 - c(t_0 - t)}^{x_0 + c(t_0 - t)} \left(\frac{\partial u}{\partial t}\frac{\partial^2 u}{\partial x^2} + \frac{\partial u}{\partial x}\frac{\partial^2 u}{\partial x \partial t}\right) dx \\
&= \int_{x_0 - c(t_0 - t)}^{x_0 + c(t_0 - t)} \frac{\partial}{\partial x}\left(\frac{\partial u}{\partial x}\frac{\partial u}{\partial t}\right) dx \\
&= \frac{\partial u}{\partial x}(x_0 + c(t_0 - t), t)\frac{\partial u}{\partial t}(x_0 + c(t_0 - t), t) \\
&\quad - \frac{\partial u}{\partial x}(x_0 - c(t_0 - t), t)\frac{\partial u}{\partial t}(x_0 - c(t_0 - t), t)
\end{aligned}$$

となることに注意しよう．よって

$$E'(t) = -\frac{c}{2}\left(\frac{1}{c}\frac{\partial u}{\partial t}(x_0 + c(t_0 - t), t) - \frac{\partial u}{\partial x}(x_0 + c(t_0 - t), t)\right)^2$$
$$- \frac{c}{2}\left(\frac{1}{c}\frac{\partial u}{\partial t}(x_0 - c(t_0 - t), t) + \frac{\partial u}{\partial x}(x_0 - c(t_0 - t), t)\right)^2 \leq 0$$

を得る．よって $E(t)$ は t に関して単調減少関数となる．また $E(t)$ は $0 \leq t \leq t_0$ で連続関数であることに注意して

$$E(t) \leq E(0) \quad (0 \leq t \leq t_0)$$

を得る．■

解の一意性の証明　エネルギー不等式を用いて，1 次元波動方程式の初期値問題の解の一意性を証明しよう．そのためには，$u(x,0) = 0$ $(x \in \mathbb{R})$ かつ $\frac{\partial u}{\partial t}(x,0) = 0$ $(x \in \mathbb{R})$ ならば，勝手な $t_0 > 0$ に対して，$u(x,t) = 0$ $(x \in \mathbb{R}, 0 \leq t \leq t_0)$ が成り立つことを示せばよい．今，勝手な $t_0 > 0$ と $x_0 \in \mathbb{R}$ に対して，補題 13.1 で定義されたエネルギー $E(t)$ を考えると，$u(x,0) = 0$ $(x \in \mathbb{R})$ かつ $\frac{\partial u}{\partial t}(x,0) = 0$ $(x \in \mathbb{R})$ なる仮定の下では，$\frac{\partial u}{\partial x}(x,0) = 0$ $(x \in \mathbb{R})$ でもあるので，$E(0) = 0$ となる．よって，補題 13.1 から

$$E(t) = 0 \quad (0 \leq t \leq t_0)$$

を得る．このことより，

$$D := \{(x,t) \mid 0 \leq t \leq t_0, |x - x_0| \leq c(t_0 - t)\}$$

として，

$$\frac{\partial u}{\partial t}(x,t) = 0, \quad \frac{\partial u}{\partial x}(x,t) = 0 \quad ((x,t) \in D)$$

を得る．$x_0 \in \mathbb{R}$ は任意なので，結局

$$\frac{\partial u}{\partial t}(x,t) = 0, \quad \frac{\partial u}{\partial x}(x,t) = 0 \quad (x \in \mathbb{R}, 0 \leq t \leq t_0)$$

となるので，$u(x,t)$ は $\mathbb{R} \times [0, t_0]$ で定数となる．一方，$u(x,0) = 0$ なので

$$u(x,t) = 0 \quad (x \in \mathbb{R}, 0 \leq t \leq t_0)$$

を得る．■

例題 13.1

$u(x,t)$ が波動方程式

$$\frac{\partial^2 u}{\partial t^2}(x,t) = c^2 \frac{\partial^2 u}{\partial x^2}(x,t) \quad (-\infty < x < \infty,\, 0 < t < \infty)$$

を満たすとする．エネルギーを

$$\mathcal{E}(t) := \frac{1}{2}\int_{-\infty}^{\infty} \left(\frac{1}{c^2}\left(\frac{\partial u}{\partial t}(x,t)\right)^2 + \left(\frac{\partial u}{\partial x}(x,t)\right)^2 \right) dx$$

で定義する．$u(x,t)$ はなめらかであって，$\frac{\partial u}{\partial t}$，$\frac{\partial u}{\partial x}$，$\frac{\partial^2 u}{\partial t^2}$，$\frac{\partial^2 u}{\partial x \partial t}$ らが全て，$|x| \to \infty$ において早く減衰するという仮定の下で $\mathcal{E}(t)$ は一定であることを示せ．

【解　答】

$$\frac{d}{dt}\mathcal{E}(t) = \int_{-\infty}^{\infty} \left(\frac{1}{c^2}\frac{\partial u}{\partial t}(x,t)\frac{\partial^2 u}{\partial t^2}(x,t) + \frac{\partial u}{\partial x}(x,t)\frac{\partial^2 u}{\partial x \partial t}(x,t) \right) dx$$

となるが，第 2 項を部分積分して

$$\begin{aligned}
&\int_{-\infty}^{\infty} \frac{\partial u}{\partial x}(x,t)\frac{\partial^2 u}{\partial x \partial t}(x,t) \\
&= \lim_{N\to\infty} \int_{-N}^{N} \frac{\partial u}{\partial x}(x,t)\frac{\partial^2 u}{\partial x \partial t}(x,t) \\
&= \lim_{N\to\infty} \left\{ -\int_{-N}^{N} \frac{\partial^2 u}{\partial x^2}(x,t)\frac{\partial u}{\partial t}(x,t)\,dx + \left[\frac{\partial u}{\partial x}\frac{\partial u}{\partial t}\right]_{x=-N}^{x=N} \right\} \\
&= -\int_{-\infty}^{\infty} \frac{\partial u}{\partial t}(x,t)\frac{\partial^2 u}{\partial x^2}(x,t)\,dx
\end{aligned}$$

となる．よって

$$\frac{d}{dt}\mathcal{E}(t) = \int_{-\infty}^{\infty} \frac{\partial u}{\partial t}(x,t)\left(\frac{1}{c^2}\frac{\partial^2 u}{\partial t^2}(x,t) - \frac{\partial^2 u}{\partial x^2}(x,t) \right) dx = 0$$

を得る．以上より $\mathcal{E}(t)$ は一定となる．■

演習問題

1. $c>0$ を定数とする．波動方程式の初期値問題

$$\frac{\partial^2 u}{\partial t^2}(x,t)=c^2\frac{\partial^2 u}{\partial x^2}(x,t)\quad(-\infty<x<\infty,\,0<t<\infty),$$

$$u(x,0)=f(x),\quad \frac{\partial u}{\partial t}(x,0)=g(x)\quad(-\infty<x<\infty)$$

の解 $u(x,t)$ を次の場合にそれぞれ求めよ．

(1) $f(x)=\dfrac{1}{1+x^2}$, $g(x)=0$.

(2) $f(x)=0$, $g(x)=\dfrac{1}{1+x^2}$.

2. 半直線 $[0,\infty)$ 上での初期値・境界値問題：

$$\frac{\partial^2 u}{\partial t^2}(x,t)=c^2\frac{\partial^2 u}{\partial x^2}(x,t)\quad(0<x<\infty,\,0<t<\infty),$$

$$u(0,t)=0\quad(t>0),$$

$$u(x,0)=f(x),\quad \frac{\partial u}{\partial t}(x,0)=g(x)\quad(0<x<\infty)$$

の解 $u(x,t)$ を求めたい．仮定として，f は $[0,\infty)$ 上で C^2 級，g は $[0,\infty)$ 上で C^1 級とし，

$$f(0)=f''(0)=0,\quad g(0)=0$$

を満たすものとする．このとき，$\widetilde{f}(x)$, $\widetilde{g}(x)$ をそれぞれ $f(x)$, $g(x)$ の $\mathbb{R}$ 上への奇関数拡張とし，$x\in\mathbb{R}$, $t\geq 0$ において，

$$\widetilde{u}(x,t)=\frac{1}{2}(\widetilde{f}(x-ct)+\widetilde{f}(x+ct))+\frac{1}{2c}\int_{x-ct}^{x+ct}\widetilde{g}(y)\,dy$$

とおく．$\widetilde{u}(x,t)$ を $x\in[0,\infty)$ 上に制限した関数を $u(x,t)$ とおくと，$u(x,t)$ が求める解となっていることを示せ．

3. $c,\sigma>0$ として，

$$\frac{\partial^2 u}{\partial t^2}(x,t)=c^2\frac{\partial^2 u}{\partial x^2}(x,t)+\cos(x-\sigma t)\quad(-\infty<x<\infty,\,0<t<\infty),$$

$$u(x,0)=0,\quad \frac{\partial u}{\partial t}(x,0)=0\quad(-\infty<x<\infty)$$

の解 $u(x,t)$ を，$\sigma\neq c$ の場合と，$\sigma=c$ の場合に分けて，それぞれ求めよ．

4.

$$\frac{\partial^2 u}{\partial t^2}(x,t)=c^2\frac{\partial^2 u}{\partial x^2}(x,t)\quad(-\infty<x<\infty,\ 0<t<\infty),$$

$$u(x,0)=f(x),\quad \frac{\partial u}{\partial t}(x,0)=g(x)\quad(-\infty<x<\infty)$$

の解 $u(x,t)$ を考える．ある $R>0$ があって，

$$f(x)=g(x)=0\quad(|x|\geq R)$$

を満たすとする．このとき $t>0,\ |x|\geq R+ct$ において $u(x,t)=0$ が成り立つことを，ダランベールの公式を用いて説明せよ．

5.

$$\frac{\partial^2 u}{\partial t^2}(x,t)=\frac{\partial^2 u}{\partial x^2}(x,t)\quad(-\infty<x<\infty,\ -\infty<t<\infty),$$

$$u(x,0)=f(x),\quad \frac{\partial u}{\partial t}(x,0)=0\quad(-\infty<x<\infty)$$

の解 $u(x,t)$ を考える．ただし，$f(x)$ は連続であって，ある $R>0$ に対して，$|x|\geq R$ では $f(x)=0$ を満たすものとする．このとき

$$v(x,t):=\int_{-\infty}^{\infty}\frac{1}{\sqrt{4\pi t}}e^{-\frac{s^2}{4t}}u(x,s)\,ds\quad(x\in\mathbb{R},\ t>0)$$

とおく．次を示せ．

(1) $x\in\mathbb{R}$ を固定するとき，$u(x,s)$ は s の関数として，ある有界区間の外では 0 となることを説明せよ．

(2)

$$\frac{\partial v}{\partial t}(x,t)=\frac{\partial^2 v}{\partial x^2}(x,t)\quad(x\in\mathbb{R},\ t>0).$$

(3)

$$v(x,t)\to f(x)\quad(t\to 0).$$

第14章
ラプラス変換とその応用

この章では，ラプラス変換とその応用について学ぶ．ラプラス変換は常微分方程式の初期値問題の解法にとても有効であるが，全空間や半直線上の偏微分方程式の解法にも役に立つ．

14.1 ラプラス変換の定義と例

$f(t)$ は $t \geq 0$ で定義され，区分的に連続であるとする．さらに，ある定数 $M > 0$ と $a \in \mathbb{R}$ があって，

$$|f(t)| \leq Me^{at} \quad (t \geq 0)$$

を満たすような関数全体の集合を，ここでは $\mathcal{F}_0$ で表そう．ここで，$f(t)$ は $f(t) = e^{\alpha t}$, $\alpha \in \mathbb{C}$ のような複素数値関数の場合でもよいものとする．

定義 14.1 $f \in \mathcal{F}_0$ とする．このとき，

$$L(f)(s) = F(s) = \int_0^\infty e^{-st} f(t)\, dt$$

で，$f(t)$ のラプラス変換 $L(f)(s)$ を定義する．

上記にあるように，これを $F(s)$ と書いたり，または $L(f(t))(s)$ とも書いたりする．上記の右辺は広義積分であり，特に $f(t)$ が $|f(t)| \leq Me^{at}$ $(t \geq 0)$ を満たすとき，そのラプラス変換 $L(f)(s)$ は，$s > a$ なる任意の s に対して定義できる．なぜなら，

$$\int_0^\infty e^{-st}|f(t)|\,dt \le M\int_0^\infty e^{-(s-a)t}\,dt = \frac{M}{s-a} < \infty \quad (s > a)$$

となるからである．特に，

$$|L(f)(s)| = |F(s)| \to 0 \quad (s \to \infty)$$

となることに注意しておく．

例 14.1　$f(t) = e^{\alpha t}$, $\alpha \in \mathbb{C}$ とする．このとき，$|f(t)| \le e^{(\mathrm{Re}\,\alpha)t}$ なので

$$L(f)(s) = \int_0^\infty e^{-st}e^{\alpha t}\,dt = \left[\frac{1}{\alpha - s}e^{(\alpha-s)t}\right]_{t=0}^{t=\infty} = \frac{1}{s-\alpha} \quad (s > \mathrm{Re}\,\alpha)$$

を得る．■

例 14.2　$\omega \in \mathbb{R}$ を定数とする．このとき，次が成り立つ．

$$L(\sin(\omega t))(s) = \frac{\omega}{s^2+\omega^2}, \quad L(\cos(\omega t))(s) = \frac{s}{s^2+\omega^2}.$$

なぜなら，$\sin(\omega t) = \frac{1}{2i}(e^{i\omega t} - e^{-i\omega t})$ なので，

$$\begin{aligned} L(\sin(\omega t))(s) &= \frac{1}{2i}\int_0^\infty e^{-st}(e^{i\omega t} - e^{-i\omega t})\,dt \\ &= \frac{1}{2i}\left(\frac{1}{s-i\omega} - \frac{1}{s+i\omega}\right) \\ &= \frac{1}{2i}\left(\frac{2i\omega}{s^2+\omega^2}\right) = \frac{\omega}{s^2+\omega^2} \end{aligned}$$

を得る．同様に，

$$\begin{aligned} L(\cos(\omega t))(s) &= \frac{1}{2}\int_0^\infty e^{-st}(e^{i\omega t} + e^{-i\omega t})\,dt \\ &= \frac{1}{2}\left(\frac{1}{s-i\omega} + \frac{1}{s+i\omega}\right) \\ &= \frac{1}{2}\left(\frac{2s}{s^2+\omega^2}\right) = \frac{s}{s^2+\omega^2} \end{aligned}$$

を得る．■

14.2　ラプラス変換の基本的性質

ここで，ラプラス変換の計算で有効な公式をいくつか紹介しよう．

命題 14.1　$f \in \mathcal{F}_0$ とする．$|f(t)| \leq Me^{at}$ として，$F(s) = L(f)(s)$ とするとき，次が成り立つ．

$$L(t^n f(t))(s) = (-1)^n F^{(n)}(s) \quad (s > a,\, n = 1, 2, \ldots).$$

証明　積分記号下の微分の公式を用いることで，

$$\begin{aligned} L(t^n f(t))(s) &= \int_0^\infty e^{-st} t^n f(t)\, dt \\ &= \int_0^\infty \left(-\frac{\partial}{\partial s}\right)^n (e^{-st}) f(t)\, dt \\ &= \left(-\frac{\partial}{\partial s}\right)^n \int_0^\infty e^{-st} f(t)\, dt \\ &= (-1)^n F^{(n)}(s) \quad (s > a) \end{aligned}$$

となる．■

命題 14.2　b を実定数とする．$f \in \mathcal{F}_0$ で，$|f(t)| \leq Me^{at}$ として，$F(s) = L(f)(s)$ とするとき，次が成り立つ．

$$L(e^{bt} f(t))(s) = F(s - b) \quad (s - b > a).$$

証明　これは簡単で，

$$\begin{aligned} L(e^{bt} f(t))(s) &= \int_0^\infty e^{-st} e^{bt} f(t)\, dt \\ &= \int_0^\infty e^{-(s-b)t} f(t)\, dt \\ &= F(s - b). \quad ■ \end{aligned}$$

これらの公式を用いることで，次のような関数に対するラプラス変換を求めることができる．

例題 14.1

次を示せ．

(1) $s>0$ に対して

$$L(t^n)(s)=\frac{n!}{s^{n+1}},\quad L(t^ne^{at})(s)=\frac{n!}{(s-a)^{n+1}}.$$

(2) $s>0$ に対して

$$L(t\cos(\omega t))(s)=\frac{s^2-\omega^2}{(s^2+\omega^2)^2},\quad L(t\sin(\omega t))(s)=\frac{2\omega s}{(s^2+\omega^2)^2}.$$

(3) $s>a$ に対して

$$L(e^{at}\cos(\omega t))(s)=\frac{s-a}{(s-a)^2+\omega^2},$$
$$L(e^{at}\sin(\omega t))(s)=\frac{\omega}{(s-a)^2+\omega^2}.$$

【解　答】 (1) まず

$$F(s)=L(1)(s)=\int_0^\infty e^{-st}\,dt=\frac{1}{s}.$$

よって，

$$L(t^n)(s)=(-1)^nF^{(n)}(s)=\frac{n!}{s^{n+1}}.$$

また

$$L(t^ne^{at})(s)=\frac{n!}{(s-a)^{n+1}}$$

を得る．

(2)

$$L(te^{i\omega t})(s)=-\frac{d}{ds}\Big(L(e^{i\omega t})(s)\Big)=-\frac{d}{ds}\left(\frac{1}{s-i\omega}\right)=\frac{1}{(s-i\omega)^2}$$

となる．よって

$$\begin{aligned}
L(t\cos(\omega t))(s) &= \frac{1}{2}(L(te^{i\omega t})(s) + L(te^{-i\omega t})(s)) \\
&= \frac{1}{2}\left(\frac{1}{(s-i\omega)^2} + \frac{1}{(s+i\omega)^2}\right) \\
&= \frac{1}{2}\left(\frac{(s+i\omega)^2 + (s-i\omega)^2}{(s^2+\omega^2)^2}\right) \\
&= \frac{s^2-\omega^2}{(s^2+\omega^2)^2}.
\end{aligned}$$

同様にして

$$\begin{aligned}
L(t\sin(\omega t))(s) &= \frac{1}{2i}(L(te^{i\omega t})(s) - L(te^{-i\omega t})(s)) \\
&= \frac{1}{2i}\left(\frac{1}{(s-i\omega)^2} - \frac{1}{(s+i\omega)^2}\right) \\
&= \frac{2\omega s}{(s^2+\omega^2)^2}.
\end{aligned}$$

(3)　$L(\sin(\omega t))(s) = \frac{\omega}{s^2+\omega^2}$, $L(\cos(\omega t))(s) = \frac{s}{s^2+\omega^2}$ より，

$$\begin{aligned}
L(e^{at}\sin(\omega t))(s) &= \frac{\omega}{(s-a)^2+\omega^2}, \\
L(e^{at}\cos(\omega t))(s) &= \frac{s-a}{(s-a)^2+\omega^2}
\end{aligned}$$

を得る．■

次に，導関数のラプラス変換についての重要な公式を述べよう．$f(t)$ は $t \geq 0$ で連続であり，$f'(t)$ は区分的連続であるとし，さらにある定数 M, a で

$$|f(t)| + |f'(t)| \leq Me^{at} \quad (t \geq 0)$$

を満たすとする．また，このような関数 $f(t)$ の全体を $\mathcal{F}_1$ で表すものとする．

命題 14.3 $f \in \mathcal{F}_1$ とする．このとき次が成り立つ．

$$L(f'(t))(s) = sL(f(t))(s) - f(0).$$

証明 $|f(t)| + |f'(t)| \leq Me^{at}$ $(t \geq 0)$ であるとし，$f'(t)$ の不連続点が $t = c > 0$ のみである場合に示す．このとき，区間 $[0, c]$ および $[c, \infty)$ では，それぞれ部分積分できて，

$$\begin{aligned} L(f'(t))(s) &= \int_0^c e^{-st} f'(t)\, dt + \int_c^\infty e^{-st} f'(t)\, dt \\ &= \Big[f(t)e^{-st} \Big]_{t=0}^{t=c} + \int_0^c se^{-st} f(t)\, dt \\ &\quad + \Big[f(t)e^{-st} \Big]_{t=c}^{t=\infty} + \int_c^\infty se^{-st} f(t)\, dt \\ &= -f(0) + s\int_0^\infty e^{-st} f(t)\, dt = sL(f(t))(s) - f(0) \end{aligned}$$

を得る．ここで $t = c$ では $f(t)$ は連続なので，$t = c$ での項が消えてしまうことに注意されたい．■

また，$f(t)$ および $f'(t)$ は $t \geq 0$ で連続であり，$f''(t)$ は区分的連続であるとする．さらにある定数 M, a で

$$|f(t)| + |f'(t)| + |f''(t)| \leq Me^{at} \quad (t \geq 0)$$

を満たすような関数 $f(t)$ の全体を $\mathcal{F}_2$ で表すものとする．

命題 14.4 $f \in \mathcal{F}_2$ とする．このとき次が成り立つ．

$$L(f''(t))(s) = s^2 L(f(t))(s) - sf(0) - f'(0).$$

証明 $f' \in \mathcal{F}_1$ であることに注意して，先ほどの命題 14.3 を f' に対して適用し，もう一度 f に対しても適用すると，

$$\begin{aligned} L(f''(t))(s) &= L((f')'(t))(s) = sL(f'(t))(s) - f'(0) \\ &= s\Big(sL(f(t))(s) - f(0) \Big) - f'(0) \end{aligned}$$

$$= s^2L(f(t))(s) - sf(0) - f'(0)$$

を得る．■

最後に，2 つの関数 $f(t)$, $g(t)$ のたたみ込みを

$$(f*g)(t) = \int_0^t f(t-\sigma)g(\sigma)\,d\sigma$$

で定めるとき，次が成り立つ．

命題 14.5　$f, g \in \mathcal{F}_0$ とする．このとき次が成り立つ．

$$L((f*g)(t))(s) = (L(f))(s)(L(g))(s).$$

証明　定義 14.1 とたたみ込みの定義より，

$$\begin{aligned} L((f*g)(t))(s) &= \int_0^\infty e^{-st}(f*g)(t)\,dt \\ &= \int_0^\infty e^{-st}\left(\int_0^t f(t-\sigma)g(\sigma)\,d\sigma\right)dt. \end{aligned}$$

ここで，積分の順序を交換する．先に σ を $0 \leq \sigma < \infty$ で固定するとき，t の動く範囲は $\sigma \leq t < \infty$ であるので，上式は

$$\int_0^\infty g(\sigma)\left(\int_\sigma^\infty e^{-st}f(t-\sigma)\,dt\right)d\sigma$$

となるが，t に関する積分を $u = t - \sigma$ で u の積分に変換することで，上式は

$$\begin{aligned} &\int_0^\infty g(\sigma)\left(\int_0^\infty e^{-s(\sigma+u)}f(u)\,du\right)d\sigma \\ &= \left(\int_0^\infty g(\sigma)e^{-s\sigma}\,d\sigma\right)\left(\int_0^\infty f(u)e^{-su}\,du\right) \end{aligned}$$

となって証明すべき式を得る．■

14.3 逆ラプラス変換

この節では，まずラプラス変換の一意性について述べ，逆ラプラス変換の公式を与える．

定理 14.1（**一意性の定理**）　$f, g \in \mathcal{F}_0$ で $f'(t)$, $g'(t)$ は区分的連続とし，ある β に対して $L(f)(s) = L(g)(s)$ $(s > \beta)$ が成り立つとき，次が成り立つ．

$$f(t+0) + f(t-0) = g(t+0) + g(t-0) \quad (t \geq 0).$$

特に，$f(t)$, $g(t)$ が連続であるような点 t で $f(t) = g(t)$ が成立する．

注意 **14.1**　この定理の意味するところは，$F(s) = L(f)(s)$ のとき，ラプラス変換 $F(s)$ から，もとの関数 $f(t)$ が一意的に定まることを意味する．この $F(s)$ から $f(t)$ に対応させる対応を**逆ラプラス変換**といって，$f(t) = L^{-1}(F(s))(t)$ と表す．

定理 14.1 の証明　$f \in \mathcal{F}_0$ で $f'(t)$ は区分的連続とし，ある β に対して $L(f)(s) = 0$ $(s > \beta)$ が成り立つとき，$f(t+0) + f(t-0) = 0$ $(t \geq 0)$ が成り立つことを示せばよい．この証明には，少し複素関数論の知識を用いる．ここで $|f(t)| \leq Me^{at}$ $(t \geq 0)$ が成り立つとしてよく，$f(t) = 0$ $(t < 0)$ として $f(t)$ を $\mathbb{R}$ 上に拡張しておく．このとき，$\sigma > a$ に対して，$e^{-\sigma t}f(t)$ は $\mathbb{R}$ 上で区分的 C^1 級であり可積分なので，

$$F_\sigma(\xi) := \frac{1}{\sqrt{2\pi}} \int_0^\infty e^{-\sigma x} f(x) e^{-ix\xi}\, dx = \widehat{e^{-\sigma x} f}(x)(\xi)$$

として，フーリエ変換の反転公式（定理 10.2）より次が成り立つ．

$$e^{-\sigma x}\left(\frac{f(x+0) + f(x-0)}{2}\right) = \lim_{N\to\infty} \frac{1}{\sqrt{2\pi}} \int_{-N}^{N} F_\sigma(x) e^{i\xi x}\, d\xi \quad (x > 0).$$

ここで，$s := \sigma + i\xi$ として，改めて

$$F(s) := \int_0^\infty e^{-st} f(t)\, dt = \int_0^\infty e^{-\sigma t} f(t) e^{-i\xi t}\, dt = \sqrt{2\pi}\, F_\sigma(\xi)$$

とおくと，

$$\frac{1}{2}(f(x+0) + f(x-0)) = \lim_{n\to\infty} \frac{1}{2\pi} \int_{-N}^{N} F(s) e^{x(\sigma+i\xi)}\, d\xi$$

$$= \lim_{N\to\infty} \frac{1}{2\pi i} \int_{\sigma-iN}^{\sigma+iN} F(s)e^{xs}\,ds \quad (x>0,\, \sigma = \mathrm{Re}\,s > a). \tag{14.1}$$

ここで，$F(s)$ は $s \in \mathbb{R}$ のときは $f(t)$ のラプラス変換であり，$s = \sigma + i\xi \in \mathbb{C}$ でも，$\mathrm{Re}\,s = \sigma > a$ なる半平面上で複素関数として正則な関数になることに注意しよう．このとき，仮定の $F(s) = 0$ $(s > \beta)$ より，複素関数論の一致の定理から $F(s) = 0$ $(\mathrm{Re}\,s > a)$ となるので，上式より $f(x+0) + f(x-0) = 0$ $(x > 0)$ が成り立つことになる．■

注意 14.2　(14.1) 式において，特に $f(x)$ が x で連続ならば

$$f(x) = \lim_{N\to\infty} \frac{1}{2\pi i} \int_{\sigma-iN}^{\sigma+iN} F(s)e^{xs}\,ds \tag{14.2}$$

として，逆ラプラス変換 $f(t) = L^{-1}(F(s))(t)$ を計算する公式を得る．さらに，もし $F(s)$ $(s \in \mathbb{C})$ が有理型関数で，ある $\sigma > a$ に対して半平面 $\{z \in \mathbb{C} \mid \mathrm{Re}\,z \le \sigma\}$ 内に有限個の極 $\{z_j\}_{j=1}^{k}$ しか持たないとする．このとき，十分大きな $R > 0$ に対して

$$C_R := \{z \in \mathbb{C} \mid |z-a| = R,\, \mathrm{Re}\,z \le \sigma\}$$

なる円弧 C_R を考えて，この円弧 C_R 上で一様に $F(z) \to 0$ $(z \in C_R)$ が成り立つならば，留数定理より

$$f(x) = \lim_{R\to\infty} \frac{1}{2\pi i}\left(\int_{C'_R} F(z)e^{xz}\,dz + \int_{C_R} F(z)e^{xz}\,dz\right) = \sum_{j=1}^{k} \mathrm{Res}[F(z)e^{xz}, z_j]$$

として計算できることに注意しておこう．ここで，C'_R は線分：

$$C'_R := \{z = \sigma + i\xi \mid -\alpha(R) \le \xi \le \alpha(R)\}$$

で，ただし $\alpha(R) > 0$ は $(\sigma - a)^2 + \alpha(R)^2 = R^2$ を満たす数である．

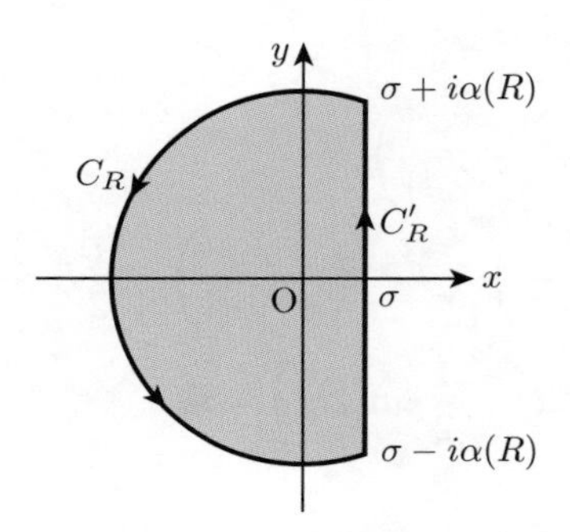

図 **14.1**　積分経路 $C_R + C'_R$

実際の多くの計算では，定理14.1の一意性の定理に基づいて，上記のような留数計算を用いた公式(14.2)を使わなくても，既知の関数のラプラス変換の対応表を見ることで，与えられた $F(s)$ の逆ラプラス変換

$$f(t) = L^{-1}(F(s))(t)$$

を求めることとなる.

例 14.3 $L(e^{at})(s) = \frac{1}{s-a}$ であったので,

$$L^{-1}\left(\frac{1}{s-a}\right)(t) = e^{at}.$$

また，$L(\cos(\omega t))(s) = \frac{s}{s^2+\omega^2}$ であったので,

$$L^{-1}\left(\frac{s}{s^2+\omega^2}\right)(t) = \cos(\omega t). \quad \blacksquare$$

少し複雑な関数 $F(s)$ に対しても，次のように部分分数に分解することで逆ラプラス変換を求めることができる.

例 14.4

$$L^{-1}\left(\frac{1}{(s-1)(s^2+4)}\right)(t) = \frac{1}{5}\left(e^t - \cos(2t) - \frac{1}{2}\sin(2t)\right).$$

まず

$$\frac{1}{(s-1)(s^2+4)} = \frac{A}{s-1} + \frac{Bs+C}{s^2+4}$$

として，$A = \frac{1}{5}$, $B = C = -\frac{1}{5}$ を得る．よって,

$$\begin{aligned}
&L^{-1}\left(\frac{1}{(s-1)(s^2+4)}\right)(t) \\
&= \frac{1}{5}\left(L^{-1}\left(\frac{1}{s-1}\right) - L^{-1}\left(\frac{s}{s^2+4}\right) - \frac{1}{2}L^{-1}\left(\frac{2}{s^2+4}\right)\right)(t) \\
&= \frac{1}{5}\left(e^t - \cos(2t) - \frac{1}{2}\sin(2t)\right). \quad \blacksquare
\end{aligned}$$

平行移動やたたみ込みの公式を利用して，いくつかの逆ラプラス変換の計算練習をしておこう．

例題 14.2

$L^{-1}\left(\dfrac{2s+3}{s^2-2s+5}\right)(t) = 2e^t\cos(2t) + \dfrac{5}{2}e^t\sin(2t)$ を示せ．

【解　答】 $\dfrac{s-a}{(s-a)^2+b^2},\quad \dfrac{b}{(s-a)^2+b^2}$

の形を用いて変形することがポイントとなる．今，$s^2-2s+5=(s-1)^2+4=(s-1)^2+2^2$ であるので，

$$\frac{2s+3}{s^2-2s+5} = \frac{2(s-1)+5}{(s-1)^2+2^2} = 2\left(\frac{s-1}{(s-1)^2+2^2}\right) + \frac{5}{2}\left(\frac{2}{(s-1)^2+2^2}\right)$$

と変形することにより，

$$\begin{aligned} &L^{-1}\left(\frac{2s+3}{s^2-2s+5}\right)(t) \\ &= 2L^{-1}\left(\frac{s-1}{(s-1)^2+2^2}\right)(t) + \frac{5}{2}L^{-1}\left(\frac{2}{(s-1)^2+2^2}\right)(t) \\ &= 2e^t\cos(2t) + \frac{5}{2}e^t\sin(2t). \quad \blacksquare \end{aligned}$$

例題 14.3

$L^{-1}\left(\dfrac{1}{(s-a)^2}\right)(t) = te^{at}$ を示せ．

【解　答】 これは，既に知っている公式でもあるが，ここではたたみ込みの性質を用いての計算をしてみよう．$f(t)=e^{at}$ として，$F(s)=L(f(t))(s)=\frac{1}{s-a}$ であったので，

$$\begin{aligned} L^{-1}\left(\frac{1}{(s-a)^2}\right)(t) &= L^{-1}\left(\frac{1}{s-a}\cdot\frac{1}{s-a}\right)(t) \\ &= \int_0^t e^{a(t-\tau)}e^{a\tau}\,d\tau = \int_0^t e^{at}\,d\tau = te^{at}. \quad \blacksquare \end{aligned}$$

14.4 ラプラス変換の応用

14.4.1 常微分方程式への応用

定数係数の線形微分方程式の初期値問題：

$$y''(t) + ay'(t) + by(t) = r(t), \quad y(0) = \alpha,\ y'(0) = \beta$$

をラプラス変換を用いて解くことができる．その手順は，次のとおりである．

（**Step 1**） 初期値問題の解 $y(t)$ のラプラス変換を $Y(s) = L(y(t))(s)$，非斉次項 $r(t)$ のラプラス変換を $R(s)$ として，微分方程式のラプラス変換をとることで，初期条件の情報こみで，$Y(s)$ が満たすべき代数方程式：

$$(s^2Y(s) - sy(0) - y'(0)) + a(sY(s) - y(0)) + bY(s) = R(s)$$

を導く．特に，初期条件が $y(0) = y'(0) = 0$ の場合には，

$$(s^2 + as + b)Y(s) = R(s).$$

従って，

$$Y(s) = \frac{R(s)}{s^2 + as + b}$$

となる．

（**Step 2**） $Y(s)$ を求め，必要に応じて，部分分数展開などを行い，逆ラプラス変換が求めやすいように $Y(s)$ の表現を書き換える．

（**Step 3**） 逆ラプラス変換を用いて，

$$y(t) = L^{-1}(Y(s))(t)$$

として求める解 $y(t)$ を得る．

次の例題でその手順を理解しよう.

例題 14.4

$$y''(t) + 4y(t) = 2\sin t, \quad y(0) = 0,\ y'(0) = 0$$

の解 $y(t)$ をラプラス変換を用いて求めよ.

【解　答】 $Y(s) = L(y(t))(s)$ とおいて, 微分方程式のラプラス変換をとると

$$(s^2+4)Y(s) = \frac{2}{s^2+1}.$$

よって,

$$\begin{aligned} Y(s) &= \frac{2}{(s^2+1)(s^2+4)} = \frac{2}{3}\left(\frac{1}{s^2+1} - \frac{1}{s^2+4}\right) \\ &= \frac{2}{3}\left(\frac{1}{s^2+1} - \frac{1}{2}\frac{2}{s^2+4}\right) \end{aligned}$$

となるので,

$$y(t) = L^{-1}(Y(s))(t) = \frac{2}{3}\sin t - \frac{1}{3}\sin(2t)$$

を得る. ■

14.4.2　偏微分方程式への応用

ラプラス変換は偏微分方程式の解法にも役立つが, ここでは典型的な応用例だけ紹介しておこう. まず, 次の積分公式を学んでおこう.

補題 14.1

(1)　$b > 0$ に対して, 次が成り立つ.

$$\int_0^\infty e^{-\left(\tau - \frac{b}{\tau}\right)^2}\, d\tau = \frac{\sqrt{\pi}}{2}.$$

(2)　$s, x > 0$ に対して, 次が成り立つ.

$$\int_0^\infty e^{-\tau^2 - \frac{sx^2}{4\tau^2}}\, d\tau = \frac{\sqrt{\pi}}{2}e^{-x\sqrt{s}}.$$

(3)　$s, x > 0$ に対して, 次が成り立つ.

$$L\left(t^{-\frac{3}{2}}e^{-\frac{x^2}{4t}}\right)(s) = \frac{2\sqrt{\pi}}{x}e^{-x\sqrt{s}}.$$

証明　(1)　$\lambda := \frac{b}{\tau}$ とすると，$\frac{d\tau}{d\lambda} = -\frac{b}{\lambda^2}$ なので

$$\int_0^\infty e^{-\left(\tau-\frac{b}{\tau}\right)^2}\,d\tau = \int_0^\infty \frac{b}{\lambda^2} e^{-\left(\lambda-\frac{b}{\lambda}\right)^2}\,d\lambda$$

となる．よって

$$2\int_0^\infty e^{-\left(\tau-\frac{b}{\tau}\right)^2}\,d\tau = \int_0^\infty \left(1+\frac{b}{\lambda^2}\right) e^{-\left(\lambda-\frac{b}{\lambda}\right)^2}\,d\lambda$$

を得る．ここで，$x := \lambda - \frac{b}{\lambda}$ として，$\frac{dx}{d\lambda} = 1 + \frac{b}{\lambda^2}$ なので

$$\int_0^\infty \left(1+\frac{b}{\lambda^2}\right) e^{-\left(\lambda-\frac{b}{\lambda}\right)^2}\,d\lambda = \int_{-\infty}^\infty e^{-x^2}\,dz = \sqrt{\pi}$$

となる．よって求める公式を得る．

(2)　(1) より

$$\int_0^\infty e^{-\tau^2-\frac{sx^2}{4\tau^2}}\,d\tau = \int_0^\infty e^{-\left(\tau-\frac{x\sqrt{s}}{2\tau}\right)^2} e^{-x\sqrt{s}}\,d\tau = \frac{\sqrt{\pi}}{2} e^{-x\sqrt{s}}$$

を得る．

(3)　$\tau := \frac{x}{2\sqrt{t}}$ とおくと，$t = \frac{x^2}{4\tau^2}$ なので，$\frac{dt}{d\tau} = -\frac{x^2}{2\tau^3}$ となる．よって

$$\begin{aligned} L\left(t^{-\frac{3}{2}} e^{-\frac{x^2}{4t}}\right)(s) &= \int_0^\infty t^{-\frac{3}{2}} e^{-\frac{x^2}{4t}} e^{-st}\,dt \\ &= \frac{4}{x}\int_0^\infty e^{-\tau^2} e^{-\frac{sx^2}{4\tau^2}}\,d\tau = \frac{2\sqrt{\pi}}{x} e^{-x\sqrt{s}} \end{aligned}$$

を得る．ここで最後に (2) を用いた．■

例題 14.5

(1)　$x, s > 0$ に対して，次を示せ．

$$L\left(\frac{1}{\sqrt{4\pi t}} e^{-\frac{x^2}{4t}}\right)(s) = \frac{1}{2\sqrt{s}} e^{-x\sqrt{s}}.$$

従って，

$$\frac{1}{\sqrt{4\pi t}} e^{-\frac{x^2}{4t}} = L^{-1}\left(\frac{1}{2\sqrt{s}} e^{-x\sqrt{s}}\right)(t) \quad (x, t > 0).$$

(2)　熱方程式の初期値問題

$$\frac{\partial u}{\partial t}(x,t) = \frac{\partial^2 u}{\partial x^2}(x,t) \quad (x \in \mathbb{R},\, t > 0),$$

$$u(x,0) = f(x) \quad (x \in \mathbb{R})$$

の有界な解 $u(x,t)$ をラプラス変換を用いて求めよ．

【解　答】　(1)　補題 14.1 の (3) の両辺を s で微分することで

$$\int_0^\infty \left(-\frac{1}{\sqrt{t}}\right) e^{-\frac{x^2}{4t}} e^{-st}\,dt = \frac{2\sqrt{\pi}}{x}\left(-\frac{1}{2}\frac{x}{\sqrt{s}}\right) e^{-x\sqrt{s}}$$

となり，整理して

$$\int_0^\infty \frac{1}{\sqrt{t}} e^{-\frac{x^2}{4t}} e^{-st}\,dt = \frac{\sqrt{\pi}}{\sqrt{s}} e^{-x\sqrt{s}}$$

を得る．両辺を $\sqrt{4\pi}$ で割ることで示すべき公式を得る．

(2)　解 $u(x,t)$ のラプラス変換を $U(x,s)$ とおく．すなわち

$$U(x,s) = L(u(x,\,\cdot\,))(s) = \int_0^\infty e^{-st} u(x,t)\,dt.$$

このとき，方程式をラプラス変換することで

$$\begin{aligned} sU(x,s) - f(x) &= L\left(\frac{\partial u}{\partial t}(x,\,\cdot\,)\right)(s) \\ &= L\left(\frac{\partial^2 u}{\partial x^2}(x,\,\cdot\,)\right)(s) \\ &= \frac{d^2}{dx^2} U(x,s) \end{aligned}$$

となる．つまり，$s > 0$ に対して

$$-\frac{d^2}{dx^2} U(x,s) + sU(x,s) = f(x) \quad (x \in \mathbb{R})$$

を満たすことになる．これを満たす解は，例えばフーリエ変換を用いて

$$U(x,s) = \frac{1}{2\sqrt{s}} \int_{-\infty}^\infty e^{-\sqrt{s}|x-y|} f(y)\,dy$$

と求めることができる（演習問題の演習 5 参照）．従って

$$u(x,t) = L^{-1}(U(x,\,\cdot\,))(t) = \int_{-\infty}^{\infty} L^{-1}\left(\frac{1}{2\sqrt{s}}e^{-\sqrt{s}|x-y|}\right)(t) f(y)\,dy$$
$$= \frac{1}{\sqrt{4\pi t}}\int_{-\infty}^{\infty} e^{-\frac{|x-y|^2}{4t}} f(y)\,dy$$

を得る. ■

例題 14.6

熱方程式の初期値・境界値問題

$$\frac{\partial u}{\partial t}(x,t) = \frac{\partial^2 u}{\partial x^2}(x,t) \quad (x>0,\, t>0),$$

$$u(x,0) = 0 \quad (x>0), \quad u(0,t) = f(t) \quad (t>0)$$

の解 $u(x,t)$ をラプラス変換を用いて求めよ.

【解　答】 $U(x,s) = L(u(x,\,\cdot\,))(s)$ とおくと, $s>0$ として

$$\frac{d^2}{dx^2}U(x,s) = sU(x,s) \quad (x>0)$$

かつ $U(0,s) = L(f)(s)$ を得る. $U(x,s)$ は s に関して有界なことから

$$U(x,s) = U(0,s)e^{-x\sqrt{s}} = L(f)(s)e^{-x\sqrt{s}} \quad (x>0)$$

を得る. ここで

$$g(x,t) := \frac{x}{2\sqrt{\pi}}t^{-\frac{3}{2}}e^{-\frac{x^2}{4t}}$$

とおくと, 補題 14.1 (3) より

$$L(g(x,\,\cdot\,))(s) = e^{-x\sqrt{s}} \quad (x>0)$$

なので

$$U(x,s) = L(f)(s)L(g(x,\,\cdot\,))(s)$$

となる. よって, たたみ込みに関する公式より

$$u(x,t) = \int_0^t f(t-s)g(x,s)\,ds = \frac{x}{2\sqrt{\pi}}\int_0^t f(t-s)s^{-\frac{3}{2}}e^{-\frac{x^2}{4s}}\,ds$$

を得る. ■

演習問題

1. $a \neq b$として，次を示せ．

$$L^{-1}\left(\frac{1}{(s-a)(s-b)}\right)(t) = \frac{1}{a-b}(e^{at} - e^{bt}).$$

2. 次を示せ．

$$L^{-1}\left(\frac{s}{(s^2+4)^2}\right)(t) = \frac{1}{4}t\sin(2t).$$

3. $r(t)$ を区分的連続な関数として，

$$y''(t) - 5y'(t) + 6y(t) = r(t), \quad y(0) = 0,\ y'(0) = 1$$

の解 $y(t)$ をラプラス変換を用いて求めよ．

4. 連立微分方程式の初期値問題：

$$x'(t) = 3x(t) - y(t), \quad y'(t) = x(t) + y(t), \quad x(0) = 0,\ y(0) = 1$$

をラプラス変換を用いて解け．

5. $s > 0$とするとき，次の解 $u(x)$ をフーリエ変換を用いて求めよ．

$$-\frac{d^2u}{dx^2}(x) + su(x) = f(x) \quad (x \in \mathbb{R}).$$

6. **ガウスの誤差関数**を

$$\mathrm{erf}(y) := \frac{2}{\sqrt{\pi}}\int_0^y e^{-z^2}\,dz,$$

また**ガウスの相補誤差関数**を

$$\mathrm{erfc}(y) := 1 - \mathrm{erf}(y) = 1 - \frac{2}{\sqrt{\pi}}\int_0^y e^{-z^2}\,dz$$

とおく．次の熱方程式の初期値・境界値問題の解 $u(x,t)$ を次の 2 通りの考え方で求める．

$$\frac{\partial u}{\partial t}(x,t) = \frac{\partial^2 u}{\partial x^2}(x,t) \quad (x > 0,\ t > 0),$$

$$u(0,t) = 1 \quad (t > 0), \quad u(x,0) = 0 \quad (x > 0).$$

(1) $v(x,t) := u(x,t) - 1$ として $v(x,t)$ が同じ熱方程式を満たし，また境界条件と初期条件

$$v(0,t) = 0 \quad (t > 0), \quad v(x,0) = -1 \quad (x > 0)$$

を満たすことから，次を示せ．

$$u(x,t) = \mathrm{efrc}\left(\frac{x}{\sqrt{4t}}\right).$$

(2)　ラプラス変換を用いて，$U(x,s) = L(u(x,\ \cdot))(s)$ とおくとき

$$\frac{d^2}{dx^2}U(x,s) = sU(x,s) \ \ (x > 0), \quad U(0,s) = \frac{1}{s}$$

を満たすことから，次を示せ.

$$U(x,s) = \frac{1}{s}e^{-\sqrt{s}x}.$$

(3)　$s, x > 0$ に対して，次を示せ.

$$L\left(\mathrm{erfc}\left(\frac{x}{\sqrt{4t}}\right)\right)(s) = \frac{1}{s}e^{-\sqrt{s}x}.$$

第 15 章

*等周不等式，微分不等式など

この章では，フーリエ級数の応用のさらなる広がりとして，幾何学，解析学などにまつわるいくつかの興味深い話題を味わうことにしよう．

15.1 等周不等式

長さが一定のロープで囲まれる領域の面積を最大にするには，どうすればよいか？という幾何学における最適化問題は有名である．ここでは，フルビッツによるフーリエ級数の理論を活用した解決を味わうこととする．

定理 15.1（等周不等式） $\mathit{\Gamma}$ は平面 $\mathbb{R}^2$ における連続かつ区分的 C^1 級の単純閉曲線とする．このときの $\mathit{\Gamma}$ の長さを L, $\mathit{\Gamma}$ で囲まれる領域の面積を A とするとき，次が成り立つ．

$$A \leq \frac{L^2}{4\pi}.$$

さらに，等号が成立するのは，$\mathit{\Gamma}$ が円のときに限る．

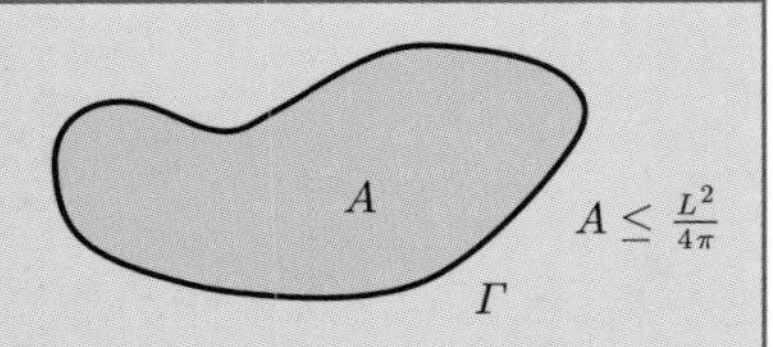

図 15.1　等周不等式

証明　(**Step 1**)　$\mathit{\Gamma}$ は弧長 s をパラメータとして，$\gamma(s) = (x(s), y(s))$ $(0 \leq s \leq L)$ とパラメータ表示できる．仮定より，$x(s), y(s)$ は周期 L で連続かつ区分的 C^1 級の実数値関数である．弧長パラメータなので，$(x'(s))^2 + (y'(s))^2 = 1$

$(s \in [0, L])$ となることが知られている．今，

$$f(t) := x\left(\frac{Lt}{2\pi}\right), \quad g(t) := y\left(\frac{Lt}{2\pi}\right)$$

とおくと，$f(t)$, $g(t)$ は周期 2π で連続かつ区分的 C^1 級の実数値関数となり，Γ: $(f(t), g(t))$ $(0 \leq t \leq 2\pi)$ となる．また，

$$f'(t) = \left(\frac{L}{2\pi}\right)x'\left(\frac{Lt}{2\pi}\right)$$

などより

$$(f'(t))^2 + (g'(t))^2 = \left(\frac{L}{2\pi}\right)^2 \quad (0 \leq t \leq 2\pi)$$

が成り立つ．今，$n \in \mathbb{Z}$ に対して，周期 2π の関数 $a(x)$ のフーリエ係数の定義

$$c_n[a] := \frac{1}{2\pi}\int_0^{2\pi} a(x)e^{-inx}\,dx$$

を思い出して，パーセバルの等式（定理 6.3）により

$$\begin{aligned}\left(\frac{L}{2\pi}\right)^2 &= \frac{1}{2\pi}\int_0^{2\pi} |f'(t)|^2 + |g'(t)|^2\,dt \\ &= \sum_{n=-\infty}^{\infty} |c_n[f']|^2 + |c_n[g']|^2 \\ &= \sum_{n=-\infty}^{\infty} |n|^2(|c_n[f]|^2 + |c_n[g]|^2)\end{aligned}$$

となる．またベクトル解析で学んだように，曲線 Γ: $(f(t), g(t))$ $(0 \leq t \leq 2\pi)$ で囲まれた領域の面積を A とするとき

$$A = \left|\frac{1}{2}\int_0^{2\pi} (f(t)g'(t) - g'(t)f(t))\,dt\right|$$

となるので，系 6.3 より

$$A = \pi\left|\sum_{n=-\infty}^{\infty} n(c_n[f]\overline{c_n[g]} - \overline{c_n[f]}c_n[g])\right|$$

となる．ここで，$f(t)$, $g(t)$ が実数値関数であることより

$$\overline{c_n[f]} = c_{-n}[f], \quad \overline{c_n[g]} = c_{-n}[g]$$

なることに注意して

$$A = \pi \left| \sum_{n=-\infty}^{\infty} n(c_n[f]c_{-n}[g] - c_{-n}[f]c_n[g]) \right|$$
$$\leq \pi \sum_{n=-\infty}^{\infty} |n| \left| c_n[f]c_{-n}[g] - c_{-n}[f]c_n[g] \right|$$

となる．さらにここで，

$$\left| c_n[f]c_{-n}[g] - c_{-n}[f]c_n[g] \right|$$
$$\leq |c_n[f]|\,|c_{-n}[g]| + |c_{-n}[f]|\,|c_n[g]| = 2|c_n[f]|\,|c_n[g]| \tag{15.1}$$
$$\leq |c_n[f]|^2 + |c_n[g]|^2 \tag{15.2}$$

であり

$$|n| \leq |n|^2 \tag{15.3}$$

であることを用いることで

$$A \leq \pi \sum_{n=-\infty}^{\infty} |n|^2(|c_n[f]|^2 + |c_n[g]|^2) = \pi \times \left(\frac{L}{2\pi}\right)^2 = \frac{L^2}{4\pi} \tag{15.4}$$

を得る．

（**Step 2**） (15.1) で等号が成立するとしたら，(15.1), (15.2), (15.3) において，すべて等号が成立しなければならない．まず，(15.3) での等号成立より $|n| \geq 2$ なるすべての n に対して $|c_n[f]|^2 + |c_n[g]|^2 = 0$ となるべきである．さらに (15.2) での等号成立より，$|c_1[f]| = |c_1[g]|$ となるべきで，従ってまた $|c_{-1}[f]| = |c_{-1}[g]|$ も成り立つ．よって

$$2(|c_1[f]|^2 + |c_1[g]|^2) = \frac{L^2}{4\pi^2}$$

より

$$|c_1[f]| = |c_1[g]| = \frac{L}{4\pi}$$

を得る．このことより，ある実数 α, β が存在して

$$c_1[f] = \frac{L}{4\pi}e^{i\alpha}, \quad c_1[g] = \frac{L}{4\pi}e^{i\beta}$$

と書けることになる．さらに (15.1) の等号成立より

$$|c_1[f]c_{-1}[g] - c_{-1}[f]c_1[g]| = 2|c_1[f]|\,|c_1[g]| = \frac{L^2}{8\pi^2}$$

なので，

$$\left(\frac{L}{4\pi}\right)^2 |e^{i\alpha}e^{-i\beta} - e^{-i\alpha}e^{i\beta}| = \frac{L^2}{8\pi^2}$$

を得る．これより，$|\sin(\alpha-\beta)| = 1$ となるので，$\alpha - \beta = \frac{\pi}{2}k$（$k$ は奇数）となる．以上より

$$f(t) = c_0[f] + c_1[f]e^{it} + c_{-1}[f]e^{-it} = c_0[f] + \frac{L}{2\pi}\cos(t+\alpha),$$

$$\begin{aligned} g(t) &= c_0[g] + \frac{L}{2\pi}\cos(t+\beta) = c_0[g] + \frac{L}{2\pi}\cos\left(t+\alpha-\frac{\pi}{2}k\right) \\ &= c_0[g] + \frac{L}{2\pi}\sin(t+\alpha)\sin\left(\frac{\pi}{2}k\right) \end{aligned}$$

となる．よって，$k = 1, 5, 9, \ldots$ の場合は

$$f(t) = c_0[f] + \frac{L}{2\pi}\cos(t+\alpha), \quad g(t) = c_0[g] + \frac{L}{2\pi}\sin(t+\alpha)$$

となり，$k = 3, 7, 11, \ldots$ の場合は

$$f(t) = c_0[f] + \frac{L}{2\pi}\cos(-(t+\alpha)), \quad g(t) = c_0[g] + \frac{L}{2\pi}\sin(-(t+\alpha))$$

となって，いずれの場合でも Γ: $(f(t), g(t))$ $(0 \le t \le 2\pi)$ は円を表す．■

15.2 微分不等式

いくつかの**微分不等式**を紹介しておこう．

定理 15.2 周期 2π の C^1 級実数値関数 $f(x)$ で $\int_0^{2\pi} f(x)\,dx = 0$ を満たすすべての $f(x)$ に対して，次の不等式が成り立つ．

$$\int_0^{2\pi} |f(x)|^2\,dx \leq \int_0^{2\pi} |f'(x)|^2\,dx.$$

等号成立は，$f(x) = A\cos x + B\sin x$（A, B は定数）のときのみである．

証明 仮定より

$$f(x) = \sum_{n=-\infty}^{\infty} c_n[f]e^{inx}, \quad c_n[f] = \frac{1}{2\pi}\int_0^{2\pi} f(x)e^{-inx}\,dx$$

と書け，特に $c_0[f] = 0$ である．また

$$S[f'](x) = \sum_{n=-\infty}^{\infty} c_n[f']e^{inx} = \sum_{n=-\infty}^{\infty} (in)c_n[f]e^{inx}$$

である．パーセバルの等式より

$$\int_0^{2\pi} |f'(x)|^2\,dx = 2\pi \sum_{n=-\infty}^{\infty} |c_n[f']|^2 = 2\pi \sum_{n=-\infty}^{\infty} |n|^2|c_n[f]|^2$$

および

$$\int_0^{2\pi} |f(x)|^2\,dx = 2\pi \sum_{n=-\infty}^{\infty} |c_n[f]|^2$$

が成り立つ．以上より

$$\begin{aligned}\int_0^{2\pi} |f(x)|^2\,dx &= 2\pi \sum_{n\neq 0} |c_n[f]|^2 \\ &\leq 2\pi \sum_{n\neq 0} |n|^2|c_n[f]|^2 = \int_0^{2\pi} |f'(x)|^2\,dx\end{aligned}$$

を得る．等号成立するときは，$|n| \geq 2$ で $c_n[f] = 0$ なるときに限る．よって

$$f(x) = c_1[f]e^{ix} + c_{-1}[f]e^{-ix} = c_1[f]e^{ix} + \overline{c_1[f]}e^{-ix}$$

のときで，これより定理の主張を得る．■

定理 15.3　区間 $[0,\pi]$ 上 C^1 級実数値関数 $f(x)$ で $f(0) = f(\pi) = 0$ を満たすすべての $f(x)$ に対して，次の不等式が成り立つ．

$$\int_0^\pi |f(x)|^2\,dx \leq \int_0^\pi |f'(x)|^2\,dx.$$

等号成立は，$f(x) = A\sin x$（A は定数）のときのみである．

証明　$f(x)$ を区間 $[-\pi,\pi]$ に奇関数に拡張し，さらに周期 2π 関数として $\mathbb{R}$ に拡張した関数を $\widetilde{f}(x)$ とおく．このとき，$\widetilde{f}$ は $\mathbb{R}$ 上の C^1 級関数となることがわかる．このことから，パーセバルの等式より

$$2\int_0^\pi |f(x)|^2\,dx = \int_{-\pi}^\pi |\widetilde{f}(x)|^2\,dx = 2\pi\sum_{n=-\infty}^{\infty}|c_n[\widetilde{f}]|^2,$$

$$\begin{aligned}2\int_0^\pi |f'(x)|^2\,dx &= \int_{-\pi}^\pi |\widetilde{f}'(x)|^2\,dx \\ &= 2\pi\sum_{n=-\infty}^{\infty}|c_n[\widetilde{f}']|^2 = 2\pi\sum_{n=-\infty}^{\infty}|n|^2|c_n[\widetilde{f}]|^2\end{aligned}$$

が成り立つ．よって

$$\int_0^\pi |f(x)|^2\,dx \leq \int_0^\pi |f'(x)|^2\,dx$$

が成り立ち，等号が成立するのは $|n| \geq 2$ の対して $c_n[\widetilde{f}] = 0$ となるときである．ここで，$\widetilde{f}$ は奇関数なので $c_0[\widetilde{f}] = 0$ となる．さらにまた

$$c_1[\widetilde{f}] = -\frac{i}{\pi}\int_0^\pi f(x)\sin x\,dx,\quad c_{-1}[\widetilde{f}] = \frac{i}{\pi}\int_0^\pi f(x)\sin x\,dx$$

となることから

$$f(x) = c_a[\widetilde{f}]e^{ix} + c_{-1}[\widetilde{f}]e^{-x} = \frac{2}{\pi}\left(\int_0^\pi f(t)\sin t\,dt\right)\sin x$$

を得る．■

系 15.1　$a<b$ とし，区間 $[a,b]$ 上 C^1 級実数値関数 $f(x)$ で $f(a)=f(b)=0$ を満たすすべての $f(x)$ に対して，次の不等式が成り立つ．

$$\int_a^b |f(x)|^2\,dx \le \left(\frac{b-a}{\pi}\right)^2 \int_a^b |f'(x)|^2\,dx.$$

等号成立は，

$$f(x) = A\sin\left(\frac{\pi(x-a)}{b-a}\right) \quad (A \text{ は定数})$$

のときのみである．

証明

$$g(x) := f\left(a + \frac{b-a}{\pi}x\right) \quad (0 \le x \le \pi)$$

とおくと，$g(x)$ に定理 15.3 が適用できるので

$$\int_0^\pi |g(x)|^2\,dx \le \int_0^\pi |g'(x)|^2\,dx$$

を得る．変数変換 $y = a + \frac{b-a}{\pi}x$ によって

$$(\text{左辺}) = \int_a^b |f(y)|^2 \left(\frac{\pi}{b-a}\right) dy,$$

$$(\text{右辺}) = \int_a^b \left(\frac{b-a}{\pi}\right)^2 |f'(y)|^2 \left(\frac{\pi}{b-a}\right) dy$$

となるので，示すべき不等式が得られる．■

第 16 章

*ポアソンの和公式とその応用

この章では，フーリエ級数とフーリエ変換の応用として，ポアソンの和公式について学ぶ．またポアソンの和公式の興味深い応用をいくつか学ぶことにしよう．

16.1 ポアソンの和公式

遠くで早く減衰する関数に対して，2 通りに表現される周期 2π の関数が等しいことを主張する，次の**ポアソンの和公式**を学ぼう．

定理 16.1（ポアソンの和公式） ϕ は $\mathbb{R}$ 上の連続関数であって，ϕ およびそのフーリエ変換 $\widehat{\phi}$ は，ある定数 $C > 0$ と $\varepsilon > 0$ があって，次を満たすものとする．

$$|\phi(x)| \leq \frac{C}{(1+|x|)^{1+\varepsilon}} \ (x \in \mathbb{R}), \quad |\widehat{\phi}(\xi)| \leq \frac{C}{(1+|\xi|)^{1+\varepsilon}} \ (\xi \in \mathbb{R}).$$

このとき，任意の $x \in \mathbb{R}$ に対して，次が成り立つ．

$$\sum_{j=-\infty}^{\infty} \phi(x+2\pi j) = \frac{1}{\sqrt{2\pi}} \sum_{n=-\infty}^{\infty} \widehat{\phi}(n) e^{inx}.$$

特に $x = 0$ として，次を得る．

$$\sum_{j=-\infty}^{\infty} \phi(2\pi j) = \frac{1}{\sqrt{2\pi}} \sum_{n=-\infty}^{\infty} \widehat{\phi}(n).$$

証明　まず仮定と $\sum_{m=1}^{\infty} \frac{1}{m^{1+\varepsilon}} < \infty$ であることから

$$\sum_{j=-\infty}^{\infty} |\phi(x+2\pi j)| < \infty \quad (x \in \mathbb{R}), \quad \sum_{n=-\infty}^{\infty} |\widehat{\phi}(n)| < \infty$$

となることに注意しよう．今，

$$u(x) := \sum_{j=-\infty}^{\infty} \phi(x+2\pi j) \quad (x \in \mathbb{R})$$

とおくと，$u(x)$ は周期 2π の関数である．$0 \le x \le 2\pi$ に対して，$|x+2\pi j| \ge |2\pi j|$ $(j \le -1)$ かつ $|x+2\pi j| \ge 2\pi(j-1)$ $(j \ge 2)$ であることに注意して

$$|\phi(x+2\pi j)| \le \frac{C}{(1+|2\pi j|)^{1+\varepsilon}} \le \frac{C}{|2\pi j|^{1+\varepsilon}} \quad (j \le -1,\, x \in [0, 2\pi])$$

および

$$|\phi(x+2\pi j)| \le \frac{C}{(1+|2\pi(j-1)|)^{1+\varepsilon}} \le \frac{C}{|2\pi(j-1)|^{1+\varepsilon}} \quad (j \ge 2,\, x \in [0, 2\pi])$$

なので，$\sum_{j=-\infty}^{\infty} \phi(x+2\pi j)$ は $0 \le x \le 2\pi$ 上で一様収束することがわかる．よって，$\phi(x)$ が連続であったので，$u(x)$ は周期 2π の連続関数となる．さらに項別積分して，

$$c_n[u] = \frac{1}{2\pi} \int_{-\pi}^{\pi} u(x) e^{-inx}\, dx = \frac{1}{2\pi} \sum_{j=-\infty}^{\infty} \left(\int_{-\pi}^{\pi} \phi(x+2\pi j) e^{-inx}\, dx \right)$$

となる．ここで変数変換 $y := x + 2\pi j$ によって

$$\int_{-\pi}^{\pi} \phi(x+2\pi j) e^{-inx}\, dx = \int_{-\pi+2\pi j}^{\pi+2\pi j} \phi(y) e^{-iny}\, dy$$

となるので，仮定から $\phi \in L^1(\mathbb{R})$ であることにも注意して，結局

$$\begin{aligned} c_n[u] &= \frac{1}{2\pi} \sum_{j=-\infty}^{\infty} \int_{-\pi+2\pi j}^{\pi+2\pi j} \phi(y) e^{-iny}\, dy \\ &= \frac{1}{2\pi} \int_{-\infty}^{\infty} \phi(y) e^{-iny}\, dy = \frac{1}{\sqrt{2\pi}} \widehat{\phi}(n) \end{aligned}$$

が成り立つことになる．そこで，

$$v(x) := \sum_{n=-\infty}^{\infty} \frac{1}{\sqrt{2\pi}} \widehat{\phi}(n) e^{inx}$$

とおくと，仮定から，これも $\mathbb{R}$ 上で一様収束することになり，$v(x)$ は周期 2π の連続関数となる．$v(x)$ のフーリエ係数 $c_n[v]$ は

$$c_n[v] = \frac{1}{\sqrt{2\pi}}\widehat{\phi}(n) = c_n[u] \quad (n \in \mathbb{Z})$$

となる．$u(x)$, $v(x)$ はともに周期 2π の連続関数なので，系 6.1 より，$u(x) = v(x)$ $(x \in \mathbb{R})$ を得る．よって定理の主張が示された．■

例題 16.1

$a > 0$ とする．$k_a(x) := e^{-a|x|}$ に対してポアソンの和公式を適用して，次を示せ．

$$\frac{1}{2\pi}\sum_{n=-\infty}^{\infty}\frac{2a}{a^2+n^2} = \frac{1}{\tanh(\pi a)}.$$

【解　答】

$$\widehat{k_a}(\xi) = \frac{1}{\sqrt{2\pi}}\frac{2a}{a^2+\xi^2}$$

であった．よって，ポアソンの和公式の定理の仮定を $\varepsilon = 1$ として満たすので，適用できて次を得る．

$$\sum_{j=-\infty}^{\infty} e^{-a|x+2\pi j|} = \frac{1}{2\pi}\sum_{n=-\infty}^{\infty}\frac{2a}{a^2+n^2}e^{inx} \quad (x \in \mathbb{R}).$$

特に，$x = 0$ として

$$\begin{aligned}
\frac{1}{2\pi}\sum_{n=-\infty}^{\infty}\frac{2a}{a^2+n^2} &= \sum_{j=-\infty}^{\infty} e^{-2\pi a|j|} \\
&= 1 + 2\sum_{j=1}^{\infty} e^{-2\pi a j} \\
&= 1 + 2e^{-2\pi a}\frac{1}{1-e^{-2\pi a}} \\
&= \frac{e^{\pi a}+e^{-\pi a}}{e^{\pi a}-e^{-\pi a}} \\
&= \frac{1}{\tanh(\pi a)}
\end{aligned}$$

となり，結論を得る．■

16.2 サンプリング定理

ポアソンの和公式を応用して，次のシャノンの**サンプリング定理**を紹介しておこう．特に，$\widehat{f}(\xi)=0$ ($|\xi|\geq\pi$) であるような $f(x)$ ならば，$f(x)$ の値が離散的なデータ $\{f(n)\}_{n\in\mathbb{Z}}$ から復元できることを主張しており，不思議でありかつ重要な定理である．

定理 16.2 $f(x)$ は $\mathbb{R}$ 上の連続関数であって，ある定数 $C>0$ と $\varepsilon>0$ があって，次を満たすとする．

$$|f(x)|\leq\frac{C}{(1+|x|)^{1+\varepsilon}}\quad(x\in\mathbb{R}).$$

さらに，ある $\lambda>0$ があって

$$|\widehat{f}(\xi)|=0\quad(|\xi|\geq\lambda)$$

なる性質をもつとする．このとき次が成り立つ．

(a) $\lambda\leq\pi$ ならば，

$$f(t)=\sum_{n=-\infty}^{\infty}\frac{\sin(\pi(t-n))}{\pi(t-n)}f(n)\quad(t\in\mathbb{R}).$$

(b) $\lambda>\pi$ ならば，

$$\left|f(t)-\sum_{n=-\infty}^{\infty}\frac{\sin(\pi(t-n))}{\pi(t-n)}f(n)\right|\leq\sqrt{\frac{2}{\pi}}\int_{|\xi|\geq\pi}|\widehat{f}(\xi)|\,d\xi.$$

証明 (**Step 1**) $f(x)$ の仮定より，$F(\xi):=\widehat{f}(\xi)$ とおくと，$F(\xi)$ は連続関数となり，反転公式より次が成り立つ．

$$\begin{aligned}f(x)&=\frac{1}{\sqrt{2\pi}}\int_{-\lambda}^{\lambda}\widehat{f}(\xi)e^{ix\xi}\,d\xi\\&=\frac{1}{\sqrt{2\pi}}\int_{-\infty}^{\infty}F(\xi)e^{ix\xi}\,d\xi\end{aligned}$$

が成り立つ．特に，$f(-x)=\widehat{F}(x)$ となる．そこで

$$\widetilde{F}(\xi):=\sum_{n=-\infty}^{\infty}F(\xi+2\pi n)$$

とおくと，F にポアソンの和公式を適用できて

$$
\begin{aligned}
\widetilde{F}(\xi) &= \sum_{n=-\infty}^{\infty} F(\xi + 2\pi n) \\
&= \frac{1}{\sqrt{2\pi}} \sum_{n=-\infty}^{\infty} \widehat{F}(n) e^{in\xi} \\
&= \frac{1}{\sqrt{2\pi}} \sum_{n=-\infty}^{\infty} \widehat{F}(-n) e^{-in\xi} \\
&= \frac{1}{\sqrt{2\pi}} \sum_{n=-\infty}^{\infty} f(n) e^{-in\xi} \quad (\xi \in \mathbb{R})
\end{aligned}
$$

が成り立つ．また，仮定から上式の右辺は区間 $[-\pi, \pi]$ 上で一様収束するので項別積分して

$$
\begin{aligned}
\frac{1}{\sqrt{2\pi}} \int_{-\pi}^{\pi} \widetilde{F}(\xi) e^{it\xi}\, d\xi &= \frac{1}{2\pi} \sum_{n=-\infty}^{\infty} f(n) \int_{-\pi}^{\pi} e^{i\xi(t-n)}\, d\xi \\
&= \sum_{n=-\infty}^{\infty} f(n) \frac{\sin(\pi(t-n))}{\pi(t-n)} \quad (t \in \mathbb{R}) \qquad (16.1)
\end{aligned}
$$

を得る．（ただし，$t = n$ のときは $\frac{\sin(\pi(t-n))}{\pi(t-n)} = 1$ として解釈する．）

（**Step 2**） (a) まず $0 < \lambda \le \pi$ の場合を考える．このとき，仮定から，特に $F(\xi) = \widehat{f}(\xi) = 0$ $(|\xi| \ge \pi)$ となる．よって，$|\xi| \le \pi$ に対して

$$
\widetilde{F}(\xi) = \sum_{n=-\infty}^{\infty} F(\xi + 2\pi n) = F(\xi)
$$

となることに注意しよう．よって

$$
\begin{aligned}
f(x) &= \frac{1}{\sqrt{2\pi}} \int_{-\lambda}^{\lambda} F(\xi) e^{ix\xi}\, d\xi \\
&= \frac{1}{\sqrt{2\pi}} \int_{-\pi}^{\pi} F(\xi) e^{ix\xi}\, d\xi \\
&= \frac{1}{\sqrt{2\pi}} \int_{-\pi}^{\pi} \widetilde{F}(\xi) e^{ix\xi}\, d\xi
\end{aligned}
$$

でもあるので，(16.1) より

$$
f(x) = \sum_{n=-\infty}^{\infty} f(n) \frac{\sin(\pi(x-n))}{\pi(x-n)} \quad (x \in \mathbb{R})
$$

を得ることとなる．

(b) 次に $\lambda > \pi$ の場合を考える．

$$
\begin{aligned}
\frac{1}{\sqrt{2\pi}}\int_{-\pi}^{\pi}\widetilde{F}(\xi)e^{it\xi}\,d\xi &= \frac{1}{\sqrt{2\pi}}\sum_{n=-\infty}^{\infty}\int_{-\pi}^{\pi}F(\xi+2n\pi)e^{it\xi}\,d\xi \\
&= \frac{1}{\sqrt{2\pi}}\sum_{n=-\infty}^{\infty}\int_{-\pi+2n\pi}^{\pi+2n\pi}F(u)e^{it(u-2n\pi)}\,du \\
&= \frac{1}{\sqrt{2\pi}}\sum_{n=-\infty}^{\infty}e^{-2\pi int}\left(\int_{(2n-1)\pi}^{(2n+1)\pi}F(u)e^{itu}\,du\right)
\end{aligned}
$$

となる．一方，

$$
\begin{aligned}
f(t) &= \frac{1}{\sqrt{2\pi}}\int_{-\infty}^{\infty}F(u)e^{itu}\,du \\
&= \frac{1}{\sqrt{2\pi}}\sum_{n=-\infty}^{\infty}\int_{(2n-1)\pi}^{(2n+1)\pi}F(u)e^{itu}\,du
\end{aligned}
$$

である．従って

$$
\begin{aligned}
&\left|f(t)-\frac{1}{\sqrt{2\pi}}\int_{-\pi}^{\pi}\widetilde{F}(\xi)e^{it\xi}\,d\xi\right| \\
&\leq \frac{1}{\sqrt{2\pi}}\left|\sum_{n\neq 0}(1-e^{-2\pi int})\int_{(2n-1)\pi}^{(2n+1)\pi}F(u)e^{itu}\,du\right| \\
&\leq \frac{2}{\sqrt{2\pi}}\sum_{n\neq 0}\int_{(2n-1)\pi}^{(2n+1)\pi}|F(u)|\,du \\
&= \sqrt{\frac{2}{\pi}}\int_{|u|\geq\pi}|\widehat{f}(u)|\,du
\end{aligned}
$$

と評価できる．よって，(16.1) と合わせて，主張を得る．■

16.3 円周上の熱方程式の基本解

単位円周上での熱方程式を周期 2π の周期境界条件のもとでの熱方程式と同一視して考えるとき，初期条件

$$u(x,0)=u_0(x) \quad (0 \le x \le 2\pi)$$

と周期境界条件

$$u(0,t)=u(2\pi,t), \quad \frac{\partial u}{\partial x}(0,t)=\frac{\partial u}{\partial x}(2\pi,t)=0 \quad (t \ge 0)$$

に対する熱方程式

$$\frac{\partial u}{\partial t}(x,t)=\frac{\partial^2 u}{\partial x^2}(x,t) \quad (0 \le x \le 2\pi,\, t>0)$$

の解 $u(x,t)$ は，第 7 章で学んだフーリエの方法を用いて

$$\begin{aligned} u(x,t) &= \sum_{n=-\infty}^{\infty} \frac{1}{2\pi}\left(\int_{-\pi}^{\pi} u_0(y)e^{-iny}\,dy\right)e^{-tn^2}e^{inx} \\ &= \int_{-\pi}^{\pi} K_t(x-y)u_0(y)\,dy \end{aligned}$$

と書くことができることがわかる（演習問題 4 参照）．ここで，

$$K_t(x) := \frac{1}{2\pi}\sum_{n=-\infty}^{\infty} e^{-tn^2}e^{inx} \quad (t>0,\, x\in\mathbb{R})$$

であり，$K_t(x)$ は周期境界条件に対する熱方程式の**基本解**（あるいは，**熱核**）と呼ばれるものである．ポアソンの和公式を使うと，$K_t(x)$ は次の表現を持つことがわかる．

定理 16.3 次が成り立つ．

$$\begin{aligned} K_t(x) &= \frac{1}{2\pi}\sum_{n=-\infty}^{\infty} e^{-tn^2}e^{inx} \\ &= \frac{1}{\sqrt{4\pi t}}\sum_{n=-\infty}^{\infty} e^{-\frac{|x+2n\pi|^2}{4t}} \quad (t>0,\, x\in[0,2\pi]). \end{aligned}$$

注意 16.1 最初の $K_t(x)$ の表現からは，例えば $K_t(x)\ge 0$ であることが見えてこないが，上記の表現から $K_t(x)\ge 0$ であることが直ちにわかる．

証明

$$W_t(x) := \frac{1}{\sqrt{4\pi t}} e^{-\frac{x^2}{4t}} \quad (t > 0,\ x \in \mathbb{R})$$

とおくとき，

$$\widehat{W_t}(\xi) = \frac{1}{\sqrt{2\pi}} e^{-t\xi^2} \quad (\xi \in \mathbb{R})$$

であった．よって，$W_t(x)$ にポアソンの和公式を適用できて次を得る．

$$\sum_{n=-\infty}^{\infty} W_t(x + 2\pi n) = \frac{1}{\sqrt{2\pi}} \sum_{n=-\infty}^{\infty} \widehat{W_t}(n) e^{inx}.$$

従って

$$\begin{aligned}\frac{1}{\sqrt{4\pi t}} \sum_{n=-\infty}^{\infty} e^{-\frac{|x+2n\pi|^2}{4t}} &= \frac{1}{\sqrt{2\pi}} \sum_{n=-\infty}^{\infty} \left(\frac{1}{\sqrt{2\pi}} e^{-tn^2} \right) e^{inx} \\ &= \frac{1}{2\pi} \sum_{n=-\infty}^{\infty} e^{-tn^2} e^{inx}\end{aligned}$$

を得る．■

演習問題

1.

$$g(\xi) = \begin{cases} 1 - |\xi| & (|\xi| \leq 1) \\ 0 & (|\xi| > 1) \end{cases}$$

とし，$\widehat{h}(\xi) = g(\xi)$ なる $h(x)$ に対して，ポアソンの和公式を適用することで，$\alpha \notin \mathbb{Z}$ に対して次を示せ（第6章の演習7も参照）.

$$\sum_{n=-\infty}^{\infty} \frac{1}{(n+\alpha)^2} = \frac{\pi^2}{\sin^2(\pi\alpha)}.$$

2. 次の公式を示せ.

$$\frac{1}{\sqrt{t}} \sum_{n=-\infty}^{\infty} e^{-\frac{\pi n^2}{t}} = \sum_{n=-\infty}^{\infty} e^{-\pi t n^2} \quad (t > 0).$$

3. $a > 0$, $k_a(x) = e^{-a|x|}$ とする．$g(x) := (k_a * k_a)(x)$ とし，$g(x)$ にポアソンの和公式を適用することで，次を求めよ.

$$\sum_{n=-\infty}^{\infty} \frac{1}{(a^2+n^2)^2}.$$

4. 周期 2π の周期境界条件

$$u(0,t) = u(2\pi,t), \quad \frac{\partial u}{\partial x}(0,t) = \frac{\partial u}{\partial x}(2\pi,t)$$

のもとでの熱方程式

$$\frac{\partial u}{\partial t}(x,t) = \frac{\partial^2 u}{\partial x^2}(x,t) \quad (0 \leq x \leq 2\pi,\ t > 0)$$

に対するフーリエの方法で固有値問題の固有値と（複素）固有関数は

$$\lambda_n = n^2 \quad (n = 0, \pm 1, \pm 2, \ldots), \quad \phi_n(x) := e^{inx}$$

となることを示し，初期条件

$$u(x,0) = u_0(x) \quad (0 \leq x \leq 2\pi)$$

に対する熱方程式の解の表現を求めよ.

付章 A
*離散フーリエ変換

この付章において，周期的な数列に対する離散フーリエ変換の定義を与え，反転公式とパーセバルの等式について解説してある．離散フーリエ変換の基礎を学ぶことにより，フーリエ解析において基本的である反転公式とパーセバルの等式に触れ，その有用性を味わうこともできる．

A.1 離散フーリエ変換

この節では，さらに複素数の計算になれつつ，周期性をもつ複素数列に対して，離散フーリエ変換とその応用について学ぶことにしよう．ここでも，フーリエ解析の重要な考え方と有効性を味わうことができる．

N を 2 以上の自然数とし，

$$W_N := e^{\frac{2\pi i}{N}}$$

とおく．このとき，$W_N^N = e^{2\pi i} = 1$ であり，$\overline{W_N} = W_N^{-1}$ となることにも注意しておく．第 n 成分 $\mathbf{a}[n]$ が複素数であるような複素数列 $\mathbf{a} = \{\mathbf{a}[n]\}_{n=-\infty}^{\infty}$ のうちで，N-周期性（すなわち，$\mathbf{a}[m+N] = \mathbf{a}[m]$ $(m \in \mathbb{Z})$ を満たすこと）をもつものを N-周期性をもつ複素数列という．P_N で N-周期性をもつ複素数列全体を表すことにする．このとき，$\mathbf{a} \in P_N$ は，$\{\mathbf{a}[n]\}_{n=0}^{N-1}$ で決まるので，N 個の成分をもつ $\mathbb{C}^N = \{(\mathbf{a}[0], \mathbf{a}[1], \ldots, \mathbf{a}[N-1]) \mid \mathbf{a}[n] \in \mathbb{C}\ (n = 0, 1, 2, \ldots, N-1)\}$ と同一視できることに注意しよう．以後この同一視をして考える．

定義 A.1 $\mathbf{a} \in P_N$ に対して，離散フーリエ変換 $\mathcal{F}_N \colon P_N \to P_N$ を，$\mathbf{a} \in P_N$ に対して，$\widehat{\mathbf{a}} := \mathcal{F}_N \mathbf{a} = \{\widehat{\mathbf{a}}[m]\}_{m=-\infty}^{\infty}$ として

$$\widehat{\mathbf{a}}[m] := \sum_{n=0}^{N-1} \mathbf{a}[n] W_N^{-mn} \quad (m \in \mathbb{Z})$$

として定めることとする．（自動的に $\widehat{\mathbf{a}} \in P_N$ となっていることに注意されたい．従って，$\{\mathbf{a}[n]\}_{n=0}^{N-1}$ および $\{\widehat{\mathbf{a}}[m]\}_{m=0}^{N-1}$ のみ考えればよいことになる．）

$\mathbf{a}, \mathbf{b} \in P_N$ に対して，線形代数で学んだ $\mathbb{C}^N$ の内積を用いて，P_N に内積を

$$(\mathbf{a}, \mathbf{b})_{P_N} := \sum_{n=0}^{N-1} \mathbf{a}[n] \overline{\mathbf{b}[n]}$$

で定める．また P_N のノルムを

$$\|\mathbf{a}\|_{P_N} := \sqrt{(\mathbf{a}, \mathbf{a})_{P_N}} = \sqrt{\sum_{n=0}^{N-1} |\mathbf{a}[n]|^2}$$

で定める．次の関係が重要な役割を果たすこととなる．

補題 A.1
(1) $j, l \in \{0, 1, 2, \ldots, N-1\}$ に対して，次が成り立つ．

$$\sum_{k=0}^{N-1} W_N^{k(j-l)} = N\delta(j, l). \tag{A.1}$$

(2) $m = 0, 1, 2, \ldots, N-1$ に対して，$\mathbf{e}_m \in P_N$ を，$\mathbf{e}_m[n] := W_N^{nm}$ $(n = 0, 1, 2, \ldots, N-1)$ により定める．すなわち

$$\begin{aligned} \mathbf{e}_m &= (\mathbf{e}_m[0], \mathbf{e}_m[1], \mathbf{e}_m[2], \ldots, \mathbf{e}_m[N-1]) \\ &= (1, W_N^m, W_N^{2m}, \ldots, W_N^{(N-1)m}) \end{aligned}$$

となる．このとき，次が成り立つ．

$$(\mathbf{e}_m, \mathbf{e}_l)_{P_N} = N\delta(m, l).$$

証明 (1) $j \neq l$ のとき，

$$\sum_{k=0}^{N-1} W_N^{k(j-l)} = \frac{1 - W_N^{N(j-l)}}{1 - W_N^{j-l}} = 0$$

となることからわかる．$j = l$ の場合は，明らか．

(2)　$\overline{W_N^{ln}} = W_N^{-ln}$ に注意して，(1) から

$$(\mathbf{e}_m, \mathbf{e}_l)_{P_N} = \sum_{n=0}^{N-1} \mathbf{e}_m[n]\overline{\mathbf{e}_l[n]}$$
$$= \sum_{n=0}^{N-1} W_N^{nm} W_N^{-nl} = \sum_{n=0}^{N-1} W_N^{n(m-l)} = N\delta(m,l)$$

を得る．■

次の公式は，離散フーリエ変換 $\mathcal{F}_N \colon P_N \to P_N$ の**反転公式**を与える．

> **定理 A.1**　任意の $\mathbf{a} \in P_N$ に対して，次が成り立つ．
>
> $$\mathbf{a}[l] = \frac{1}{N} \sum_{m=0}^{N-1} \widehat{\mathbf{a}}[m] W_N^{ml} \quad (l = 0, 1, 2, \ldots, N-1).$$

証明　離散フーリエ変換の定義と補題 A.1 (1) より

$$\sum_{m=0}^{N-1} \widehat{\mathbf{a}}[m] W_N^{ml} = \sum_{m=0}^{N-1} \left(\sum_{n=0}^{N-1} \mathbf{a}[n] W_N^{-mn} \right) W_N^{ml}$$
$$= \sum_{n=0}^{N-1} \mathbf{a}[n] \left(\sum_{m=0}^{N-1} W_N^{m(l-n)} \right) = \sum_{n=0}^{N-1} \mathbf{a}[n] N\delta(n,l) = N\mathbf{a}[l]$$

を得る．これは主張が成り立つことを示している．■

注意 A.1　**逆離散フーリエ変換** $\mathcal{F}_N^{-1} \colon P_N \to P_N$ を

$$(\mathcal{F}_N^{-1}\mathbf{b})[l] := \frac{1}{N} \sum_{m=0}^{N-1} \mathbf{b}[m] W_N^{ml} \quad (l \in \mathbb{Z})$$

と定めるとき，反転公式（定理 A.1）は

$$\mathbf{a} = \mathcal{F}_N^{-1}(\mathcal{F}_N \mathbf{a}) \quad (\mathbf{a} \in P_N)$$

と書くことができる．

問 A.1　任意の $\mathbf{b} \in P_N$ に対して，$\mathbf{b} = \mathcal{F}_N(\mathcal{F}_N^{-1}\mathbf{b})$ が成り立つことを示せ．

次は，離散フーリエ変換に対する**パーセバルの等式**と呼ばれるものである．

命題 A.1　任意の $\mathbf{a}, \mathbf{b} \in P_N$ に対して，次が成り立つ．

$$(\mathbf{a}, \mathbf{b})_{P_N} = \frac{1}{N}(\widehat{\mathbf{a}}, \widehat{\mathbf{b}})_{P_N}.$$

特に，次が成り立つ．

$$\|\mathbf{a}\|_{P_N}^2 = \frac{1}{N}\|\widehat{\mathbf{a}}\|_{P_N}^2.$$

証明　反転公式と補題 A.1 (1) より，

$$\begin{aligned}
(\mathbf{a}, \mathbf{b})_{P_N} &= \sum_{l=0}^{N-1} \mathbf{a}[l]\overline{\mathbf{b}[l]} = \sum_{l=0}^{N=1} \left(\frac{1}{N}\sum_{m=0}^{N-1} \widehat{\mathbf{a}}[m] W_N^{ml}\right)\left(\frac{1}{N}\sum_{k=0}^{N-1} \overline{\widehat{\mathbf{b}}[k] W_N^{-kl}}\right) \\
&= \frac{1}{N^2}\sum_{m,k=0}^{N-1} \widehat{\mathbf{a}}[m]\overline{\widehat{\mathbf{b}}[k]}\left(\sum_{l=0}^{N-1} W_N^{(m-k)l}\right) \\
&= \frac{1}{N}\sum_{m,k=0}^{N-1} \widehat{\mathbf{a}}[m]\overline{\widehat{\mathbf{b}}[k]}\delta(m,k) = \frac{1}{N}(\widehat{\mathbf{a}}, \widehat{\mathbf{b}})_{P_N}
\end{aligned}$$

を得る．■

注意 A.2　$\mathbf{e}_m \in P_N \ (m = 0, 1, 2, \ldots, N-1)$ を用いると

$$(\mathbf{a}, \mathbf{e}_m)_{P_N} = \sum_{n=0}^{N-1} \mathbf{a}[n]\overline{\mathbf{e}_m[n]} = \sum_{n=0}^{N-1} \mathbf{a}[n] W_N^{-nm} = \widehat{\mathbf{a}}[m]$$

であることに注意すると，反転公式は

$$\mathbf{a} = \frac{1}{N}\sum_{m=0}^{N-1} (\mathbf{a}, \mathbf{e}_m)_{P_N}\mathbf{e}_m = \frac{1}{N}\sum_{m=0}^{N-1} \widehat{\mathbf{a}}[m]\mathbf{e}_m$$

と同値である．一方，

$$(\widehat{\mathbf{a}}, \overline{\mathbf{e}_m})_{P_N} = \sum_{n=0}^{N-1} \widehat{\mathbf{a}}[n]\mathbf{e}_m[n] = \sum_{n=0}^{N-1} \widehat{\mathbf{a}}[n] W_N^{nm} = N\mathbf{a}[m]$$

であるので，

$$\widehat{\mathbf{a}} = \frac{1}{N}\sum_{m=0}^{N-1} (\widehat{\mathbf{a}}, \overline{\mathbf{e}_m})_{P_N}\overline{\mathbf{e}_m} = \sum_{m=0}^{N-1} \mathbf{a}[m]\overline{\mathbf{e}_m}$$

が成り立つ．これらは，P_N の基底である $\{\mathbf{e}_m\}_{m=0}^{N-1}$ を用いた離散フーリエ変換および反転公式のベクトル表現となっている．ただ，実際の計算には，成分表示を用いた方がわかりやすい．

A.2 離散フーリエ変換の応用

離散フーリエ変換の興味深い応用例を 2 つ挙げておこう．

例題 A.1

$D > 0$ を与えられた定数とし，$N \geq 2$ を自然数とする．$\{u_k(t)\}_{k=-\infty}^{\infty}$ が次の連立常微分方程式の解とする．

$$\frac{du_k(t)}{dt} = D(u_{k+1}(t) + u_{k-1}(t) - 2u_k(t)) \quad (t > 0),$$
$$u_{k+N}(t) = u_k(t), \quad u_k(0) = a_k \quad (k \in \mathbb{Z}).$$

ただし，$\mathbf{a}[k] := a_k$ とおくとき，$\mathbf{a} \in P_N$ である初期ベクトルが与えられているものとする．このとき，解は任意の $k \in \mathbb{Z}$ に対して，次のように書くことができる．

$$u_k(t) = \frac{1}{N}\sum_{n=0}^{N-1}\left(\sum_{l=0}^{N-1} e^{-4D\left(\sin^2\left(\frac{\pi l}{N}\right)\right)t} W_N^{l(k-n)}\right)a_n. \tag{A.2}$$

特に，任意の k に対して次が成り立つことを示せ．

$$u_k(t) \to \frac{1}{N}\sum_{n=0}^{N-1} a_k \quad (t \to \infty).$$

【解　答】 ここでの連立常微分方程式は，生物の細胞（セル）内での問題において，円形に並んだ N 個のセル内を半透明な膜を介して，ある化学物質が出入りするという設定において現れる．すぐ両隣のセルとの濃度差に比例し，濃度が高いセルから低いセルへと流れるように濃度変化が起こるという法則のもとでの拡散現象を記述するものである．$u_k(t)$ で k 番目のセル内にある化学物質の時刻 t での濃度を表し，$D > 0$ のその拡散係数を表すことで，上の方程式は

$$\frac{du_k(t)}{dt} = D\Big((u_{k+1}(t) - u_k(t)) + (u_{k-1}(t) - u_k(t))\Big)$$

から従うものである．直接この連立常微分方程式の解を求めるのは容易ではない．しかしながら，離散フーリエ変換を用いることで，解の離散フーリエ変換が満たすべき微分方程式は単純なものとなり，容易に解くことができる．この様子を見てみよう．

まず，

$$\mathbf{u}(t) := \{\mathbf{u}[k](t)\}_{k=-\infty}^{\infty}, \quad \mathbf{u}[k](t) := u_k(t) \quad (k \in \mathbb{Z})$$

とおくことで，各時刻 t で $\mathbf{u}(t) \in P_N$ であって

$$\frac{d\mathbf{u}[k](t)}{dt} = D(\mathbf{u}[k+1](t) + \mathbf{u}[k-1](t) - 2\mathbf{u}[k](t)) \quad (k \in \mathbb{Z})$$

であり，$\mathbf{u}[k](0) = \mathbf{a}[k]$ $(k \in \mathbb{Z})$ を満たすものを見つけることと同値な問題となる．そこで，求めるべき解 $\mathbf{u}(t) \in P_N$ の離散フーリエ変換を

$$\widehat{\mathbf{u}}[m](t) := \sum_{k=0}^{N-1} \mathbf{u}[k](t) W_N^{-mk} \quad (m \in \mathbb{Z})$$

によって定めると，反転公式により

$$\mathbf{u}[k](t) = \frac{1}{N}\sum_{m=0}^{N-1} \widehat{\mathbf{u}}[m](t) W_N^{mk} \quad (k \in \mathbb{Z})$$

となる．このとき

$$\mathbf{u}[k+1](t) = \frac{1}{N}\sum_{m=0}^{N-1} \widehat{\mathbf{u}}[m](t) W_N^{mk} W_N^{m},$$

$$\mathbf{u}[k-1](t) = \frac{1}{N}\sum_{m=0}^{N-1} \widehat{\mathbf{u}}[m](t) W_N^{mk} W_N^{-m}$$

となる．よって，与えられた微分方程式より

$$\sum_{m=0}^{N-1} \frac{d\widehat{\mathbf{u}}[m](t)}{dt} = D\sum_{m=0}^{N-1} (W_N^m + W_N^{-m} - 2)\widehat{\mathbf{u}}[m](t) W_N^{mk}$$

を得る．この式に W_N^{-kl} をかけて，k に関して 0 から $N-1$ までの和をとることで

$$\begin{aligned} &\sum_{m=0}^{N-1} \frac{d\widehat{\mathbf{u}}[m](t)}{dt} \left(\sum_{k=0}^{N-1} W_N^{k(m-l)} \right) \\ &= D\sum_{m=0}^{N-1} (W_N^m + W_N^{-m} - 2)\widehat{\mathbf{u}}[m](t) \left(\sum_{k=0}^{N-1} W_N^{k(m-l)} \right) \end{aligned}$$

となる．補題 A.1 (1) より，次を得る．

$$\frac{d\widehat{\mathbf{u}}[l](t)}{dt} = D(W_N^l + W_N^{-l} - 2)\widehat{\mathbf{u}}[l](t) \quad (l \in \mathbb{Z}).$$

ここで，2 倍角の公式 $\cos(2\theta) - 1 = -2\sin^2\theta$ を用いて

$$\begin{aligned} W_N^l + W_N^{-l} - 2 &= e^{\frac{2\pi li}{N}} + e^{-\frac{2\pi li}{N}} - 2 \\ &= 2\cos\left(\frac{2\pi l}{N}\right) - 2 = -4\sin^2\left(\frac{\pi l}{N}\right) \end{aligned}$$

であることに注意すると，上式は

$$\frac{d\widehat{\mathbf{u}}[l](t)}{dt} = -4D\sin^2\left(\frac{\pi l}{N}\right)\widehat{\mathbf{u}}[l](t) \quad (l \in \mathbb{Z}).$$

と書ける．これは容易に解くことができて

$$\widehat{\mathbf{u}}[l](t) = \widehat{\mathbf{u}}[l](0)e^{-4D\left(\sin^2\left(\frac{\pi l}{N}\right)\right)t}$$

となる．ここで

$$\widehat{\mathbf{u}}[l](0) = \sum_{n=0}^{N-1} \mathbf{u}[n](0)W_N^{-ln} = \sum_{n=0}^{N-1} a_n W_N^{-ln}$$

であるので，

$$\widehat{\mathbf{u}}[l](t) = e^{-4D\left(\sin^2\left(\frac{\pi l}{N}\right)\right)t}\left(\sum_{n=0}^{N-1} a_n W_N^{-ln}\right)$$

を得る．最後に反転公式から

$$\begin{aligned}\mathbf{u}[k](t) &= \frac{1}{N}\sum_{l=0}^{N-1} \widehat{\mathbf{u}}[l](t)W_N^{lk} \\ &= \frac{1}{N}\sum_{n=0}^{N-1}\left(\sum_{l=0}^{N-1} e^{-4D\left(\sin^2\left(\frac{\pi l}{N}\right)\right)t}W_N^{l(k-n)}\right)a_n\end{aligned}$$

が得られる．特に，$l = 1, 2, \ldots, N-1$ に対しては $\sin^2\left(\frac{\pi l}{N}\right) > 0$ なので

$$e^{-4D\left(\sin^2\left(\frac{\pi l}{N}\right)\right)t} \to 0 \quad (t \to \infty)$$

となることから，

$$u_k(t) = \mathbf{u}[k](t) \to \frac{1}{N}\sum_{n=0}^{N-1} a_n \quad (t \to \infty)$$

を得る．■

例題 A.2

次の $N \times N$ 正方行列を考える.

$$A = \begin{pmatrix} -2 & 1 & 0 & \dots & \dots & 0 & 1 \\ 1 & -2 & 1 & 0 & \dots & \dots & 0 \\ 0 & 1 & -2 & 1 & 0 & \dots & \vdots \\ \vdots & \dots & \ddots & \ddots & \ddots & \dots & \vdots \\ \vdots & \dots & 0 & 1 & -2 & 1 & 0 \\ \vdots & \dots & \dots & 0 & 1 & -2 & 1 \\ 1 & 0 & \dots & \dots & 0 & 1 & -2 \end{pmatrix}.$$

行列 A の固有値 $\{\lambda_l\}_{l=0}^{N-1}$ は次で与えられることを示せ.

$$\lambda_l = -4\sin^2\left(\frac{\pi l}{N}\right) \quad (l = 0, 1, \dots, N-1).$$

【解 答】 この固有値問題は周期 N の数列 $\{u_k\}_{k\in\mathbb{Z}}$ で

$$u_{k+1} + u_{k-1} - 2u_k = \lambda u_k \quad (k \in \mathbb{Z})$$

が自明な解 $u_k = 0$ $(k \in \mathbb{Z})$ 以外の解を持つような定数 λ を求める問題と同値であることに注意しよう．つまり，$u_{-1} = u_{N-1}, u_N = u_0$ として $\{u_k\}_{k=0}^{N-1}$ をこの周期 N の数列の代表元として

$$A\begin{pmatrix} u_0 \\ u_1 \\ \vdots \\ u_{N-1} \end{pmatrix} = \lambda\begin{pmatrix} u_0 \\ u_1 \\ \vdots \\ u_{N-1} \end{pmatrix}$$

なる零ベクトルでない解を求める問題と同じである．そこで，改めて $\mathbf{u}[k] := u_k$ $(k \in \mathbb{Z})$ とおいて，離散フーリエ変換を用いて

$$\mathbf{u}[l] = \frac{1}{N}\sum_{m=0}^{N-1} \widehat{\mathbf{u}}[m] W_N^{mk} \quad (l = 0, 1, \dots, N-1)$$

と表すと，解くべき方程式は

$$\mathbf{u}[k+1] + \mathbf{u}[k-1] - 2\mathbf{u}[k] = \lambda\mathbf{u}[k] \quad (k \in \mathbb{Z})$$

となる．ここで，

$$\mathbf{u}[k+1] = \frac{1}{N}\sum_{m=0}^{N-1}\widehat{\mathbf{u}}[m]W_N^{m(k+1)},$$

$$\mathbf{u}[k-1] = \frac{1}{N}\sum_{m=0}^{N-1}\widehat{\mathbf{u}}[m]W_N^{m(k-1)}$$

などより

$$\frac{1}{N}\left(\sum_{m=0}^{N-1}\widehat{\mathbf{u}}[m]W_N^{m}W_N^{mk} + \sum_{m=0}^{N-1}\widehat{\mathbf{u}}[m]W_N^{-m}W_N^{mk} - 2\sum_{m=0}^{N-1}\widehat{\mathbf{u}}[m]W_N^{mk}\right)$$
$$= \frac{\lambda}{N}\sum_{m=0}^{N-1}\widehat{\mathbf{u}}[m]W_N^{mk}$$

となる．この式に W_N^{-lk} をかけて，$k = 0, 1, \ldots, N-1$ で和をとると

$$(W_N^l + W_N^{-l} - 2)\widehat{\mathbf{u}}[l] = \lambda\mathbf{u}[l] \quad (l = 0, 1, \ldots, N-1)$$

を得る．$\{\mathbf{u}[k]\}_{k=0}^{N-1}$ が零ベクトルでないことと $\{\widehat{\mathbf{u}}[l]\}_{l=0}^{N-1}$ が零ベクトルでないこととは同値なので，$W_N^l + W_n^{-l} - 2 = -4\sin^2\left(\frac{\pi l}{N}\right)$ より

$$\lambda = \lambda_l := -4\sin^2\left(\frac{\pi l}{N}\right) \quad (l = 0, 1, \ldots, N-1)$$

のみが固有値であって，対応する固有ベクトル $\mathbf{v}_l$ は

$$\widehat{\mathbf{v}_l}[k] = \delta(k, l)$$

を満たすものなので

$$\mathbf{v}_l[p] = \frac{1}{N}\sum_{m=0}^{N-1}\widehat{\mathbf{v}_l}[m]W_N^{mp} = \frac{1}{N}W_N^{lp} \quad (p = 0, 1, \ldots, N-1)$$

となる．すなわち

$$\mathbf{v}_l = \begin{pmatrix} \mathbf{v}_l[0] \\ \mathbf{v}_l[1] \\ \vdots \\ \mathbf{v}_l[N-1] \end{pmatrix} = \frac{1}{N}\begin{pmatrix} 1 \\ W_N^l \\ W_N^{2l} \\ \vdots \\ W_N^{(N-1)l} \end{pmatrix}$$

となる．■

付章 B

*部分求和公式

この付章では，部分求和公式を学び，少し繊細な収束定理を味わうことにする．

B.1　部分求和公式

第 2 章にも出てきた関数項級数 $\sum_{n=1}^{\infty} \frac{\sin(nx)}{n}$ の収束は，素朴にはワイエルシュトラスの M-判定法が使えないので，少し難しい．ここでは，そうした級数の収束を調べるのに有効な**部分求和公式**（**アーベル変換**とも呼ばれる）について学ぶ．部分求和公式は，部分積分の公式

$$\int_{\alpha}^{\beta} a(x)B'(x)\,dx = \Big[a(x)B(x)\Big]_{x=\alpha}^{x=\beta} - \int_{\alpha}^{\beta} a'(x)B(x)\,dx$$

に類似しており，次のように述べることができる．

命題 B.1　複素数列 $\{a_j\}_{j=1}^{\infty}$, $\{b_j\}_{j=1}^{\infty}$ に対して，$B_n := \sum_{j=1}^{n} b_j$ とおく．また，$B_0 := 0$ とする．このとき，$1 \leq p < q$ に対して，次が成り立つ．

$$\sum_{j=p}^{q} a_j b_j = a_q B_q - a_p B_{p-1} - \sum_{j=p}^{q-1} (a_{j+1} - a_j) B_j.$$

証明　以下のような変形をすることで示すことができる：

$$\sum_{j=p}^{q} a_j b_j = \sum_{j=p}^{q} a_j (B_j - B_{j-1})$$

$$
\begin{aligned}
&= a_p(B_p - B_{p-1}) + a_{p+1}(B_{p+1} - B_p) + a_{p+2}(B_{p+2} - B_{p+1}) \\
&\quad + \cdots + a_q(B_q - B_{q-1}) \\
&= a_p B_{p-1} + (a_p - a_{p+1})B_p + (a_{p+1} - a_{p+2})B_{p+1} \\
&\quad + \cdots + (a_{q-1} - a_q)B_{q-1} + a_q B_q \\
&= a_q B_q - a_p B_{q-1} - \sum_{j=p}^{q-1}(a_{j+1} - a_j)B_j. \quad ■
\end{aligned}
$$

B.2 応　　用

部分求和公式の応用として，次のような級数の収束定理を得ることができる．

定理 B.1　$a_n \to 0\ (n \to \infty)$，かつ $\sum_{n=1}^{\infty}|a_{n+1} - a_n| < \infty$ であり，ある定数 M があって $|B_N| \leq M\ (N = 1, 2, \ldots)$ が成り立つとする．ただし，$B_N := \sum_{j=1}^{N} b_j$ である．このとき，級数 $\sum_{j=1}^{\infty} a_j b_j$ は収束する．

証明　まず命題 B.1 で $p = 1, q = N > 1$ として

$$
\sum_{j=1}^{N} a_j b_j = a_N B_N - \sum_{j=1}^{N-1}(a_{j+1} - a_j)B_j
$$

が成り立つ．ここで仮定から，まず $|a_N B_N| \leq M|a_N| \to 0\ (N \to \infty)$ となる．また

$$
\sum_{j=1}^{N-1}|a_{j+1} - a_j|\,|B_j| \leq M\left(\sum_{j=1}^{\infty}|a_{j+1} - a_j|\right) < \infty
$$

なので $\sum_{j=1}^{\infty}|a_{j+1} - a_j|\,|B_j|$ は収束する．従って，$\lim_{N\to\infty} \sum_{j=1}^{N-1}(a_{j+1} - a_j)B_j$ は存在することになり，$\lim_{N\to\infty}\left(\sum_{j=1}^{N} a_j b_j\right)$ が存在して

$$
\sum_{j=1}^{\infty} a_j b_j = -\sum_{j=1}^{\infty}(a_{j+1} - a_j)B_j
$$

が成り立つ．■

系 B.1　$a_n \to 0\ (n \to \infty)$ で $\{a_n\}$ が単調減少数列とし，ある定数 M があって $|B_N| \leq M\ (N = 1, 2, \ldots)$ が成り立つとする．ただし，$B_N := \sum_{j=1}^{N} b_j$ である．このとき，級数 $\sum_{j=1}^{\infty} a_j b_j$ は収束する．

証明　仮定から $a_n \geq a_{n+1}$ なので，任意の自然数 N に対して

$$\begin{aligned}\sum_{n=1}^{N} |a_{n+1} - a_n| &= \sum_{n=1}^{N} (a_n - a_{n+1}) \\ &= a_1 - a_{N+1} \to a_1 \quad (N \to \infty)\end{aligned}$$

となる．よって，定理の仮定を満たすことがわかるので，結論を得る．■

例題 B.1

$\displaystyle\sum_{n=1}^{\infty} \frac{(-1)^n}{n}$ は収束することを示せ．

【解　答】　この事実は微分積分の級数論ですでに学んでいることと思うが，ここでは系 B.1 を用いて示してみる．$a_n = \frac{1}{n}, b_n = (-1)^n$ とおくと $\{a_n\}$ は単調減少列で，$a_n \to 0\ (n \to \infty)$ を満たし，

$$\begin{aligned}B_N &= \sum_{n=1}^{N} b_n = \sum_{n=1}^{N} (-1)^n \\ &= \begin{cases} 0 & (N \text{ が偶数のとき}) \\ -1 & (N \text{ が奇数のとき}) \end{cases}\end{aligned}$$

なので，$|B_N| \leq 1\ (N = 1, 2, \ldots)$ となる．よって，系 B.1 より，

$$\sum_{n=1}^{\infty} \frac{(-1)^n}{n} = \sum_{n=1}^{\infty} a_n b_n$$

は収束する．■

例題 B.2

(1) $\displaystyle\sum_{n=1}^{\infty}\frac{\sin(nx)}{n}$ は全ての $x\in\mathbb{R}$ で収束することを示せ.

(2) 任意の $\delta\in(0,\pi)$ に対して, $\displaystyle\sum_{n=1}^{\infty}\frac{\sin(nx)}{n}$ は, 区間 $I_\delta:=[\delta,2\pi-\delta]$ 上で一様収束することを示せ.

【解　答】 (1) $x\in\mathbb{R}$ を固定し, $a_n=\frac{1}{n}$, $b_n=\sin(nx)$ とおいて考える. まず, $x=m\pi$ $(m\in\mathbb{Z})$ のときは, $b_n=0$ $(n=1,2,\ldots)$ なので $\sum_{n=1}^{\infty}\frac{\sin(nx)}{n}$ は収束して, その値は 0 となる. 次に $x\neq m\pi$ $(m\in\mathbb{Z})$ のとき, 例題 1.2 (2) より

$$B_N=\sum_{n=1}^{N}b_n=\sum_{n=1}^{N}\sin(nx)$$

は

$$|B_N|=\left|\frac{\cos\left(\frac{x}{2}\right)-\cos\left(\left(N+\frac{1}{2}\right)x\right)}{2\sin\left(\frac{x}{2}\right)}\right|\leq\frac{1}{\sin\left(\frac{x}{2}\right)}\quad(N=1,2,\ldots)$$

となる. よって, 系 B.1 より $\sum_{n=1}^{\infty}\frac{\sin(nx)}{n}$ は収束することになる.

(2) $x\in I_\delta=[\delta,2\pi-\delta]$ に対して, $\sin\left(\frac{x}{2}\right)\geq\sin\left(\frac{\delta}{2}\right)>0$ なので

$$|B_N|=\left|\sum_{n=1}^{N}\sin(nx)\right|\leq\frac{1}{\sin\left(\frac{\delta}{2}\right)}\quad(x\in I_\delta,\ N=1,2,\ldots)$$

が成り立つ. $a_n=\frac{1}{n}$ は単調減少なので $q>p\geq 1$ に対して, 命題 B.1 を用いて

$$\begin{aligned}\left|\sum_{n=p}^{q}\frac{\sin(nx)}{n}\right|&\leq a_q|B_q|+a_p|B_{p-1}|+\sum_{j=p}^{q-1}|a_{j+1}-a_j|\,|B_j|\\&\leq\frac{1}{\sin\left(\frac{\delta}{2}\right)}\left(2a_p+\sum_{j=p}^{q-1}|a_{j+1}-a_j|\right)\\&\leq\frac{1}{\sin\left(\frac{\delta}{2}\right)}\Big(2a_p+(a_p-a_q)\Big)\leq\frac{3}{\sin\left(\frac{\delta}{2}\right)}\frac{1}{p}\end{aligned}$$

を得る. 以上より, 命題 2.4 を用いて結論を得ることができた. ■

付章 C
積分に関するいくつかの便利な事実

積分計算において便利な補題や定理を紹介しておこう．

補題 C.1　$f \in C^1(\mathbb{R})$ で $f, f' \in L^1(\mathbb{R})$ とし，$g \in C^1(\mathbb{R})$ で，ある定数 M があって，$|g(x)| \le M$, $|g'(x)| \le M$ $(x \in \mathbb{R})$ となるとする．このとき，次の部分積分の公式が成り立つ．

$$\int_{-\infty}^{\infty} f'(x)g(x)\,dx = -\int_{-\infty}^{\infty} f(x)g'(x)\,dx.$$

証明　仮定から，ある点列 $x_n \to -\infty$, $y_n \to \infty$ であって $f(x_n) \to 0$, $f(y_n) \to 0$ $(n \to \infty)$ なるものが存在する．ここで，区間 $[x_n, y_n]$ での部分積分の公式

$$\int_{x_n}^{y_n} f'(x)g(x)\,dx = \Big[f(x)g(x)\Big]_{x=x_n}^{y=y_n} - \int_{x_n}^{y_n} f(x)g'(x)\,dx$$

において，$n \to \infty$ とすることで結論を得る．■

定理 C.1（積分記号下の微分）　ある開区間 I に対して，$f(x,y)$ は $(x,y) \in I \times \mathbb{R}$ で定義されていて，各 $x \in I$ に対して，$f(x,y)$ は $y \in \mathbb{R}$ の関数として $\mathbb{R}$ 上で可積分であるとし

$$F(x) := \int_{-\infty}^{\infty} f(x,y)\,dy \quad (x \in I)$$

が定義されるとする．今，各 $x \in I$, $y \in \mathbb{R}$ で $\frac{\partial}{\partial x} f(x,y)$ が存在し，さらに，ある可積分関数 $g(y)$ が存在して次が成り立つとする．

$$\left|\frac{\partial}{\partial x}f(x,y)\right| \leq g(y) \quad (x \in I), \quad \int_{-\infty}^{\infty} g(y)\,dy < \infty.$$

このとき，$F(x)$ は各 $x \in I$ で微分可能となり，次が成り立つ．

$$F'(x) = \int_{-\infty}^{\infty} \frac{\partial}{\partial x}f(x,y)\,dy \quad (x \in I).$$

定理 C.2（積分順序交換可能定理） $f(x,y)$ は $(x,y) \in \mathbb{R} \times \mathbb{R}$ で定義され各 $x \in \mathbb{R}$ を固定するとき，$|f(x,y)|$ は $y \in \mathbb{R}$ の関数として可積分な関数であるとし，$F(x) := \int_{-\infty}^{\infty} |f(x,y)|\,dy$ は x の関数として可積分であるとする．従って

$$\int_{-\infty}^{\infty} F(x)\,dx = \int_{-\infty}^{\infty}\left(\int_{-\infty}^{\infty} |f(x,y)|\,dy\right)dx < \infty$$

となるとする．このとき

$$\int_{-\infty}^{\infty}\left(\int_{-\infty}^{\infty} |f(x,y)|\,dx\right)dy < \infty$$

と，次が成り立つ．

$$\int_{-\infty}^{\infty}\left(\int_{-\infty}^{\infty} f(x,y)\,dx\right)dy = \int_{-\infty}^{\infty}\left(\int_{-\infty}^{\infty} f(x,y)\,dy\right)dx.$$

付章 D
いくつかの定理および命題の証明

この付章では，本文のいくつかの命題や定理の証明を理解する上で，少し技巧的であろうかと思われる部分の証明を付けておく．

D.1　命題 4.7 の証明

$(f*g)(x)$ が周期 2π の周期関数となることは，$f(x)$ の 2π 周期性より明らかである．$(f*g)(x)$ が連続であることを示そう．まず，ある定数 $M>0$ が存在して，$|f(x)|\le M$, $|g(x)|\le M$ $(x\in\mathbb{R})$ が成り立つ．f および g に対して，補題 4.2 の性質をもつ連続関数列 $\{f_n\}_{n=1}^{\infty}$, $\{g_n\}_{n=1}^{\infty}$ をとる．特に，任意の $n=1,2,\dots$ に対して $\max\limits_{x\in\mathbb{R}}|f_n(x)|\le M$, $\max\limits_{x\in\mathbb{R}}|g_n(x)|\le M$ が成り立つ．このとき，各 $(f_n*g_n)(x)$ は連続関数であることに注意する．（$f_n(x)$ の一様連続性を用いるとよい．）また，

$$
\begin{aligned}
&(f_n*g_n)(x)-(f*g)(x)\\
&=\frac{1}{2\pi}\left(\int_{-\pi}^{\pi}f_n(x-y)g_n(y)\,dy-\int_{-\pi}^{\pi}f(x-y)g(y)\,dy\right)\\
&=\frac{1}{2\pi}\left\{\int_{-\pi}^{\pi}f_n(x-y)(g_n(y)-g(y))\,dy\right.\\
&\qquad\left.+\int_{-\pi}^{\pi}(f_n(x-y)-f(x-y))g(y)\,dy\right\}
\end{aligned}
$$

として

$$
\begin{aligned}
&|(f_n*g_n)(x)-(f*g)(x)|\\
&\le\frac{M}{2\pi}\left(\int_{-\pi}^{\pi}|g_n(y)-g(y)|\,dy+\int_{-\pi}^{\pi}|f_n(x-y)-f(x-y)|\,dy\right)
\end{aligned}
$$

$$\leq \frac{M}{2\pi}\left(\int_{-\pi}^{\pi}|g_n(y)-g(y)|\,dy+\int_{-\pi}^{\pi}|f_n(z)-f(z)|\,dz\right)$$

を得る．ここで，変数変換 $z=x-y$ と周期 2π の関数の積分の性質（問 4.2）を用いた．また，$\{f_n\}, \{g_n\}$ の選び方より，任意の $\varepsilon>0$ に対して，十分大きな $N\in\mathbb{N}$ を選べば，$n\geq N$ に対して次が成り立つようにできる．

$$\frac{M}{2\pi}\left(\int_{-\pi}^{\pi}|g_n(y)-g(y)|\,dy+\int_{-\pi}^{\pi}|f_n(z)-f(z)|\,dz\right)\leq\varepsilon.$$

従って，任意の $x\in[-\pi,\pi]$ と任意の $n\geq N$ に対して

$$|(f_n*g_n)(x)-(f*g)(x)|\leq\varepsilon$$

が成り立つ．このことは，$\{f_n*g_n\}_{n=1}^{\infty}$ が $f*g$ に区間 $[-\pi,\pi]$ 上で一様収束することを意味する．よって，第 2 章の命題 2.2 より $f*g$ は連続関数となる．■

D.2　定理 6.5 の証明

まず $|g(x)|\leq M$ $(x\in[-\pi,\pi])$ なる定数 M が存在する．このとき，第 4 章の補題 4.2 より，任意の $\varepsilon>0$ に対して周期 2π の連続関数 $f(x)$ で，$|f(x)|\leq M$ $(x\in[-\pi,\pi])$ かつ

$$\int_{-\pi}^{\pi}|f(x)-g(x)|\,dx\leq\frac{\varepsilon}{8M}$$

を満たすものが存在する．よって

$$\begin{aligned}\int_{-\pi}^{\pi}|f(x)-g(x)|^2\,dx &\leq \int_{-\pi}^{\pi}(|f(x)|+|g(x)|)|f(x)-g(x)|\,dx\\ &\leq 2M\int_{-\pi}^{\pi}|f(x)-g(x)|\,dx\leq\frac{\varepsilon}{4}\end{aligned}$$

となる．このとき，$a,b,c\in\mathbb{C}$ に対する不等式

$$|a-b|^2=|(a-c)+(c-b)|^2\leq(|a-c|+|c-b|)^2\leq 2(|a-c|^2+|c-b|^2)$$

に注意することで，任意の $N\in\mathbb{N}$ に対して

$$\begin{aligned}&\int_{-\pi}^{\pi}\left|g(x)-\sum_{n=-N}^{N}c_n[f]e^{inx}\right|^2dx\\ &\leq 2\int_{-\pi}^{\pi}|g(x)-f(x)|^2\,dx+2\int_{-\pi}^{\pi}\left|f(x)-\sum_{n=-N}^{N}c_n[f]e^{inx}\right|^2dx\end{aligned}$$

$$\leq \frac{\varepsilon}{2} + 2\int_{-\pi}^{\pi} \left| f(x) - \sum_{n=-N}^{N} c_n[f]e^{inx} \right|^2 dx$$

が成り立つ．ここで，$f(x)$ は連続なので，定理 6.3 より，上記の $\varepsilon > 0$ に対してある $N_0 \in \mathbb{N}$ があって

$$\int_{-\pi}^{\pi} \left| f(x) - \sum_{n=-N_0}^{N_0} c_n[f]e^{inx} \right|^2 dx \leq \frac{\varepsilon}{4}$$

が成り立つ．以上より

$$\int_{-\pi}^{\pi} \left| g(x) - \sum_{n=-N_0}^{N_0} c_n[f]e^{inx} \right|^2 dx \leq \varepsilon$$

を得る．ここでさらに，(4.1) より

$$\int_{-\pi}^{\pi} |g|^2\, dx - 2\pi \sum_{n=-N}^{N} |c_n[g]|^2 = \int_{-\pi}^{\pi} \left| g(x) - \sum_{n=-N}^{N} c_n[g]e^{inx} \right|^2 dx$$

であったことに注意することと，フーリエ級数の L^2 最良近似定理（命題 4.3）から，任意の $N \geq N_0$ に対して

$$\begin{aligned}\int_{-\pi}^{\pi} \left| g(x) - \sum_{n=-N}^{N} c_n[g]e^{inx} \right|^2 dx &\leq \int_{-\pi}^{\pi} \left| g(x) - \sum_{n=-N_0}^{N_0} c_n[g]e^{inx} \right|^2 dx \\ &\leq \int_{-\pi}^{\pi} \left| g(x) - \sum_{n=-N_0}^{N_0} c_n[f]e^{inx} \right|^2 dx \leq \varepsilon\end{aligned}$$

を得ることができる．よって証明された．■

D.3　命題 9.3 の証明

まず

$$|(f * g)(x)| \int_{-\infty}^{\infty} |f(x-y)|\, |g(y)|\, dy \leq M \int_{-\infty}^{\infty} |g(y)|\, dy \quad (x \in \mathbb{R})$$

となるので，$(f * g)(x)$ は有界関数となる．次に，$(f * g)(x)$ が連続関数であることを示そう．そのために，ある連続関数の列 $\{f_n\}_{n=1}^{\infty}$, $\{g_n\}_{n=1}^{\infty}$ で

$$|f_n(x)| \leq M, \quad |g_n(x)| \leq M \quad (n = 1, 2, \ldots, x \in \mathbb{R})$$

であり，各 $f_n(x), g_n(x)$ はある有界区間の外ではゼロとなり，さらに

$$\int_{-\infty}^{\infty} |f_n(x) - f(x)|\, dx \to 0, \quad \int_{-\infty}^{\infty} |g_n(x) - g(x)|\, dx \to 0 \quad (n \to \infty)$$

となるものが存在する（補題 4.2 の証明と同様）．このとき

$$\begin{aligned}(f_n * g_n)(x) - (f * g)(x) &= \int_{-\infty}^{\infty} f_n(x-y)(g_n(y) - g(y))\, dy \\ &\quad + \int_{-\infty}^{\infty} (f_n(x-y) - f(x-y))g(y)\, dy\end{aligned}$$

により

$$\begin{aligned}&|(f_n * g_n)(x) - (f * g)(x)| \\ &\leq M \int_{-\infty}^{\infty} |g_n(y) - g(y)|\, dy + M \int_{-\infty}^{\infty} |f_n(x-y) - f(x-y)|\, dy \\ &= M\left(\int_{-\infty}^{\infty} |g_n(y) - g(y)|\, dy + \int_{-\infty}^{\infty} |f_n(z) - f(z)|\, dz\right)\end{aligned}$$

となる．よって，任意の $\varepsilon > 0$ に対して，ある $n_0 \in \mathbb{N}$ があって $n \geq n_0$ なら

$$|(f_n * g_n)(x) - (f * g)(x)| < \varepsilon \quad (x \in \mathbb{R})$$

が成り立つこととなる．すなわち，$f_n * g_n$ は $f * g$ に $\mathbb{R}$ 上で一様収束することとなる．一方で，各 n において $(f_n * g_n)(x)$ は連続関数となることに注意する．以上より，$(f * g)(x)$ も連続関数であることがわかる．最後に，

$$\begin{aligned}\int_{-\infty}^{\infty} |(f * g)(x)|\, dx &= \int_{-\infty}^{\infty} \left|\int_{-\infty}^{\infty} f(x-y)g(y)\, dy\right| dx \\ &\leq \int_{-\infty}^{\infty} \left(\int_{-\infty}^{\infty} |f(x-y)|\,|g(y)|\, dy\right) dx \\ &= \int_{-\infty}^{\infty} |g(y)| \left(\int_{-\infty}^{\infty} |f(x-y)|\, dx\right) dy \\ &= \int_{-\infty}^{\infty} |g(y)| \left(\int_{-\infty}^{\infty} |f(z)|\, dz\right) dy \\ &= \left(\int_{-\infty}^{\infty} |f(z)|\, dz\right)\left(\int_{-\infty}^{\infty} |g(y)|\, dy\right) < \infty\end{aligned}$$

となることから，$f * g \in L^1(\mathbb{R})$ を得る．上式で，積分順序交換を行った（定理 C.2 参照）．■

D.4　補題 10.2 および補題 10.3 の証明

補題 10.2 の証明

$$\int_0^\infty \frac{\sin x}{x}\,dx = \frac{\pi}{2} \tag{D.1}$$

なることを示せばよいことに注意しよう．これから補題 10.2 の主張は変数変換 $y = rx$ によって得られるからである．以下，(D.1) を示す．この事実は有名でいろいろな証明があるが，ここではフーリエ級数の際に用いた $D_N(y) := \sum_{n=-N}^{N} e^{iny}$ に対し

$$1 = \frac{1}{2\pi}\int_{-\pi}^{\pi} D_N(y)\,dy = \frac{1}{2\pi}\int_{-\pi}^{\pi} \frac{\sin\left(\left(N+\frac{1}{2}\right)y\right)}{\sin\left(\frac{y}{2}\right)}\,dy$$

なる関係式を活用した証明を与えてみよう．次の不等式を利用する．

$$g(y) := \begin{cases} \frac{1}{\sin\left(\frac{y}{2}\right)} - \frac{2}{y} & (|y| \leq \pi,\ y \neq 0) \\ 0 & (y = 0) \end{cases}$$

とおくとき，$g(y)$ は区間 $[-\pi, \pi]$ で連続であって次が成り立つ（問 D.1 参照）．

$$|g(y)| \leq \frac{\pi^2}{24} \quad (|y| \leq \pi). \tag{D.2}$$

よって，

$$\begin{aligned} 1 &= \frac{1}{2\pi}\int_{-\pi}^{\pi} g(y)\sin\left(\left(N+\frac{1}{2}\right)y\right)dy + \frac{1}{2\pi}\int_{-\pi}^{\pi} \frac{2}{y}\sin\left(\left(N+\frac{1}{2}\right)y\right)dy \\ &:= I + II \end{aligned}$$

と書くことができる．まず，$g(y)$ が $[-\pi, \pi]$ で連続なので，次の変形をすれば，ベッセルの不等式より

$$\begin{aligned} I &= \frac{1}{2\pi}\left(\int_{-\pi}^{\pi} \sin Ny\left(g(y)\cos\left(\frac{y}{2}\right)\right)dy + \int_{-\pi}^{\pi} \cos Ny\left(g(y)\sin\left(\frac{y}{2}\right)\right)dy\right) \\ &\to 0 \quad (N \to \infty) \end{aligned}$$

を得る．一方，

$$II = \frac{2}{\pi}\int_0^{\pi} \frac{\sin\left((N+\frac{1}{2})y\right)}{y}\,dy = \frac{2}{\pi}\int_0^{(N+\frac{1}{2})\pi} \frac{\sin z}{z}\,dz$$

となるので，

$$\lim_{N\to\infty} \frac{2}{\pi}\int_0^{(N+\frac{1}{2})\pi} \frac{\sin z}{z}\,dz = 1$$

が得られることとなる．広義積分 $\lim_{r\to\infty}\int_0^r \frac{\sin z}{z}\,dz$ の存在自体は，別途わかるので，結局次を得る．

$$\int_0^\infty \frac{\sin z}{z}\,dz = \lim_{N\to\infty}\frac{2}{\pi}\int_0^{\left(N+\frac{1}{2}\right)\pi}\frac{\sin z}{z}\,dz = 1. \quad \blacksquare$$

問 D.1　$f(x) := \begin{cases} \frac{1}{\sin x} - \frac{1}{x} & \left(|x| \le \frac{\pi}{2},\, x \ne 0\right) \\ 0 & (x = 0) \end{cases}$

とおくとき，$f(x)$ は区間 $\left[-\frac{\pi}{2}, \frac{\pi}{2}\right]$ で連続であって次が成り立つ．

$$|f(x)| \le \frac{\pi^2}{24} \quad \left(|x| \le \frac{\pi}{2}\right).$$

補題 10.3 の証明　(**Step 1**)　まず，任意の $L > 0$ に対して有界区間 $I_L := [-L, L]$ とし，I_L 上の連続関数 $f(x)$ に対して

$$\lim_{|r|\to\infty}\int_{I_L} f(x)e^{irx}\,dx = 0$$

が成り立つことを示す．$f(x)$ は I_L 上で一様連続となるので，任意の $\varepsilon > 0$ に対して，ある $\delta > 0$ があって，$|x - y| < \delta,\, x, y \in I_L$ ならば $|f(x) - f(y)| < \varepsilon$ が成り立つ．そこで $\frac{2L}{N} < \delta$ となる $N \in \mathbb{N}$ をとり，I_L を N 等分割し，各小区間 J_j $(j = 1, 2, \ldots, N)$ の点 $y_j \in J_j$ をとると，$x \in J_j$ に対して $|x - y_j| \le \frac{2L}{N} < \delta$ となるので，

$$|f(x) - f(y_j)| < \varepsilon \quad (x \in J_j,\, j = 1, 2, \ldots, N)$$

となる．つまり，次が成り立つ．

$$\left| f(x) - \sum_{j=1}^N f(y_j)\chi_{J_j}(x) \right| < \varepsilon \quad \left(x \in I_L = \bigcup_{j=1}^N J_j \right).$$

よって

$$\int_{I_L}\left| f(x) - \sum_{j=1}^N f(y_j)\chi_{J_j}(x) \right| dx \le \varepsilon |I_L| = 2\varepsilon L$$

を得る．ただし，$\chi_{J_j}(x)$ は区間 J_j の定義関数で次で定義されるものである．

$$\chi_{J_j}(x) := \begin{cases} 1 & (x \in J_j) \\ 0 & (x \notin J_j). \end{cases}$$

ここで $|f(x)| \le M\ (x \in I_L)$ として，各 $J_j := [a_j, b_j]$ に対して

$$\left|\int_{I_L} f(y_j)\chi_{J_j}(x)e^{irx}\,dx\right| = \left|f(y_j)\int_{J_j} e^{irx}\,dx\right| = |f(y_j)|\left|\frac{e^{irb_j} - e^{ira_j}}{ir}\right| \le \frac{2M}{|r|}$$

となるので，ある十分大きな $r_0 > 0$ があって，$|r| \ge r_0$ なら

$$\left|\int_{I_L} f(y_j)\chi_{J_j}(x)e^{irx}\,dx\right| \le \frac{\varepsilon}{N}$$

が成り立つ．以上より，$|r| \ge r_0$ に対して

$$\begin{aligned}
&\left|\int_{I_L} f(x)e^{irx}\,dx\right| \\
&\le \left|\int_{I_L} f(x)e^{irx}\,dx - \int_{I_L}\sum_{j=1}^{N} f(y_j)\chi_{J_j}(x)e^{irx}\,dx\right| \\
&\quad + \left|\int_{I_L}\sum_{j=1}^{N} f(y_j)\chi_{J_j}(x)e^{irx}\,dx\right| \\
&\le \int_{I_L}\left|f(x) - \sum_{j=1}^{N} f(y_j)\chi_{J_j}(x)\right|dx + \sum_{j=1}^{N}\left|\int_{I_L} f(y_j)\chi_{J_j}(x)e^{irx}\,dx\right| \\
&\le 2\varepsilon L + \varepsilon
\end{aligned}$$

が得られることになる．これは，$\lim_{|r|\to\infty}\int_{I_L} f(x)e^{irx}\,dx = 0$ なることを示している．

（**Step 2**）　$f \in L^1(\mathbb{R})$ なので，任意の $\varepsilon > 0$ に対して，ある $L_0 > 0$ があって $\int_{|x|\ge L_0}|f(x)|\,dx < \varepsilon$ が成り立つ．このとき，$f(x)$ は区間 $I_{L_0} := [-L_0, L_0]$ 上で区分的連続であるので，補題 4.2 より I_{L_0} 上の連続関数 $g(x)$ であって

$$\int_{I_{L_0}} |g(x) - f(x)|\,dx < \varepsilon$$

なるものがとれる．Step 1 の結果より，この $g(x)$ に対して，ある $r_0 > 0$ があって，$|r| \ge r_0$ ならば

$$\left|\int_{I_{L_0}} g(x)e^{irx}\,dx\right| < \varepsilon$$

が成り立つことになる．以上より，$|r| \ge r_0$ に対して

$$
\begin{aligned}
&\left|\int_{-\infty}^{\infty} f(x)e^{irx}\,dx\right| \\
&\le \left|\int_{I_{L_0}} f(x)e^{irx}\,dx\right| + \int_{|x|\ge L_0} |f(x)|\,dx \\
&\le \left|\int_{I_{L_0}} (f(x)-g(x))e^{irx}\,dx\right| + \left|\int_{I_{L_0}} g(x)e^{irx}\,dx\right| + \varepsilon \le 3\varepsilon
\end{aligned}
$$

を得る．以上より補題 10.2 が示された．■

問 D.2　$\int_{-\infty}^{\infty}|f_n(x)-f(x)|\,dx \to 0 \quad (n \to \infty)$ であって，各 n に対して $\lim_{|r|\to\infty}\int_{-\infty}^{\infty} f_n(x)e^{irx}\,dx = 0$ が成り立つとき，

$$
\lim_{|r|\to\infty}\int_{-\infty}^{\infty} f(x)e^{irx}\,dx = 0
$$

となることを示せ.

D.5　補題 11.3 の証明

(1)　まず，次に注意しておく.

$$
\int_{-\infty}^{\infty} W_t(x)\,dx = 1 \quad (t>0).
$$

よって

$$
W_t * h(x) - h(x) = \int_{-\infty}^{\infty} (h(x-y)-h(x))W_t(y)\,dy
$$

となる．仮定より，ある定数 $M>0$ があって $|h(x)| \le M\ (x\in\mathbb{R})$ となる．さらに，$h(x)$ は $\mathbb{R}$ 上で一様連続となるので，任意の $\varepsilon>0$ に対して，ある $\delta>0$ が存在して

$$
|y|<\delta \Rightarrow |h(x-y)-h(x)|<\varepsilon \quad (x\in\mathbb{R})
$$

が成り立つ．よって

$$
\begin{aligned}
&|W_t * h(x) - h(x)| \\
&\le \int_{|y|<\delta} |h(x-y)-h(x)|W_t(x)\,dy + \int_{|y|\ge\delta} |h(x-y)-h(y)|W_t(y)\,dy \\
&\le \varepsilon + 2M\int_{|y|\ge\delta} W_t(y)\,dy
\end{aligned}
$$

を得る．ここで

$$\int_{|y|\geq\delta} W_t(y)\,dy \to 0 \quad (t \to 0)$$

であることに注意して，十分小さな $t_0 > 0$ が存在して，$0 < t < t_0$ ならば

$$|W_t * h(x) - h(x)| < 2\varepsilon \quad (x \in \mathbb{R})$$

が成り立つ．特に

$$\max_{|x|\leq 2R} |W_t * h(x) - h(x)| \leq 2\varepsilon \quad (0 < t < t_0)$$

を得る．

(2)　$g(x)$ が有界関数で $g \in L^1(\mathbb{R})$ なので，ある定数 $M > 0$ があって，$|g(x)| \leq M$ $(x \in \mathbb{R})$ となるが，任意の $\varepsilon > 0$ に対して，$h \in C_0(\mathbb{R})$ で，$|h(x)| \leq M$ $(x \in \mathbb{R})$ かつ

$$\int_{-\infty}^{\infty} |h(x) - g(x)|\,dx < \varepsilon^2$$

を満たすものが存在する．このとき

$$\int_{-\infty}^{\infty} |h(x) - g(x)|^2\,dx \int_{-\infty}^{\infty} (|h(x)| + |g(x)|)|h(x) - g(x)|\,dx \leq 2M\varepsilon^2$$

も成り立つことになる．このとき L^2 ノルムについての三角不等式と補題 11.2 を用いて

$$\begin{aligned}
&\|W_t * g - g\|_{L^2(\mathbb{R})} \\
&\leq \|W_t * g - W_t * h\|_{L^2(\mathbb{R})} + \|W_t * h - h\|_{L^2(\mathbb{R})} + \|h - g\|_{L^2(\mathbb{R})} \\
&\leq 2\|h - g\|_{L^2(\mathbb{R})} + \|W_t * h - h\|_{L^2(\mathbb{R})} \\
&\leq 2\sqrt{2M}\varepsilon + \|W_t * h - h\|_{L^2(\mathbb{R})}
\end{aligned}$$

となる．ここで，$h \in C_0(\mathbb{R})$ なので，ある $R > 0$ があって $h(x) \equiv 0$ $(|x| \geq R)$ が成り立つ．また補題 11.3 (1) より，ある $t_0 > 0$ があって，$0 < t < t_0$ に対して

$$\max_{|x|\leq 2R} |W_t * h(x) - h(x)| < \varepsilon$$

が成り立つ．従って，$0 < t < t_0$ に対して

$$\begin{aligned}
\|W_t * h - h\|_{L^2(\mathbb{R})}^2 &\leq \int_{|x|\leq 2R} |W_t * h(x) - h(x)|^2\,dx + \int_{|x|\geq 2R} |W_t * h(x)|^2\,dx \\
&\leq 4R\varepsilon^2 + \int_{|x|\geq 2R} |W_t * h(x)|^2\,dx
\end{aligned}$$

となる．最後に

$$\int_{|x|\geq 2R} |W_t * h(x)|^2\,dx = \int_{|x|\geq 2R}\left(\int_{|y|\leq R} W_t(x-y)h(y)\,dy\right)^2 dx$$

であるが，$|x| \geq 2R$, $|y| \leq R$ に対して

$$|x-y| \geq |x|-|y| \geq \frac{|x|}{2}$$

なので

$$W_t(x-y) = \frac{1}{\sqrt{4\pi t}}e^{-\frac{|x-y|^2}{4t}} \leq \frac{1}{\sqrt{4\pi t}}e^{-\frac{|x|^2}{16t}}$$

となるので

$$\begin{aligned}\int_{|x|\geq R} |W_t * h(x)|^2\,dx &\leq \int_{|x|\geq 2R}\left(\int_{|y|\leq R} \frac{1}{\sqrt{4\pi t}}e^{-\frac{|x|^2}{16t}}|h(y)|\,dy\right)^2 dx \\ &= \left(\int_{|x|\geq 2R}\frac{1}{4\pi t}e^{-\frac{|x|^2}{8t}}\,dx\right)\left(\int_{|y|\leq R}|h(y)|\,dy\right)^2\end{aligned}$$

となる．さらに変数変換 $y = \frac{x}{\sqrt{8t}}$ により

$$\begin{aligned}\frac{1}{4\pi t}\int_{|x|\geq 2R} e^{-\frac{|x|^2}{8t}}\,dx &= \frac{1}{4\pi t}\int_{|y|\geq \frac{2R}{\sqrt{8t}}} e^{-\frac{|y|^2}{2}}e^{-\frac{|y|^2}{2}}\sqrt{8t}\,dy \\ &\leq \frac{\sqrt{8t}}{4\pi t}e^{-\frac{R^2}{4t}}\left(\int_{\mathbb{R}} e^{-\frac{|y|^2}{2}}\,dy\right) \to 0 \quad (t \to 0)\end{aligned}$$

であることに注意しよう．以上より，さらに $0 < t_1 < t_0$ なる t_1 を小さくとれば，$0 < t < t_1$ に対して

$$\int_{|x|\geq 2R} |W_t * h(x)|^2\,dx < \varepsilon^2$$

が成り立つことになる．従って，$0 < t < t_1$ に対して

$$\|W_t * h - h\|_{L^2(\mathbb{R})}^2 \leq (4R+1)\varepsilon^2$$

となり，以上より，$0 < t < t_1$ に対して

$$\|W_t * g - g\|_{L^2(\mathbb{R})} \leq 2\sqrt{2M}\,\varepsilon + \sqrt{4R+1}\,\varepsilon$$

が成り立つので，補題の証明ができたことになる．■

参考文献

[1] D. Colton, Partial Differential Equations An Introduction, Dover Publications, Inc., 1988.
[2] J. P. D'Angelo, Hermitian Abalysis, Birkhäuser, 2013.
[3] P. R. Chernoff, Pointwise convergence of Fourier series. Amer. Math. Monthly, 87 (1980), 399–400.
[4] P. Duren, Invitation to Classical Analysis, American Mathematical Society, 2012.
[5] P. Dyke, An Introduction to Laplace Transforms and Fourier Series, Seconde Edition, Springer, 2014.
[6] G. B. Folland, Fourier Analysis and Its Applications, American Mathematical Society, 1992.
[7] 藤田 宏，池部 晃生，犬井 鉄郎，高見 穎郎，数理物理に現れる偏微分方程式 I，岩波講座 基礎数学，岩波書店，1977.
[8] 藤原 毅夫，栄 伸一郎，フーリエ解析 + 偏微分方程式，裳華房，2007.
[9] 猪狩 惺，フーリエ級数（岩波全書），岩波書店，1975.
[10] 岩下 弘一，工科のための偏微分方程式，数理工学社，2017.
[11] 神保 秀一，偏微分方程式入門，共立出版，2006.
[12] 神保 秀一，微分方程式概論［新訂版］，数理工学社，2018.
[13] 神保 秀一，本多 尚文，位相空間，数学書房，2011.
[14] J. P. キーナー，応用数学 上・下，坂元 国望［訳］，日本評論社，2007.
[15] M. ケッヒャー，数論的古典解析，長岡昇勇［訳］，2012.
[16] T. W. ケルナー，フーリエ大全 上・下，高橋 陽一郎訳，朝倉書店，1996.
[17] E. クライツィグ，フーリエ解析と偏微分方程式（原書第 5 版），阿部寛治［訳］，培風館，1987.
[18] 黒田 成俊，微分積分，共立出版，2002.
[19] J. D. Logan, Applied Partial Differential Equations, Third Edition, Springer, 2015.
[20] 望月 清，I. トルシン，数理物理の微分方程式，培風館，2005.
[21] 中村 周，フーリエ解析，朝倉書店，2003.
[22] 小川 知之，非線形現象と微分方程式，サイエンス社，2010.
[23] 岡本 久，長岡 亮介，関数とは何か，近代科学社，2014.
[24] M. C. Pereyra, L. A. Ward, Harmonic Analysis From Fourier to Wavelets, American Mathematical Society, 2012.
[25] M. A. Pinsky, Introduction to Fourier Analysis and Wavelets, American Mathematical Society, 2002.

[26] C. S. Rees, S. M. Shah, C. V. Stanojević, Theorey and Applications of Fourier Analysis, Marcel Dekker, 1981.

[27] S. Salsa, Partial Differential Equations in Action, From Modelling to Theory, Springer, 2008.

[28] エリアス・M. スタイン，ラミ・シャカルチ，フーリエ解析入門，新井仁之，杉本充，高木啓行，千原浩之［訳］，日本評論社，2007.

[29] 洲之内　源一郎，フーリエ解析とその応用，サイエンス社，1977.

[30] H. F. Weinberger, A First Course in Partial Differential Equations with Complex Variables and Transformation Methods, Dover Publications, Inc., 1965.

[31] 谷島　賢二，数理物理入門［改訂改題］，東京大学出版会，2018.

[32] 矢崎　成俊，大学生のフーリエ解析，東京図書，2011.

本書をまとめるにあたり，多くの書籍を参考にさせていただいた．特に，フーリエ解析全般については，授業でも使用したことのある洲之内 [29]，クライツィグ [17] に加えて，谷島 [31]，岩下 [10] を主に参照させていただいた．他にも，基本的な収束証明の技法については，スタイン－シャカルチ [28]，ケルナー [16]，D'Angelo [2], Pinsky [25] なども参照させていただいたことを記しておく．また，演習問題についても，上記の書籍以外にも，Colton [1]，藤原－栄 [8]，岡本－長岡 [23]，Salsa [27]，矢崎 [32]，Weinberger [30] など，数多くの書籍を参考にさせていただいたこと記し，感謝の意を表したい．

本書では，フーリエ解析の歴史的な事柄についての説明はほとんどしていないが，それに関しては，ケルナー [16] や岡本－長岡 [23] をぜひ参照していただきたい．歴史的事実と合わせてみると，フーリエ解析の諸定理がさらに味わい深く感じられるであろう．

また，各章でいえば，付章 A の離散フーリエ変換については，フーリエ解析のエッセンスをとりあえず味わってもらうことを意識して取りあげたが，小川 [22]，キーナー [14]，中村 [21] などを参照した．より応用的側面については参考図書を手掛かりにしていただきたい．付章 B の部分求和法（アーベル変換）やアーベルの定理については，ケッヒャー [15]，Rees-Shah-Stanojević [26]，猪狩 [9]，黒田 [18] などを参照した．第 7～8 章および第 12～13 章の熱および波動方程式に関しては，神保 [11], [12]，藤田－池部－犬井－高見 [7]，望月－トルシン [20] なども，また第 14 章のラプラス変換とその偏微分方程式への応用については，洲之内 [29]，Weinberger [30]，Dyke [5] や Logan [19] を参照した．さらに，第 15 章の様々な応用例や第 16 章のポアソンの和公式については，ケッヒャー [15]，Duren [4]，Folland [6]，Pereyra-Ward [24] 等を参照した．

索　引

あ 行

か 行

さ 行

た 行

な 行

は 行

ら 行

わ 行

欧 字

著者略歴

倉田和浩（くらた かずひろ）

1984年　東京大学教養学部基礎科学科卒業
1986年　東京大学大学院相関理化学研究科修士課程修了
1993年9月　博士（数理科学）東京大学
現　在　東京都立大学大学院理学研究科数理科学専攻教授

主要著書

楕円型・放物型偏微分方程式（岩波書店，共著）

新・数理／工学ライブラリ［応用数学］＝4

フーリエ解析の基礎と応用

2020年7月10日©　　初版発行

著　者　倉田和浩　　発行者　矢沢和俊
　　　　　　　　　　印刷者　大道成則

【発行】　株式会社　数理工学社

〒151-0051　東京都渋谷区千駄ヶ谷1丁目3番25号
編集　☎ (03)5474–8661（代）　サイエンスビル

【発売】　株式会社　サイエンス社

〒151-0051　東京都渋谷区千駄ヶ谷1丁目3番25号
営業　☎ (03)5474–8500（代）　振替 00170–7–2387
FAX　☎ (03)5474–8900

印刷・製本　太洋社

《検印省略》

ISBN978–4–86481–067–8

PRINTED IN JAPAN

サイエンス社・数理工学社の
ホームページのご案内
https://www.saiensu.co.jp
ご意見・ご要望は
suuri@saiensu.co.jp　まで．